U0296254

Creo 3.0 工程应用精解丛书

Creo 3.0 模具设计实例精解

詹友刚　主编

机 械 工 业 出 版 社

本书是进一步学习 Creo 3.0 模具设计的高级实例书籍。本书介绍了 31 个实际产品的模具设计过程，其中 6 个实例采用完全不同的两种方法设计。这些实例涉及各个行业和领域，都是生产一线实际应用中的各种产品，经典而实用。

本书在内容上针对每一个实例先进行概述，说明该实例的特点，使读者对它有一个整体概念的认识，学习也更有针对性，接下来的操作步骤翔实、透彻，图文并茂，引领读者一步一步地完成模具设计。这种讲解方法能使读者更快、更深入地理解 Creo 模具设计中的一些抽象的概念、重要的设计技巧和复杂的命令及功能。这样安排也能帮助读者尽快进入模具设计实战状态。在写作方式上，本书紧贴 Creo 3.0 软件的实际操作界面，使初学者能够直观、准确地操作软件进行学习，从而尽快地上手，提高学习效率。

书中所选用的范例、实例或应用案例覆盖了不同行业，具有很强的实用性和广泛的适用性。本书附带 2 张多媒体 DVD 学习光盘，制作了 103 个 Creo 模具设计技巧和具有针对性的实例教学视频并进行了详细的语音讲解，时间长达 13.6 个小时。光盘中还包含本书所有的范例文件以及练习素材文件（2 张 DVD 光盘教学文件容量共计 6.1GB）。另外，为方便 Creo（Pro/E）低版本读者的学习，光盘中特提供了 Creo2.0、Pro/E5.0 版本的素材源文件。本书可作为广大工程技术人员和设计工程师学习 Creo 模具设计的自学教程和参考书，也可作为大中专院校学生和各类培训学校学员的 CAD/CAM 课程上课及上机练习的教材。

图书在版编目（CIP）数据

Creo 3.0 模具设计实例精解 / 詹友刚主编. —3 版.
—北京：机械工业出版社，2014.8
（Creo 3.0 工程应用精解丛书）
ISBN 978-7-111-47286-5

Ⅰ. ①C… Ⅱ. ①詹… Ⅲ. ①模具—计算机辅助设计
—应用软件 Ⅳ. ①TG76-39

中国版本图书馆 CIP 数据核字（2014）第 149193 号

机械工业出版社（北京市百万庄大街 22 号 邮政编码：100037）
策划编辑：丁 锋 责任编辑：丁 锋
责任校对：龙 宇 责任印制：乔 宇
北京铭成印刷有限公司印刷
2014 年 8 月第 3 版第 1 次印刷
184mm×260 mm · 23.75 印张 · 585 千字
0001—3000 册
标准书号：ISBN 978-7-111-47286-5
ISBN 978-7-89405-471-5（光盘）
定价：59.80 元 （含多媒体 DVD 光盘 2 张）

前　　言

Creo 是由美国 PTC 公司最新推出的一套博大精深的三维机械 CAD/CAM/CAE 参数化软件系统，整合了 PTC 公司的三个软件 Pro/ENGINEER 的参数化技术、CoCreate 的直接建模技术和 ProductView 的三维可视化技术。Creo 内容涵盖了产品从概念设计、工业造型设计、三维模型设计、分析计算、动态模拟与仿真、工程图输出到生产加工成产品的全过程，应用范围涉及航空航天、汽车、机械、数控（NC）加工以及电子等诸多领域。

一般读者要在短时间内熟练掌握 Creo 的模具设计，只靠理论学习和少量的练习是远远不够的。本书选用的实例都是实际应用中的各种产品，经典而实用。编著本书的目的正是为了使读者通过书中的经典模具实例，迅速掌握各种模具设计方法、技巧和构思精髓，能够在短时间内成为一名 Creo 模具设计高手。本书是进一步学习 Creo 3.0 模具设计的高级实例书籍，其特色如下：

- 实例丰富，与其他的同类书籍相比，包括更多的模具实例和设计方法。
- 讲解详细，由浅入深，条理清晰，图文并茂，对于意欲进入模具设计行业的读者，本书是一本不可多得的快速见效的典籍。
- 写法独特，采用 Creo 3.0 软件中真实的对话框、操控板和按钮等进行讲解，使初学者能够直观、准确地操作软件，从而大大提高学习效率。
- 附加值高，本书附带 2 张多媒体 DVD 学习光盘，制作了 103 个模具设计技巧和具有针对性的实例教学视频并进行了详细的语音讲解，时间长达 13.6 个小时，2 张 DVD 光盘教学文件容量共计 6.1GB，可以帮助读者轻松、高效地学习。

本书主编和主要参编人员来自北京兆迪科技有限公司。该公司专业从事 CAD/CAM/CAE 技术的研究、开发、咨询及产品设计与制造服务，并提供 Creo、Ansys、Adams 等软件的专业培训及技术咨询。本书在编写过程中得到了该公司的大力帮助，在此衷心表示感谢。读者在学习本书的过程中如果遇到问题，可通过访问该公司的网站 http://www.zalldy.com 来获得帮助。

本书由詹友刚主编，参加编写的人员有王焕田、刘静、雷保珍、刘海起、魏俊岭、任慧华、詹路、冯元超、刘江波、周涛、段进敏、赵枫、邵为龙、侯俊飞、龙宇、施志杰、詹棋、高政、孙润、李倩倩、黄红霞、尹泉、李行、詹超、尹佩文、赵磊、王晓萍、陈淑童、周攀、吴伟、王海波、高策、冯华超、周思思、黄光辉、党辉、冯峰、詹聪、平迪、管璇、王平、李友荣。本书已经多次校对，如有疏漏之处，恳请广大读者予以指正。

电子邮箱：zhanygjames@163.com

编　者

本 书 导 读

为了能更好地学习本书的知识，请您先仔细阅读下面的内容。

写作环境

本书使用的操作系统为 64 位的 Windows 7，系统主题采用 Windows 经典主题。本书采用的写作蓝本是 Creo 3.0。

光盘使用

为方便读者练习，特将本书所有素材文件、已完成的实例文件、配置文件和视频语音讲解文件等放入随书附带的光盘中，读者在学习过程中可以打开相应素材文件进行操作和练习。

本书附赠多媒体 DVD 光盘 2 张，建议读者在学习本书前，先将两张 DVD 光盘中的所有文件复制到计算机硬盘的 D 盘中，然后再将第二张光盘 creo3.6-video2 文件夹中的所有文件复制到第一张光盘的 video 文件夹中。在光盘的 creo3.6 目录下共有 4 个子目录：

（1）creo3.0_system_file 子目录：包含一些系统配置文件。

（2）work 子目录：包含本书讲解中所用到的文件。

（3）video 子目录：包含本书讲解中所有的视频文件（含语音讲解），学习时，直接双击某个视频文件即可播放。

（4）before 子目录：为方便 Creo（Pro/E）低版本用户和读者的学习，光盘中特提供了 Creo2.0、Pro/E5.0 版本的配套素材源文件。

光盘中带有"ok"扩展名的文件或文件夹表示已完成的实例。

本书约定

● 本书中有关鼠标操作的简略表述说明如下：
　　☑ 单击：将鼠标指针移至某位置处，然后按一下鼠标的左键。
　　☑ 双击：将鼠标指针移至某位置处，然后连续快速地按两次鼠标的左键。
　　☑ 右击：将鼠标指针移至某位置处，然后按一下鼠标的右键。
　　☑ 单击中键：将鼠标指针移至某位置处，然后按一下鼠标的中键。
　　☑ 滚动中键：只是滚动鼠标的中键，而不能按中键。
　　☑ 选择（选取）某对象：将鼠标指针移至某对象上，单击以选取该对象。
　　☑ 拖动某对象：将鼠标指针移至某对象上，然后按下鼠标的左键不放，同时移动鼠标，将该对象移动到指定的位置后再松开鼠标的左键。
● 本书中的操作步骤分为 Task、Stage 和 Step 三个级别，说明如下：

- ☑ 对于一般的软件操作，每个操作步骤以 Step 字符开始。

- ☑ 每个 Step 操作步骤视其复杂程度，下面可含有多级子操作，例如 Step1 下可能包含（1）、（2）、（3）等子操作，（1）子操作下可能包含①、②、③等子操作，①子操作下可能包含 a）、b）、c）等子操作。

- ☑ 如果操作较复杂，需要几个大的操作步骤才能完成，则每个大的操作冠以 Stage1、Stage2、Stage3 等，Stage 级别的操作下再分 Step1、Step2、Step3 等操作。

- ☑ 对于多个任务的操作，则每个任务冠以 Task1、Task2、Task3 等，每个 Task 操作下则可包含 Stage 和 Step 级别的操作。

- ● 由于已经建议读者将随书光盘中的所有文件复制到计算机硬盘的 D 盘中，所以书中在要求设置工作目录或打开光盘文件时，所述的路径均以 D：开始。

软件设置

- ● 设置 Creo 系统配置文件 config.pro：将 D:\creo3.6\Creo3.0_system_file\下的 config.pro 复制至 Creo 安装目录的\text 目录下。假设 Creo 3.0 的安装目录为 C:\Program Files\PTC\Creo 3.0，则应将上述文件复制到 C:\Program Files\PTC\Creo 3.0\Common Files\F000\text 目录下。退出 Creo，然后再重新启动 Creo，config.pro 文件中的设置将生效。

- ● 设置 Creo 界面配置文件 creo_parametric_customization.ui：选择"文件"下拉菜中的 文件 ▾ ➡ 选项 命令，系统弹出"Creo Parametric 选项"对话框；在"Creo Parametric 选项"对话框中单击 自定义功能区 区域，单击 导入/导出(R) ▾ 按钮，在弹出的快捷菜单中选择 导入自定义文件 选项，系统弹出"打开"对话框。选中 D:\creo3.6\ Creo3.0_system_file\文件夹中的 creo_parametric_customization.ui 文件，单击 打开 ▾ 按钮，然后单击 导入所有自定义 按钮。

技术支持

本书主编和主要参编人员来自北京兆迪科技有限公司。该公司专业从事 CAD/CAM/CAE 技术的研究、开发、咨询及产品设计与制造服务，并提供 Creo、Ansys、Adams 等软件的专业培训及技术咨询。读者在学习本书的过程中如果遇到问题，可通过访问该公司的网站 http://www.zalldy.com 来获得技术支持。

咨询电话：010-82176248，010-82176249。

目　　录

前言
本书导读
实例1　采用"阴影法"进行模具设计（一） 1
实例2　采用"阴影法"进行模具设计（二） 7
实例3　采用"裙边法"进行模具设计（一） 13
实例4　采用"裙边法"进行模具设计（二） 20
实例5　采用"分型面法"进行模具设计 27
实例6　采用"体积块法"进行模具设计 37
实例7　用两种方法进行模具设计（一） 47
　　7.1　创建方法一（分型面法） 47
　　7.2　创建方法二（体积块法） 56
实例8　用两种方法进行模具设计（二） 63
　　8.1　创建方法一（分型面法） 63
　　8.2　创建方法二（体积块法） 71
实例9　用两种方法进行模具设计（三） 77
　　9.1　创建方法一（分型面法） 77
　　9.2　创建方法二（体积块法） 84
实例10　用两种方法进行模具设计（四） 88
　　10.1　创建方法一（分型面法） 88
　　10.2　创建方法二（体积块法） 96
实例11　用两种方法进行模具设计（五） 104
　　11.1　创建方法一（分型面法） 104
　　11.2　创建方法二（组件法） 108
实例12　用两种方法进行模具设计（六） 116
　　12.1　创建方法一（不做滑块） 116
　　12.2　创建方法二（做滑块） 123
实例13　带滑块的模具设计（一） 131
实例14　带滑块的模具设计（二） 138
实例15　带滑块的模具设计（三） 150
实例16　带滑块的模具设计（四） 163
实例17　带滑块的模具设计（五） 172
实例18　带镶块的模具设计（一） 183
实例19　带镶块的模具设计（二） 194
实例20　带破孔的模具设计（一） 211

实例 21 带破孔的模具设计（二） 225

实例 22 一模多穴的模具设计（一） 236

实例 23 一模多穴的模具设计（二） 246

实例 24 带外螺纹的模具设计 257

实例 25 带内螺纹的模具设计 263

实例 26 带弯销内侧抽芯的模具设计 279

实例 27 带斜抽机构的模具设计 292

实例 28 流道设计实例 312

实例 29 水线设计实例 317

实例 30 EMX 标准模架设计（一） 319
    30.1 概述 319
    30.2 模具型腔设计 319
    30.3 EMX 模架设计 324

实例 31 EMX 标准模架设计（二） 337
    31.1 概述 337
    31.2 模具型腔设计 337
    31.3 EMX 模架设计 350

实例 **1**　采用"阴影法"进行模具设计（一）

本实例将介绍一个订书器垫的模具设计，如图 1.1 所示。在该模具设计过程中，将采用"阴影法"对模具分型面进行设计。通过本实例的学习，希望读者能够对"阴影法"这一设计方法有一定的了解。下面介绍该模具的设计过程。

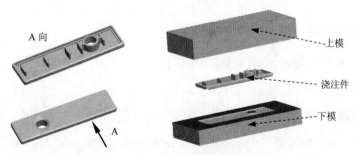

图 1.1　订书器垫的模具设计

Task1. 新建一个模具制造模型文件，进入模具模块

Step1. 设置工作目录。选择下拉菜单 文件▾ ➡ 管理会话(M) ▸ ➡ 选择工作目录(W) 更改工作目录。 命令（或单击 主页 选项卡中的 按钮），将工作目录设置至 D:\creo3.6\work\ch01。单击 确定 按钮。

Step2. 选择下拉菜单 文件▾ ➡ 新建(N) 命令（或单击"新建"按钮 ）。

Step3. 在"新建"对话框中的 类型 区域中选中 ◉ 制造 单选项，在 子类型 区域中选中 ◉ 模具型腔 单选项，在 名称 文本框中输入文件名 stapler_pad_mold，取消 ☑ 使用默认模板 复选框中的"√"号，然后单击 确定 按钮。

Step4. 在系统弹出的"新文件选项"对话框中选取 mmns_mfg_mold 模板，单击 确定 按钮。

Task2. 建立模具模型

在开始设计一个模具前，应先创建一个"模具模型"，模具模型包括参照模型（Ref Model）和坯料（Workpiece），如图 1.2 所示。

Stage1. 引入参照模型

Step1. 单击 模具 功能选项卡 参考模型和工件 区域的按钮 参考模型▾ ，在系统弹出的菜单中单击 组装参考模型 按钮。

Step2. 在系统弹出的"打开"对话框中，选取三维零件模型 stapler_pad.prt 作为参考零

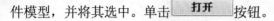

件模型，并将其选中。单击 打开 按钮。

Step3. 系统弹出"元件放置"操控板，在"约束"类型下拉列表中选择 默认 选项，将参考模型按默认放置，再在操控板中单击 ✓ 按钮。

Step4. 此时系统弹出"创建参考模型"对话框，选中 按参考合并 单选项，然后在 参考模型 区域的 名称 文本框中接受系统给出的默认的参考模型名称 STAPLER_PAD_MOLD_REF（也可以输入其他字符作为参考模型名称），再单击 确定 按钮，系统弹出"警告"对话框，单击 确定 按钮。

Stage2. 创建坯料

Step1. 单击 模具 功能选项卡 参考模型和工件 区域的"工件"按钮 下的 工件 按钮，在系统弹出的菜单中单击 创建工件 按钮。

Step2. 系统弹出"创建元件"对话框，在 类型 区域选中 零件 单选项，在 子类型 区域选中 实体 单选项，在 名称 文本框中输入坯料的名称 stapler_pad_wp，然后单击 确定 按钮。

Step3. 在系统弹出的"创建选项"对话框中选中 创建特征 单选项，然后单击 确定 按钮。

Step4. 创建坯料特征。

（1）选择命令。单击 模具 功能选项卡 形状 ▾ 区域中的 拉伸 按钮。

（2）定义草绘截面放置属性。在绘图区中右击，从快捷菜单中选择 定义内部草绘... 命令，系统弹出"草绘"对话框，然后选择参照模型中的 MOLD_RIGHT 基准平面作为草绘平面，选取 MAIN_PARTING_PLN 平面为参照平面，方向为 上，然后单击 草绘 按钮，系统进入截面草绘环境。

（3）进入截面草绘环境后，系统弹出"参考"对话框，选取 MAIN_PARTING_PLN 基准平面和 MOLD_FRONT 基准平面为草绘参照，然后单击 关闭(C) 按钮，绘制图 1.3 所示的截面草图。完成绘制后，单击"草绘"操控板中的"确定"按钮 ✓ 。

（4）选取深度类型并输入深度值。在操控板中选择深度类型 日 （对称），在深度文本框中输入深度值 70.0 并按回车键。

（5）完成特征。在操控板中单击 ✓ 按钮，则完成拉伸特征的创建。

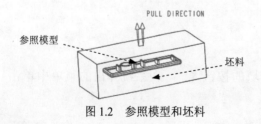

图 1.2 参照模型和坯料

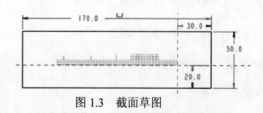

图 1.3 截面草图

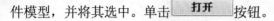

2

Task3．设置收缩率

Step1. 单击**模具**功能选项卡 生产特征▼ 按钮中的小三角按钮 ▼，在系统弹出的菜单中单击 按比例收缩▶ 后的 ▼，在系统弹出的菜单中单击 按尺寸收缩 按钮。

Step2. 系统弹出"按尺寸收缩"对话框，确认 公式 区域的 1+S 按钮被按下，在 收缩选项 区域选中 ☑ 更改设计零件尺寸 复选框，在 收缩率 区域的 比率 栏中输入收缩率值 0.006，并按回车键，然后单击对话框中的 ✔ 按钮。

Task4．建立浇注系统

在零件 stapler_pad 的模具坯料中应创建浇道和浇口，这里省略。

Task5．用阴影法创建分型面

下面将创建图 1.4 所示的分型面，以分离模具的上模型腔和下模型腔。

Step1. 单击**模具**功能选项卡 分型面和模具体积块▼ 区域中的"分型面" 按钮 ▣。系统弹出**分型面**功能选项卡。

Step2. 在系统弹出的**分型面**功能选项卡中的 控制 区域单击"属性" 按钮 ▣，在"属性"文本框中输入分型面名称 ps，单击 确定 按钮。

Step3. 单击**分型面**功能选项卡中的 曲面设计▼ 按钮，在系统弹出的菜单中单击 阴影曲面 按钮。系统弹出"阴影曲面"对话框。

图 1.4　主分型面

Step4. 定义光线投影的方向。

（1）在"阴影曲面"对话框中双击 Direction (方向) 元素，系统弹出"一般选择方向"菜单。

（2）在 ▼ GEN SEL DIR (一般选择方向) 菜单中选择 Plane (平面) 命令。

（3）在系统 ➡ 选择将垂直于此方向的平面· 的提示下，选取图 1.5 所示的坯料表面；将投影的方向切换至图 1.5 中箭头所示的方向，然后选择 Okay (确定) 命令。

Step5. 在阴影曲面上创建"修剪平面"特征。

（1）在"阴影曲面"对话框中双击 Clip Plane (修剪平面) 元素。

（2）系统弹出 ▼ ADD RMV REF (加入删除参考) 菜单，选择该菜单中的 Add (添加) 命令。

（3）设置修剪平面。在系统 ➡ 选择一修剪平面· 的提示下，采用"列表选取法"选取图 1.6 所示的模型内表面为修剪平面。

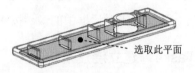

（4）在 ▼ ADD RMV REF（加入删除参照）菜单中选择 Done/Return（完成/返回）命令。

Step6. 单击"阴影曲面"对话框中的 预览 按钮，预览所创建的分型面，然后单击 确定 按钮完成操作。

Step7. 在"分型面"选项卡中单击"确定"按钮 ✓，完成分型面的创建。

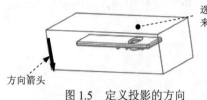

选取坯料的此表面
来定义光线方向

方向箭头

选取此平面

图 1.5　定义投影的方向　　　　　　图 1.6　设置修剪平面

Task6．构建模具元件的体积块

Step1. 选择 模具 功能选项卡 分型面和模具体积块 ▼ 区域中的按钮 模具体积块 ▼ ➡ 体积块分割 命令（即用"分割"的方法构建体积块）。

Step2. 在系统弹出的 ▼ SPLIT VOLUME（分割体积块）菜单中，依次选择 Two Volumes（两个体积块）、All Wrkpcs（所有工件）、Done（完成）命令。此时系统弹出"分割"对话框和"选择"对话框。

Step3. 用"列表选取"的方法选取分型面。

（1）在系统 ➡ 为分割工件选择分型面. 的提示下，在模型中主分型面的位置右击，从弹出的快捷菜单中选取 从列表中拾取 命令。

（2）在系统弹出的"从列表中拾取"对话框中选取列表中的 面组:F7(PS) 分型面，然后单击 确定(O) 按钮。

（3）在"选择"对话框中单击 确定 按钮。

Step4. 在"分割"对话框中单击 确定 按钮。

Step5. 此时，系统弹出"属性"对话框，同时模型的下半部分变亮，在该对话框中单击 着色 按钮,着色后的模型如图 1.7 所示,然后,在对话框中输入名称 lower_mold,单击 确定 按钮。

Step6. 此时，系统返回"属性"对话框，同时模型的上半部分变亮，在该对话框中单击 着色 按钮,着色后的模型如图 1.8 所示,然后,在对话框中输入名称 upper_mold,单击 确定 按钮。

图 1.7　着色后的下半部分体积块　　　　　图 1.8　着色后的上半部分体积块

Task7．抽取模具元件

Step1. 单击 **模具** 功能选项卡 元件▾ 区域中的 模具元件▾ 按钮，在系统弹出的下拉菜单中单击 ⬆型腔镶块 按钮。

Step2. 在系统弹出的"创建模具元件"对话框中单击 ▤ 按钮，选择所有体积块，然后单击 确定 按钮。

Task8．生成浇注件

Step1. 单击 **模具** 功能选项卡 元件▾ 区域中的 ⚙创建铸模 按钮。

Step2. 在系统提示框中输入浇注零件名称 handle_molding，并单击两次 ✔ 按钮。

Task9．定义开模动作

Stage1．将参考零件、坯料和分型面遮蔽起来

将模型中的参考零件、坯料和分型面遮蔽后，则工作区中模具模型中的这些元素将不显示，这样可使屏幕简洁，方便后面的模具开启操作。

Step1. 遮蔽参考零件和坯料。

（1）选择 **视图** 功能选项卡 可见性 区域中的按钮 "模具显示" 命令 ☰。系统弹出 "遮蔽-取消遮蔽" 对话框。

（2）在"遮蔽-取消遮蔽"对话框左边的"可见元件"列表中按住 Ctrl 键，选择参考零件 ⬡ STAPLER_PAD_MOLD_REF 和坯料 ▭ STAPLER_PAD_WP。

（3）单击对话框下部的 遮蔽 按钮。

Step2. 遮蔽分型面。

（1）在对话框右边的"过滤"区域中按下 🔲分型面 按钮。

（2）在对话框的"可见曲面"列表中选择分型面 🔲PS。

（3）单击对话框下部的 遮蔽 按钮。

Step3. 单击对话框下部的 关闭 按钮，完成操作。

Stage2．开模步骤 1：移动上模

Step1. 单击 **模具** 功能选项卡 分析▾ 区域中的 "模具开模" 按钮 🗐。系统弹出 ▾ MOLD OPEN (模具开模) 菜单管理器。

Step2. 在系统弹出的 ▾ MOLD OPEN (模具开模) 菜单管理器中依次单击 Define Step (定义步骤) 和 Define Move (定义移动) 命令。系统弹出"选择"对话框，选取上模，在"选择"对话框中单击 确定 按钮。

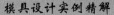
Step3. 在系统 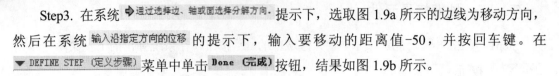 提示下，选取图 1.9a 所示的边线为移动方向，然后在系统 输入沿指定方向的位移 的提示下，输入要移动的距离值-50，并按回车键。在 ▼ DEFINE STEP（定义步骤）菜单中单击 Done（完成）按钮，结果如图 1.9b 所示。

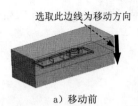

选取此边线为移动方向

a）移动前   b）移动后

图 1.9 移动上模

Stage3. 开模步骤 2：移动下模

Step1. 参照开模步骤 1 的操作方法，选取下模，选取图 1.10a 示的边线为移动方向，然后输入要移动的距离值 50，并按回车键。在 ▼ DEFINE STEP（定义步骤）菜单中单击 Done（完成）按钮，结果如图 1.10b 所示。

选取此边线为移动方向

a）移动前   b）移动后

图 1.10 移动下模

Step2. 在 ▼ MOLD OPEN（模具开模）菜单管理器中单击 Done/Return（完成/返回）按钮。

Step3. 保存设计结果。单击 模具 功能选项卡中 操作 ▼ 区域的 重新生成 ▼ 按钮，在系统弹出的下拉菜单中单击 重新生成 按钮，选择下拉菜单 文件 ▼ ➡ 保存(S) 命令。

实例 **2** 采用"阴影法"进行模具设计（二）

本实例将介绍一款鞋跟的模具设计，如图 2.1 所示。在该模具的设计过程中，仍将采用"阴影法"对模具分型面进行设计，不同的是本实例在设计分型面中增加了一个"束子"特征。下面介绍该模具的设计过程。

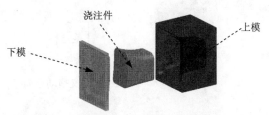

图 2.1 鞋跟的开模图

Task1. 新建一个模具制造模型文件，进入模具模块

Step1. 将工作目录设置至 D:\creo3.6\work\ch02。

Step2. 新建一个模具型腔文件，命名为 shoe_mold；选择 `mmns_mfg_mold` 模板。

Task2. 建立模具模型

在开始设计一个模具前，应先创建一个"模具模型"，模具模型包括图 2.2 所示的参考模型和坯料。

Stage1. 引入参考模型

Step1. 单击 **模具** 功能选项卡 `参考模型和工件` 区域"定位参考模型"按钮 `参考模型▾`，然后在系统弹出的列表中选择 `定位参考模型` 命令，系统弹出"打开"对话框、"布局"对话框和"型腔布置"菜单管理器。

Step2. 从系统弹出的"打开"对话框中，选取三维零件模型鞋跟——shoe.prt 作为参考零件模型，并将其打开，系统弹出"创建参考模型"对话框。

Step3. 在"创建参考模型"对话框中选中 ◉ `按参考合并` 单选项，然后在 `参考模型` 区域的 `名称` 文本框中接受默认的名称，再单击 `确定` 按钮。

Step4. 单击布局对话框中的 `预览` 按钮，可以观察到图 2.3a 所示的结果。

说明：此时图 2.3a 所示的拖动方向不是需要的结果，需要定义拖动方向。

Step5. 在"布局"对话框的 `参考模型起点与定向` 区域中单击 ▸ 按钮，然后在 ▾ `GET CSYS TYPE (获得坐标系类型)` 菜单中选择 `Dynamic (动态)` 命令。系统弹出"参考模型方向"对话框。

Step6. 在系统弹出的"参考模型方向"对话框的 值 文本框中输入数值-90，然后单击 确定 按钮。

Step7. 单击"布局"对话框中的 预览 按钮，定义后的拖动方向如图 2.3b 所示，然后单击 确定 按钮。系统弹出"警告"对话框，单击 确定 按钮。

Step8. 在 ▼ CAV LAYOUT （型腔布置）菜单管理器中单击 Done/Return （完成/返回）命令。

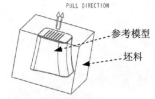
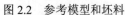

图 2.2　参考模型和坯料

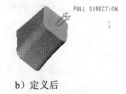

a) 定义前　　　　　　　　　　　　b) 定义后

图 2.3　定义拖动方向

Stage2. 创建坯料

Step1. 单击 模具 功能选项卡 参考模型和工件 区域的"工件"按钮 下的 工件 按钮，然后在系统弹出的列表中选择 创建工件 命令，系统弹出"创建元件"对话框。

Step2. 在系统弹出的"创建元件"对话框中，在 类型 区域选中 ◉ 零件 单选项，在 子类型 区域选中 ◉ 实体 单选项，在 名称 文本框中输入坯料的名称 wp，然后单击 确定 按钮。

Step3. 在系统弹出的"创建选项"对话框中选中 ◉ 创建特征 单选项，然后单击 确定 按钮。

Step4. 创建坯料特征。

（1）选择命令。单击 模具 功能选项卡 形状 ▼ 区域中的 拉伸 按钮。

（2）定义草绘截面放置属性。在绘图区中右击，从快捷菜单中选择 定义内部草绘... 命令，在系统弹出的"草绘"对话框中，选择 MOLD_FRONT 基准平面作为草绘平面，草绘平面的参考平面为 MOLD_RIGHT 基准平面，方位为 右，然后单击 草绘 按钮，系统进入截面草绘环境。

（3）进入截面草绘环境后，系统弹出"参考"对话框，选取 MOLD_RIGHT 基准平面和 MAIN_PARTING_PLN 基准平面为草绘参考，然后单击 关闭(C) 按钮，然后绘制图 2.4 所示的截面草图。完成绘制后，单击"草绘"操控板中的"确定"按钮 ✔ 。

（4）选取深度类型并输入深度值。在操控板中选取深度类型 ⯁ （对称），在深度文本框中输入深度值 110.0 并按回车键。

（5）在操控板中单击 ✔ 按钮，则完成拉伸特征的创建。

Task3. 设置收缩率

将参考模型收缩率设置为 0.006。

Task4．创建分型面

下面将创建图 2.5 所示的分型面，以分离模具的上模型腔和下模型腔。

图 2.4　截面草图

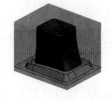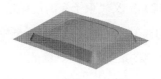

图 2.5　分型面

Step1．单击 **模具** 功能选项卡 分型面和模具体积块 ▾ 区域中的"分型面"按钮 ▢ 。系统弹出"分型面"功能选项卡。

Step2．在系统弹出的"分型面"功能选项卡中的 控制 区域单击"属性"按钮 ▢ ，在"属性"对话框中输入分型面名称 ps，单击 确定 按钮。

Step3．单击 **分型面** 功能选项卡中的 曲面设计 ▾ 按钮，在系统弹出的快捷菜单中单击 阴影曲面 按钮。系统弹出"阴影曲面"对话框。

Step4．定义光线投影的方向。在"阴影曲面"对话框中双击 Direction (方向) 元素，系统弹出"一般选取方向"菜单。在系统弹出的 ▾ GEN SEL DIR (一般选择方向) 菜单中选择 Plane (平面) 命令，然后在系统 ⇨选择将垂直于此方向的平面. 的提示下，选取图 2.6 所示的坯料表面；单击 Flip (反向) 按钮将投影的方向切换至图 2.6 中箭头所示的方向，然后选择 Okay (确定) 命令。

Step5．在阴影曲面上创建"束子"特征。

（1）定义"束子"特征的轮廓。

① 在"阴影曲面"对话框中双击 ShutOff Ext (关闭扩展) 元素。

② 系统弹出 ▾ SHUTOFF EXT (关闭延伸) 菜单，选择该菜单中的 Boundary (边界) ➡ Sketch (草绘) 命令。

③ 设置草绘平面。在 ▾ SETUP SK PLN (设置草绘平面) 菜单中选择 Setup New (新设置) 命令，然后在系统 ⇨选择或创建一个草绘平面. 的提示下，选取图 2.7 所示的坯料底面为草绘平面；选择 Okay (确定) 命令，接受该图中的箭头方向为草绘平面的查看方向；在"草绘视图"菜单中选择 Right (右) 命令，然后在系统 ⇨为草绘选择或创建一个水平或竖直的参考. 的提示下，选取图 2.7 所示的坯料右侧面为参考平面。

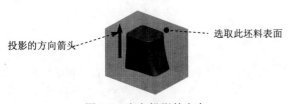

投影的方向箭头 ┈┈ 选取此坯料表面

图 2.6　定义投影的方向

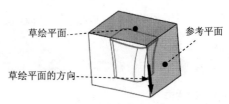

草绘平面 ┈┈ 参考平面

草绘平面的方向 ┈┈

图 2.7　设置草绘平面

④ 绘制"束子"轮廓。进入草绘环境后,选取 MOLD_FRONT 和 MOLD_RIGHT 基准平面为草绘参考,单击 关闭(C) 按钮,绘制图 2.8 所示的截面草图。完成绘制后,单击"确定"按钮 ✓ 。

(2)定义"束子"的拔模角度。

① 在"阴影曲面"对话框中双击 Draft Angle (拔模角度)元素。

② 在系统 输入拔模角值 的提示下,输入拔模角度值 25.0,并按回车键。

(3)创建图 2.9 所示的基准平面 ADTM1,该基准平面将在下一步作为"束子"终止平面的参考平面。

① 单击 分型面 功能选项卡中 基准 ▼ 区域的"创建基准平面"按钮 ⟁ ,系统弹出"基准平面"对话框。

② 选取图 2.10 所示的坯料表面为参考平面,然后输入偏移值-10.0。

③ 单击"基准平面"对话框中的 确定 按钮。

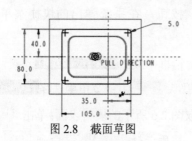

图 2.8 截面草图   图 2.9 创建基准平面 ADTM1

(4)定义"束子"的终止平面。

① 在"阴影曲面"对话框中双击 ShutOff Plane (关闭平面)元素。

② 系统弹出 ▼ ADD RMV REF (加入删除参考)菜单,在系统 ⟲选择一切断平面. 的提示下,选取基准平面 ADTM1 为参考平面。

③ 在 ▼ ADD RMV REF (加入删除参考)菜单中选择 Done/Return (完成/返回)命令。

Step6. 单击"阴影曲面"对话框中的 预览 按钮,预览所创建的分型面,然后单击 确定 按钮完成操作。

Step7. 在"分型面"选项卡中单击"确定"按钮 ✓ ,完成分型面的创建。

Task5. 构建模具元件的体积块

Step1. 选择 模具 功能选项卡 分型面和模具体积块 ▼ 区域中的按钮 模具体积块 ▼ ➡ 🗄 体积块分割 命令(即用"分割"的方法构建体积块)。

Step2. 在系统弹出的 ▼ SPLIT VOLUME (分割体积块)菜单中,选择 Two Volumes (两个体积块) ➡ All Wrkpcs (所有工件) ➡ Done (完成)命令,此时系统弹出"分割"信息对话框和"选择"对话框。

Step3. 在系统 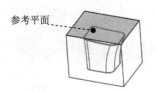 的提示下,选取图 2.11 所示的分型面,并单击"选择"对话框中的 **确定** 按钮。

参考平面

图 2.10 选取参考平面

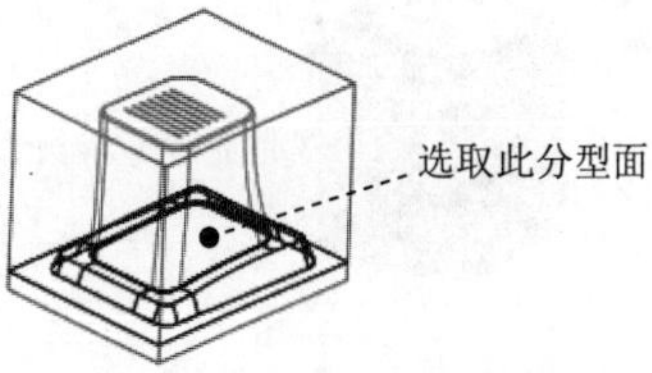

选取此分型面

图 2.11 选取分型面

Step4. 单击"分割"信息对话框中的 **确定** 按钮。

Step5. 系统弹出"属性"对话框,同时模型中的体积块的下半部分变亮,在该对话框中单击 **着色** 按钮,着色后的体积块如图 2.12 所示。然后在对话框中输入名称 lower_vol,单击 **确定** 按钮。

Step6. 系统弹出"属性"对话框,同时模型中的体积块的上半部分变亮,在该对话框中单击 **着色** 按钮,着色后的体积块如图 2.13 所示。然后在对话框中输入名称 upper_vol,单击 **确定** 按钮。

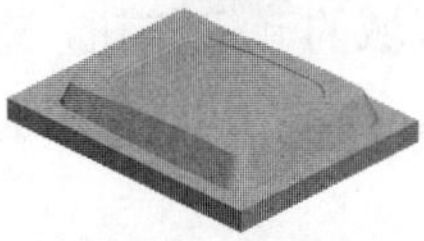

图 2.12 着色后的下半部分体积块

图 2.13 着色后的上半部分体积块

Task6. 抽取模具元件及生成浇注件

浇注件的名称命名为 shoe_molding。

Task7. 定义开模动作

Step1. 将参考零件、坯料和分型面在模型中遮蔽起来,将模型的显示状态切换到实体显示方式。

Step2. 开模步骤 1:移动上模。

(1) 选择 **模具** 功能选项卡 **分析 ▾** 区域中的按钮"模具开模"命令 ⧆。

(2) 在 **▾ MOLD OPEN (模具开模)** 菜单中选择 **Define Step (定义步骤)** 命令。在"定义间距"菜单中选择 **Define Move (定义移动)** 命令。系统弹出"选择"对话框。

(3) 在系统 ⇨为迁移号码1 选择构件. 的提示下,选取模型中的上模,然后在"选择"对话框中单击 **确定** 按钮。

(4) 在系统 ⇨通过选择边、轴或面选择分解方向. 的提示下,选取图 2.14 所示的边线为移动方向,然后在系统的提示下，输入要移动的距离值-100，并按回车键。

（5）在 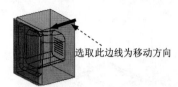 菜单中选择 命令，移出后的状态如图 2.14 所示。

选取此边线为移动方向

图 2.14　移动上模

Step3. 开模步骤 2：移动下模。参考开模步骤 1 的操作方法，选取模型的下模，选取图 2.15 所示的边线为移动方向，输入要移动的距离值 100，选择 **Done (完成)** 命令，完成下模的开模动作。在 菜单中单击 **Done/Return (完成/返回)** 按钮。

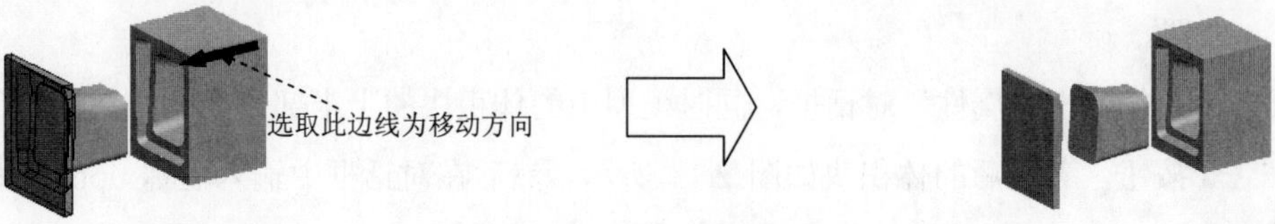

选取此边线为移动方向

图 2.15　移动下模

Step4. 保存设计结果。单击 **模具** 功能选项卡中 操作 ▾ 区域的 重新生成 ▾ 按钮，在系统弹出的下拉菜单中单击 **重新生成** 按钮，选择下拉菜单 **文件 ▾** ➡ **保存(S)** 命令。

实例 **3** 采用"裙边法"进行模具设计(一)

本实例将介绍一个烟灰缸的模具设计,如图 3.1 所示,在该模具设计过程中,将采用"裙边法"对模具分型面进行设计。通过本实例的学习,希望读者能够对"裙边法"这一设计方法有一定的了解。下面介绍该模具的设计过程。

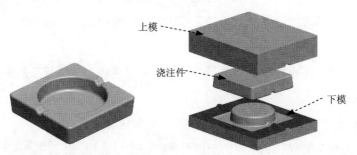

图 3.1 烟灰缸的模具设计

Task1. 新建一个模具制造模型文件,进入模具模块

Step1. 将工作目录设置至 D:\creo3.6\work\ch03。

Step2. 新建一个模具型腔文件,命名为 ashtray_mold;选取 `mmns_mfg_mold` 模板。

Task2. 建立模具模型

在开始设计一个模具前,应先创建一个"模具模型",模具模型如图 3.2 所示,包括参考模型和坯料。

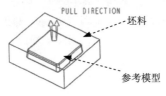

图 3.2 参考模型和坯料

Stage1. 引入参考模型

Step1. 单击 **模具** 功能选项卡 `参考模型和工件` 区域的"定位参考模型"按钮 `参考模型▼`,在系统弹出的列表中选择 `组装参考模型` 命令,系统弹出"打开"对话框。

Step2. 从系统弹出的"打开"对话框中,选取三维零件模型 ashtray.prt 作为参考零件模型,并将其打开。

Step3. 定义约束参考模型的放置位置。

（1）指定第一个约束。在操控板中单击 放置 按钮，在"放置"界面的"约束类型"下拉列表中选择 重合 选项，选取参考件的 FRONT 基准平面为元件参考，选取装配体的 MAIN_PARTING_PLN 基准平面为组件参考。

（2）指定第二个约束。单击 新建约束 字符，在"约束类型"下拉列表中选择 重合 选项，选取参考件的 RIGHT 基准平面为元件参考，选取装配体的 MOLD_RIGHT 基准平面为组件参考。

（3）指定第三个约束。单击 新建约束 字符，在"约束类型"下拉列表中选择 重合 选项，选取参考件的 TOP 基准平面为元件参考，选取装配体的 MOLD_FRONT 基准面为组件参考。

（4）约束定义完成，在操控板中单击 按钮，完成参考模型的放置；系统自动弹出"创建参考模型"对话框。

说明：在此进行参考模型的定位约束就是为了定义模具的开模方向。

Step4. 在"创建参考模型"对话框中选中 按参考合并 单选项，然后在 参考模型 区域的 名称 文本框中接受默认的名称，再单击 确定 按钮。

Stage2．隐藏参考模型的基准面

为了使屏幕简洁，利用"层"的"遮蔽"功能将参考模型的三个基准面隐藏起来。

Step1. 在模型树中选择 —➡ 层树(L) 命令。

Step2. 在导航命令卡中单击 ASHTRAY_MOLD.ASM （顶级模型，活动的） 后面的 按钮，选择 ASHTRAY_MOLD_REF.PRT 参考模型。

Step3. 在层树中选择参考模型的基准面层 ▶ ⌷ 01___PRT_DEF_DTM_PLN ，右击，在系统弹出的快捷菜单中选择 隐藏 命令，然后单击"重画"按钮 ，这样模型的基准面将不显示。

Step4. 操作完成后，在导航选项卡中选择 —➡ 模型树(M) 命令，再切换到模型树状态。

Stage3．创建坯料

Step1. 单击 模具 功能选项卡 参考模型和工件 区域中的 工件 按钮，然后在系统弹出的列表中选择 创建工件 命令，系统弹出"创建元件"对话框。

Step2. 在系统弹出的"创建元件"对话框中，在 类型 区域下选中 零件 单选项，在 子类型 区域下选中 实体 单选项，在 名称 文本框中输入坯料的名称 ashtray_mold_wp，然后再单击 确定 按钮。

Step3. 在系统弹出的"创建选项"对话框中选中 创建特征 单选项，然后再单击 确定 按钮。

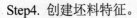

Step4. 创建坯料特征。

（1）选择命令。单击 **模具** 功能选项卡 形状 ▾ 区域中的 拉伸 按钮。

（2）创建实体拉伸特征。

① 定义草绘截面放置属性。在绘图区中右击，从系统弹出的快捷菜单中选择 定义内部草绘... 命令。系统弹出"草绘"对话框，然后选择 MOLD_RIGHT 基准平面为草绘平面，选取 MOLD_FRONT 基准平面为草绘平面的参考平面，方向为 右 ，单击 草绘 按钮，进入草绘环境。

② 进入截面草绘环境后，选取 MAIN_PARTING_PLN 基准平面和 MOLD_FRONT 基准平面为草绘参考，绘制图 3.3 所示的特征截面。完成特征截面的绘制后，单击工具栏中的"确定"按钮 ✔ 。

③ 选取深度类型并输入深度值。在操控板中选取深度类型 日（即"对称"），再在深度文本框中输入深度值 150.0，并按回车键。

④ 在"拉伸"操控板中单击 ✔ 按钮，完成特征的创建。

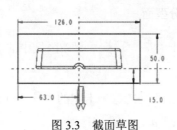

图 3.3　截面草图

Task3．设置收缩率

将参考模型收缩率设置为 0.006。

Task4．建立浇注系统

在零件 ashtray 的模具坯料中应创建浇道和浇口，这里省略。

Task5．创建模具分型曲面

下面将创建图 3.4 所示的分型面，以分离模具的上模型腔和下模型腔。

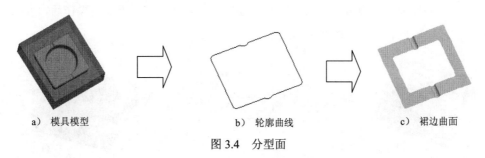

a）模具模型　　　　　　b）轮廓曲线　　　　　　c）裙边曲面

图 3.4　分型面

Stage1. 创建轮廓曲线

Step1. 单击 **模具** 功能选项卡中 设计特征 区域的"轮廓曲线"按钮 ，系统弹出"轮廓曲线"对话框。

Step2. 在"轮廓曲线"对话框中双击 Direction (方向) 元素，系统弹出"一般选取方向"菜单管理器。在系统 选择将垂直于此方向的平面. 的提示下，选取图 3.5 所示的坯料表面；选择 Okay (确定) 命令，接受图3.5 所示的图中的箭头方向为投影方向。

Step3. 单击对话框中的 确定 按钮，完成"轮廓曲线"特征的创建。

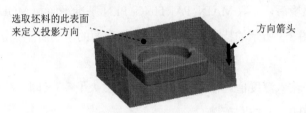

选取坯料的此表面
来定义投影方向

方向箭头

图 3.5 选取平面

Stage2. 采用裙边法设计分型面

Step1. 单击 **模具** 功能选项卡 分型面和模具体积块 ▼ 区域中的"分型面"按钮 ，系统弹出"分型面" 功能选项卡。

Step2. 在系统弹出的"分型面"功能选项卡中的 控制 区域单击"属性"按钮 ，在"属性"对话框中输入分型面名称 ps，单击 确定 按钮。

Step3. 单击 **分型面** 操控板中 曲面设计 ▼ 区域中的"裙边曲面"按钮 。此时系统弹出"裙边曲面"对话框、 ▼ CHAIN (链) 菜单管理器。

Step4. 选取轮廓曲线。在系统 选择包含曲线的特征. 的提示下，用列表选取的方法选取轮廓曲线（即列表中的 F7(SILH_CURVE_1) 项），然后选择 Done (完成) 命令。

Step5. 定义方向。在"裙边曲面"对话框中双击 Direction (方向) 元素，系统弹出 ▼ GEN SEL DIR (一般选取方向) 菜单。在系统 选择将垂直于此方向的平面. 的提示下，选取图 3.5 所示的坯料表面；接受图3.5 所示的箭头方向，单击 Okay (确定) 命令。

Step6. 延伸裙边曲面。单击"裙边曲面"对话框中的 预览 按钮，预览所创建的分型面，在图 3.6a 中可以看到，此时分型面还没有到达坯料的外表面。进行下面的操作后，可以使分型面延伸到坯料的外表面，如图 3.6b 所示。

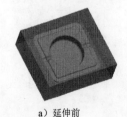

a）延伸前

b）延伸后

图 3.6 延伸分型面

（1）在"裙边曲面"对话框中双击 Extension (延伸) 元素，系统弹出"延伸控制"对话框，在该对话框中选择"延伸方向"选项卡。

（2）定义延伸点集 1。

① 在"延伸方向"选项卡中单击 添加 按钮，系统弹出 ▼ GEN PNT SEL (一般点选取) 菜单和"选择"对话框，同时提示 ➡ 选择曲线端点和/或边界的其他点来设置方向. ；按住 Ctrl 键，在模型中选取图 3.7 的两个点，然后单击"选择"对话框中的 确定 按钮；再在 ▼ GEN PNT SEL (一般点选取) 菜单中选择 Done (完成) 命令。

② 在 ▼ GEN SEL DIR (一般选择方向) 菜单中选择 Crv/Edg/Axis (曲线/边/轴) 命令，然后选取图 3.7 所示的边线；（或单击 Flip (反向) 按钮）将方向箭头调整为图 3.7 所示的方向，接受箭头方向为延伸方向，选择 Okay (确定) 命令。

（3）定义延伸点集 2。

① 在"延伸控制"对话框中单击 添加 按钮；在 ➡ 选择曲线端点和/或边界的其他点来设置方向. 的提示下，按住 Ctrl 键，选取图 3.8 所示的六个点，然后单击"选择"对话框中的 确定 按钮；在 ▼ GEN PNT SEL (一般点选取) 菜单中选择 Done (完成) 命令。

② 在系统弹出的 ▼ GEN SEL DIR (一般选择方向) 菜单中选择 Crv/Edg/Axis (曲线/边/轴) 命令，然后选取图 3.8 所示的边线；调整延伸方向，如图 3.8 所示，然后选择 Okay (确定) 命令。

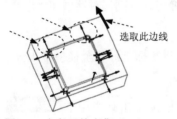
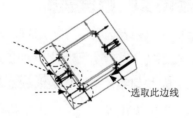

图 3.7 定义延伸点集（一）　　　　　　图 3.8 定义延伸点集（二）

（4）定义延伸点集 3。

① 在"延伸控制"对话框中单击 添加 按钮；按住 Ctrl 键，选取图 3.9 所示的两个点，然后单击"选择"对话框中的 确定 按钮；选择 Done (完成) 命令。

② 在系统弹出的 ▼ GEN SEL DIR (一般选取方向) 菜单中选择 Crv/Edg/Axis (曲线/边/轴) 命令，然后选取图 3.9 所示的边线；接受图 3.9 所示的箭头方向为延伸方向，选择 Okay (确定) 命令（若方向相反，应先单击 Flip (反向) 命令，再单击 Okay (确定) 命令）。

（5）定义延伸点集 4。

① 在"延伸控制"对话框中单击 添加 按钮；按住 Ctrl 键，选取图 3.10 所示的六个点，然后单击"选择"对话框中的 确定 按钮；选择 Done (完成) 命令。

② 在系统弹出的 ▼ GEN SEL DIR (一般选取方向) 菜单中选择 Crv/Edg/Axis (曲线/边/轴) 命令，然后选取图 3.10 所示的边线；调整箭头方向如图 3.10 所示。选择 Okay (确定) 命令，定义了以

上四个延伸点集后单击 确定 按钮。

（6）在"裙边曲面"对话框中单击 预览 按钮，预览所创建的分型面，可以看到此时分型面已向四周延伸至坯料的表面。

（7）在"裙边曲面"对话框中单击 确定 按钮，完成分型面的创建。

Step7. 在"分型面"选项卡中单击"确定"按钮 ✓ ，完成分型面的创建。

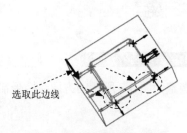

选取此边线

图 3.9 定义延伸点集（三）

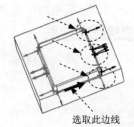

选取此边线

图 3.10 定义延伸点集（四）

Task6. 构建模具元件的体积块

Step1. 选择 模具 功能选项卡 分型面和模具体积块 ▼ 区域中的 模具体积块 ▼ 按钮 ➡ 体积块分割 命令（即用"分割"的方法构建体积块）。

Step2. 在系统弹出的 ▼ SPLIT VOLUME（分割体积块） 菜单中，依次选择 Two Volumes（两个体积块）、 All Wrkpcs（所有工件）、 Done（完成） 命令。此时系统弹出"分割"对话框和"选择"对话框。

Step3. 用"列表选取"的方法选取分型面。

（1）在系统 ➡ 为分割工件选择分型面. 的提示下，先将鼠标指针移至模型中主分型面的位置，然后右击，从快捷菜单中选择 从列表中拾取 命令。

（2） 在系统弹出的"从列表中拾取"对话框中单击列表中的 面组:F8(FS)，然后单击 确定(0) 按钮。

（3）在"选择"对话框中单击 确定 按钮。

Step4. 在"分割"对话框中单击 确定 按钮。

Step5. 此时，系统弹出"属性"对话框，同时模型的下半部分变亮，在该对话框中单击 着色 按钮，着色后的模型如图 3.11 所示，然后在对话框中输入名称 upper_mold，单击 确定 按钮。

Step6. 此时，系统返回"属性"对话框，同时模型的上半部分变亮，在该对话框中单击 着色 按钮，着色后的模型如图 3.12 所示，然后，在对话框中输入名称 lower_mold，单击 确定 按钮。

Task7. 抽取模具元件及生成浇注件

浇注件的名称命名为 MOLDING。

图 3.11 着色后的上半部分体积块

图 3.12 着色后的下半部分体积块

Task8. 定义开模动作

Step1. 将参考零件、坯料和分型面在模型中遮蔽起来。

Step2. 移动上模。选取图 3.13 所示的边线为移动方向,输入要移动的距离值-100。

a)移动前

b)移动后

图 3.13 移动上模

Step3. 移动下模。选取图 3.14 所示的边线为移动方向,输入要移动的距离值 100。

a)移动前

b)移动后

图 3.14 移动下模

Step4. 保存设计结果。单击 **模具** 功能选项卡中 操作 ▾ 区域的 重新生 成 ▾ 按钮,在系统弹出的下拉菜单中单击 重新生成 按钮,选择下拉菜单 文件 ▾ ➡ 保存(S) 命令。

实例 **4** 采用"裙边法"进行模具设计（二）

在图 4.1 所示的儿童玩具框模具中，也是采用"裙边法"设计分型面，但由于模型最大截面处存在孔，在做轮廓曲线时会出现内外两侧，因此在利用裙边曲面做分型面时，应该选取特征曲线的外侧进行延拓及内侧进行填充，才能形成分型面。下面介绍该模具的主要设计过程。

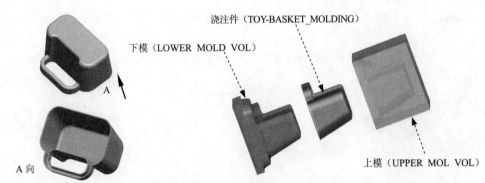

浇注件（TOY-BASKET_MOLDING）

下模（LOWER MOLD VOL）

上模（UPPER MOL VOL）

A

A 向

图 4.1 儿童玩具框的模具设计

Task1．新建一个模具制造模型文件

Step1. 将工作目录设置至 D:\creo3.6\work\ch04。

Step2. 新建一个模具型腔文件，命名为 toy-basket_mold；选取 `mmns_mfg_mold` 模板。

Task2．建立模具模型

Stage1．引入参考模型

Step1. 单击 **模具** 功能选项卡 参考模型和工件 区域的"参考模型"按钮 参考模型，然后在系统弹出的列表中选择 定位参考模型 命令，系统弹出"打开"对话框、"布局"对话框和"型腔布置"菜单管理器。

Step2. 从系统弹出的"打开"对话框中，选取三维零件模型 toy-basket.prt 作为参考零件模型，单击 打开 按钮。

Step3. 在"创建参考模型"对话框中选中 ⊙ 按参考合并 单选项，然后在 参考模型 区域的 名称 文本框中接受默认的名称，再单击 确定 按钮。

Step4. 在"布局"对话框的 布局 区域中选中 ⊙ 单一 单选项，在"布局"对话框中单击 确定 按钮。系统弹出"警告"对话框，单击 确定 按钮。

Step5. 在 ▼ CAV LAYOUT （型腔布置）菜单管理器中选中 Done/Return （完成/返回）命令。

Stage2. 创建坯料

手动创建图 4.2 所示的坯料，操作步骤如下。

Step1. 单击 **模具** 功能选项卡 参考模型和工件 区域中的 工件 按钮，然后在系统弹出的列表中选择 创建工件 命令，系统弹出"创建元件"对话框。

Step2. 在系统弹出的"创建元件"对话框中，在 类型 区域选中 ● 零件 单选项，在 子类型 区域选中 ● 实体 单选项，在 名称 文本框中输入元件的名称 wp；单击 确定 按钮。

Step3. 在系统弹出的"创建选项"对话框中选中 ● 创建特征 单选项，然后单击 确定 按钮。

Step4. 创建坯料特征。

（1）选择命令。单击 **模具** 功能选项卡 形状 ▼ 区域中的 拉伸 按钮。系统弹出"拉伸"操控板。

（2）创建实体拉伸特征。

① 选取拉伸类型。在系统弹出的操控板中，确认"实体"类型按钮 被按下。

② 定义草绘截面放置属性。在绘图区中右击，从系统弹出的快捷菜单中选择 定义内部草绘... 命令。选择 MAIN_PARTING_PLN 基准平面作为草绘平面，草绘平面的参考平面为 MOLD_RIGHT 基准平面，方位为 右，单击 草绘 按钮，至此系统进入截面草绘环境。

③ 绘制截面草图。进入截面草绘环境后，选取 MOLD_FRONT 基准平面和 MOLD_RIGHT 基准平面为草绘参考，在"参考"对话框中单击 关闭(C) 按钮。截面草图如图 4.3 所示。完成特征截面的绘制后，单击工具栏中的"确定"按钮 ✔。

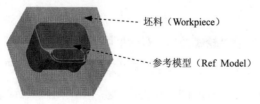

坯料（Workpiece）
参考模型（Ref Model）

图 4.2 模具模型

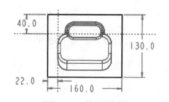

图 4.3 截面草图

④ 选取深度类型并输入深度值。在操控板中单击 选项 按钮，从系统弹出的界面中选取 侧1 的深度类型 盲孔，再在深度文本框中输入深度值 20.0，并按回车键；然后选取 侧2 的深度类型 盲孔，再在深度文本框中输入深度值 100.0，并按回车键。

⑤ 完成特征。在"拉伸"操控板中单击 ✔ 按钮，完成特征的创建。

Task3. 设置收缩率

将参考模型收缩率设置为 0.006。

Task4. 创建分型面

下面将创建图 4.4 所示的分型面，以分离模具的上模型腔和下模型腔。

a）模具模型

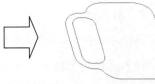
b）侧面影像曲线

c）裙边曲面

图 4.4　用"裙边法"设计分型面

Stage1. 创建轮廓曲线

Step1. 单击 **模具** 功能选项卡中 设计特征 区域的"轮廓曲线"按钮 ，系统弹出"轮廓曲线"对话框。双击对话框中的 Direction（方向）元素，系统弹出 ▼ GEN SEL DIR（一般选择方向）菜单管理器。

Step2. 选取图 4.5 所示的坯料表面；选择 Okay（确定）命令，接受图 4.5 中的箭头方向为投影方向。

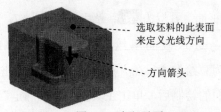

选取坯料的此表面
来定义光线方向

方向箭头

图 4.5　选取平面

Step3. 遮蔽参考件和坯料。

Step4. 在轮廓曲线中选取所需的链。在"轮廓曲线"对话框中双击 Loop Selection（环选择）元素，在系统弹出的"环选择"对话框中选择 **链** 选项卡，然后在列表中选取 1-1 上部 （此时图 4.6 所示的链变亮），单击 **下部** 按钮（此时图 4.7 所示的链变亮），单击 **确定** 按钮。

Step5. 单击"轮廓曲线"对话框中的 **预览** 按钮，预览所创建的轮廓曲线，然后单击 **确定** 按钮完成操作。

这两条链变亮

这两条链变亮

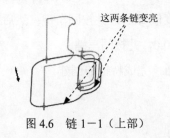

图 4.6　链 1-1（上部）

图 4.7　链 1-1（下部）

Step6. 显示参考件和坯料。

Stage2. 采用裙边法设计分型面

Step1. 单击 **模具** 功能选项卡 分型面和模具体积块 ▼ 区域中的"分型面"按钮 ，系统弹出"分型面"功能选项卡。

Step2. 在系统弹出的"分型面"功能选项卡中的 控制 区域单击"属性"按钮 ，在"属性"对话框中输入分型面名称 main_pt_surf，单击 确定 按钮。

Step3. 单击 **分型面** 操控板中 曲面设计 ▼ 区域中的"裙边曲面"按钮 ，此时系统弹出"裙边曲面"对话框、▼ CHAIN (链) 菜单管理器。

Step4. 在 ▼ CHAIN (链) 菜单中选择 Feat Curves (特征曲线) 命令；然后在系统 ➡选择包含曲线的特征. 的提示下，用"列表选取"的方法选取前面创建的轮廓曲线：将鼠标指针移至模型中曲线的位置，右击，选择 从列表中拾取 命令；在系统弹出的"从列表中拾取"对话框中选取 F7(SILH_CURVE_1) 选项，然后单击 确定(O) 按钮；在 ▼ CHAIN (链) 菜单管理器中选择 Done (完成) 命令，系统会提示 ➡所有元素已定义. 请从对话框中选择元素或动作. 。

Step5. 定义光线投影的方向。在"裙边曲面"对话框中双击 Direction (方向) 已定义 元素。在系统弹出的 ▼ GEN SEL DIR (一般选择方向) 菜单中选择 Plane (平面) 命令，然后在系统 ➡选择将垂直于此方向的平面. 的提示下，选取图 4.8 所示的坯料表面；将投影的方向切换至图 4.8 中箭头所示的方向，然后选择 Okay (确定) 命令。

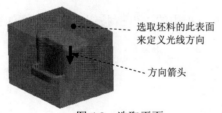

选取坯料的此表面来定义光线方向

方向箭头

图 4.8 选取平面

Step6. 在裙边曲面上创建"束子"特征。

（1）定义"束子"特征的轮廓。

① 在"裙边曲面"对话框中双击 ShutOff Ext (关闭扩展) 元素。

② 系统弹出 ▼ SHUTOFF EXT (关闭延伸) 菜单，选择该菜单中的 Boundary (边界) ➡ Sketch (草绘) 命令。

③ 设置草绘平面。在 ▼ SETUP SK PLN (设置草绘平面) 菜单中选择 Setup New (新设置) 命令，选择图 4.9 所示的坯料表面为草绘平面；选择 Okay (确定) 命令，接受该图中的箭头方向为草绘平面的查看方向（单击 Flip (反向) 按钮，调整箭头方向如图 4.9 所示）；在"草绘视图"菜单中选择 Default (默认) 命令。

④ 绘制"束子"轮廓。进入草绘环境后，选取 MOLD_FRONT 和 MOLD_RIGHT 基准

平面为草绘参考，在"参考"对话框中单击 关闭(C) 按钮，绘制图 4.10 所示的截面草图。完成绘制后，单击"确定"按钮 ✔。

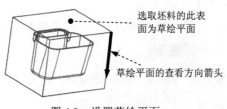

图 4.9　设置草绘平面

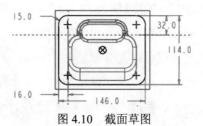

图 4.10　截面草图

（2）定义"束子"的拔模角度。

① 在"裙边曲面"对话框中双击 Draft Angle (拔模角度) 元素。

② 在系统 输入拔模角值 的提示下，输入拔模角度值 15，并按回车键。

（3）创建图 4.11 所示的基准平面 ADTM1，该基准平面将在下一步作为"束子"终止平面的参考平面。

① 单击 分型面 功能选项卡中 基准 ▾ 区域的"创建基准平面"按钮 ▱，系统弹出"基准平面"对话框。

② 系统弹出"基准平面"对话框，选取图 4.12 所示的坯料表面为参考平面，然后输入偏移值-15。

③ 单击"基准平面"对话框中的 确定 按钮。结果如图 4.11 所示。

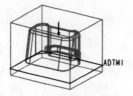

图 4.11　创建基准平面 ADTM1

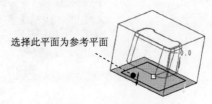

图 4.12　选择参考平面

（4）定义"束子"的中止平面。

① 在"裙边曲面"对话框中双击 ShutOff Plane (关闭平面) 元素。

② 系统弹出 ▾ ADD RMV REF (加入删除参考) 菜单，在系统 ⇨选择一切断平面 的提示下，选取上一步创建的 ADTM1 基准平面为参考平面。

③ 在 ▾ ADD RMV REF (加入删除参考) 菜单中选择 Done/Return (完成/返回) 命令。

Step7. 单击"裙边曲面"对话框中的 预览 按钮，预览所创建的分型面，然后单击 确定 按钮完成操作。

Step8. 在"分型面"选项卡中单击"确定"按钮 ✔，完成分型面的创建。

Task5. 用分型面创建上下两个体积块

Step1. 选择 **模具** 功能选项卡 分型面和模具体积块 ▼ 区域中的 模具体积块▼ 按钮 ➡ 体积块分割 命令（即用 "分割" 的方法构建体积块）。

Step2. 在系统弹出的 ▼ SPLIT VOLUME (分割体积块) 菜单中，依次选择 Two Volumes (两个体积块)、All Wrkpcs (所有工件)、Done (完成) 命令。此时系统弹出 "分割" 对话框和 "选择" 对话框。

Step3. 在系统 ⬦为分割工件选择分型面. 的提示下，选取图 4.13 所示的分型面，并单击 "选择" 对话框中的 确定 按钮，在 "分割" 对话框中单击 确定 按钮。

Step4. 系统弹出 "属性" 对话框，同时模型中的体积块的下半部分变亮，在该对话框中单击 着色 按钮，着色后的体积块如图 4.14 所示。然后在对话框中输入名称 lower_mold_vol，单击 确定 按钮。

Step5. 系统弹出 "属性" 对话框，同时模型中的体积块的上半部分变亮，在该对话框中单击 着色 按钮，着色后的体积块如图 4.15 所示。然后在对话框中输入名称 upper_mold_vol，单击 确定 按钮。

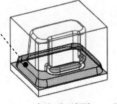  

图 4.13　选取分型面　　图 4.14　着色后的下半部分体积块　图 4.15　着色后的上半部分体积块

Task6. 抽取模具元件及生成浇注件

浇注件的名称命名为 TOY-BASKET_MOLDING。

Task7. 定义开模动作

Step1. 遮蔽参考零件、坯料和分型面。

Step2. 移动上模。选择 **模具** 功能选项卡 分析 ▼ 区域中的按钮 "模具开模" 命令。选取上模，上模的移动方向如图 4.16 所示，移动距离值为 200.0。

选取此边线以定义移动方向

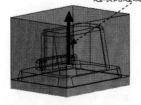 

移动后

图 4.16　移动上模

Step3. 移动下模。选择下模，下模的移动方向如图 4.17 所示，移动距离值为-100.0。

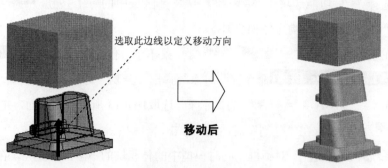

选取此边线以定义移动方向

移动后

图 4.17　移动下模

Step4. 保存设计结果。单击 **模具** 功能选项卡中的 操作▼ 区域的 重新生成▼ 按钮，在系统弹出的下拉菜单中单击 重新生成 按钮，选择下拉菜单 文件▼ ➝ 保存(S) 命令。

实例 **5** 采用"分型面法"进行模具设计

本实例将介绍图 5.1 所示的儿童玩具——螺旋盘的模具设计,该模具设计的重点和难点就在于分型面的设计,分型面设计是否合理是模具能否开模的关键。本实例采用"分型面法"进行设计,其分型面设计的主要思路是:首先,通过复制延伸的方法将螺旋盘上的叶片复制延伸出来;其次,通过"填充"命令将螺旋盘的破孔处进行填充;最后,将复制延伸出来的曲面与填充的曲面进行合并。

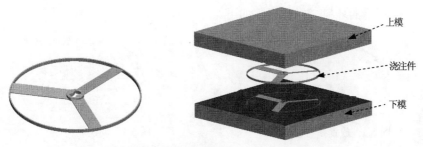

上模
浇注件
下模

图 5.1 螺旋盘的模具设计

Task1. 新建一个模具制造模型,进入模具模块

Step1. 将工作目录设置至 D:\creo3.6\work\ch05。

Step2. 新建一个模具型腔文件,命名为 airscrew_mold;选择 `mmns_mfg_mold` 模板。

Task2. 建立模具模型

模具模型主要包括参考模型(Ref Model)和坯料(Workpiece),如图 5.2 所示。

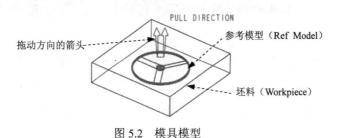

PULL DIRECTION
拖动方向的箭头
参考模型(Ref Model)
坯料(Workpiece)

图 5.2 模具模型

Stage1. 引入参考模型

Step1. 单击 **模具** 功能选项卡 参考模型和工件 区域中的按钮 参考模型▼,然后在系统弹出的列表中选择 定位参考模型 命令,系统弹出"打开"对话框、"布局"对话框和 ▼ CAV LAYOUT (型腔布置) 菜单管理器。

Step2. 在"打开"对话框中选取三维零件模型 airscrew.prt 作为参考零件模型,然后单击

按钮。

Step3. 在"创建参考模型"对话框中选中 ⊙ 按参考合并 单选项，然后在 参考模型 区域的 名称 文本框中接受默认的名称，再单击 确定 按钮。

Step4. 在"布局"对话框的 布局 区域中单击 ⊙ 单一 单选项，在"布局"对话框中单击 预览 按钮，结果如图5.3所示，然后单击 确定 按钮。系统弹出"警告"对话框，单击 确定 按钮。

Step5. 在 ▼ CAV LAYOUT （型腔布置）菜单管理器中单击 Done/Return （完成/返回）按钮。

Stage2. 创建坯料

创建图5.4所示的坯料，操作步骤如下。

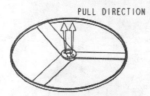

图5.3 放置参考模型

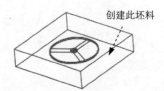

图5.4 创建坯料

Step1. 单击 模具 功能选项卡 参考模型和工件 区域的"工件"按钮 下的 工件 按钮，在系统弹出的菜单中单击 创建工件 按钮。

Step2. 在系统弹出的"创建元件"对话框中，在 类型 区域选中 ⊙ 零件 单选项，在 子类型 区域选中 ⊙ 实体 单选项，在 名称 文本框中输入坯料的名称 wp，然后单击 确定 按钮。

Step3. 在系统弹出"创建选项"对话框中选中 ⊙ 创建特征 单选项，然后单击 确定 按钮。

Step4. 创建坯料特征。

（1）选择命令。单击 模具 功能选项卡 形状 ▼ 区域中的 拉伸 按钮。系统弹出"拉伸"操控板。

（2）定义草绘截面放置属性。在绘图区中右击，从快捷菜单中选择 定义内部草绘... 命令，在系统弹出的"草绘"对话框中选择 MAIN_PARTING_PLN 基准平面为草绘平面，选择 MOLD_RIGHT 基准平面为草绘平面的参考平面，方向为 下，然后单击 草绘 按钮，系统进入截面草绘环境。

（3）进入截面草绘环境后，系统弹出"参考"对话框，选取 MOLD_RIGHT 基准平面和 MOLD_FRONT 基准平面为草绘参考，然后单击 关闭(C) 按钮，绘制图5.5所示的特征截面，完成绘制后，单击"草绘"操控板中的"确定"按钮 ✔。

（4）选取深度类型并输入深度值。在操控板中选取深度类型 日（对称），在深度文本框中输入深度值60.0并按回车键。

（5）在"拉伸"操控板中单击 ✓ 按钮，完成拉伸特征的创建。

Task3．设置收缩率

将参考模型收缩率设置为 0.006。

Task4．创建分型面

创建图 5.6 所示模具的分型曲面，其操作过程如下。

图 5.5   截面草图

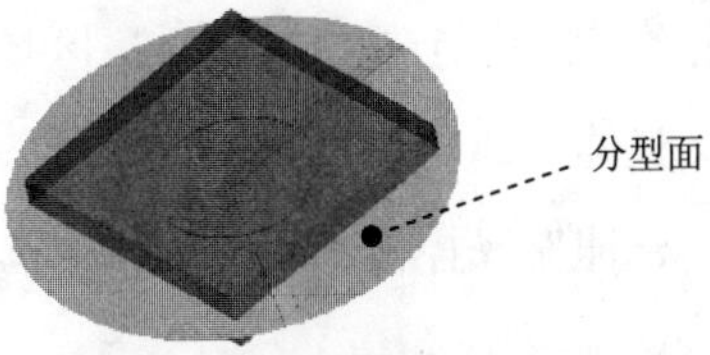

图 5.6   创建分型面

Step1. 创建图 5.7 所示的基准平面 ADTM1。单击 **模具** 功能选项卡 基准 ▼ 区域中的 ▢ 按钮，选取 MAIN_PARTING_PLN 基准平面为参考，偏移值为 4.0；单击"基准平面"对话框中的 **确定** 按钮，完成基准平面 ADTM1 的创建。

图 5.7   基准平面 ADTM1

Step2. 单击 **模具** 功能选项卡 分型面和模具体积块 ▼ 区域中的"分型面"按钮 ▨。系统弹出"分型面"功能选项卡。

Step3. 在系统弹出的"分型面"功能选项卡中的 控制 区域单击"属性"按钮 ▨，在"属性"对话框中输入分型面名称 main_pt_surf，单击 **确定** 按钮。

Step4. 复制图 5.8 所示的叶片上的曲面。

说明：为了更方便地选取复制曲面，应遮蔽坯料。在屏幕右下方的"智能选取栏"中选择"几何"选项。

（1）按住 Ctrl 键，选取图 5.8 所示的两个曲面。

（2）单击 **模具** 功能选项卡 操作 ▼ 区域中的 ▤复制 按钮。

（3）单击 **模具** 功能选项卡 操作 ▼ 区域中的 ▤粘贴 按钮。系统弹出"曲面：复制"操控板。

（4）单击"曲面：复制"操控板中的 ✓ 按钮。

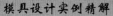
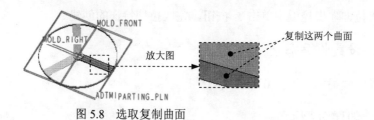

图 5.8　选取复制曲面

Step5. 创建图 5.9 所示的延伸曲面。

（1）选取图 5.10 所示的复制曲面的边线（用列表法进行选取）。

（2）单击**分型面**功能选项卡 编辑 ▼ 区域中的 延伸 按钮，此时系统弹出"延伸"操控板。

（3）定义延伸距离。在操控板中按下 按钮。在延伸距离文本框中输入数值 4.0。

（4）在"延伸"操控板中单击 按钮。完成延伸曲面的创建。

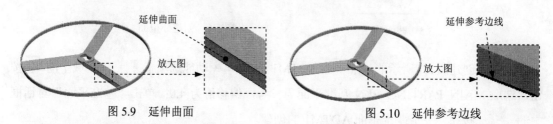

图 5.9　延伸曲面　　　　　　　　　　　　图 5.10　延伸参考边线

Step6. 创建图 5.11 所示的延伸曲面。

（1）选取图 5.12 所示的复制曲面的边线。

（2）单击**分型面**功能选项卡 编辑 ▼ 区域中的 延伸 按钮，此时系统弹出**延伸**操控板。

（3）选取延伸的终止面。在操控板中按下 按钮。选取 ADTM1 基准平面为延伸的终止面。

（4）在"延伸"操控板中单击 按钮，完成延伸曲面的创建。

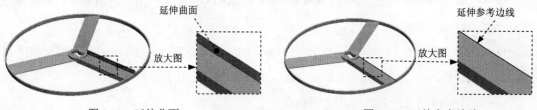

图 5.11　延伸曲面　　　　　　　　　　　图 5.12　延伸参考边线

Step7. 参见 Step4、Step5、Step6 的操作步骤，在剩余两个叶片上创建复制延伸曲面，如图 5.13 所示。

Step8. 创建图 5.14 所示的填充曲面 1。

（1）单击**分型面**操控板 曲面设计 ▼ 区域中的"填充"按钮 ，此时系统弹出"填充"操控板。

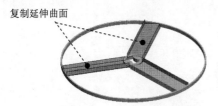

图 5.13　创建复制延伸曲面

图 5.14　填充曲面 1

（2）在绘图区中右击，从系统弹出的快捷菜单中选择 定义内部草绘... 命令，选取 FRONT 基准平面为草绘平面。单击 草绘 按钮，进入草绘环境，绘制图 5.15 所示的截面草图（使用"投影"命令绘制截面草图）。截面草图绘制完成后，单击"草绘"操控板中的"确定"按钮 。

（3）在操控板中单击"完成"按钮 ，完成平整曲面特征的创建。

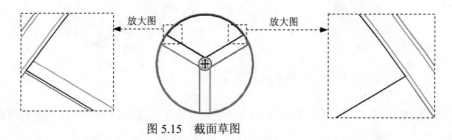

图 5.15　截面草图

Step9. 参见 Step8 的操作步骤，创建图 5.16 所示的剩余两个填充曲面。

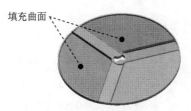

图 5.16　填充曲面

Step10. 创建图 5.17 所示的合并 1。

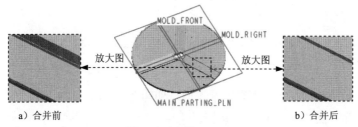

a）合并前　　　　　　　　　　　　　　　　b）合并后

图 5.17　合并 1

（1）按住 Ctrl 键，选取图 5.18 所示的两个面组。

（2）单击 分型面 操控板中 编辑 ▾ 区域的 合并 按钮，此时系统弹出"合并"操控板。

（3）定义合并修剪的方向，调整合并方向，如图 5.18 所示。

（4）在"合并"操控板中单击 ✓ 按钮。

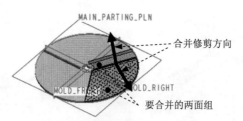

图 5.18　定义合并方向

Step11. 创建图 5.19 所示的合并 2。

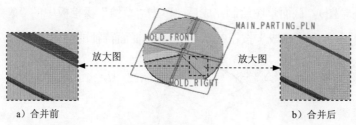

a）合并前　　　　　　　　　　　　　　　　b）合并后

图 5.19　合并 2

（1）按住 Ctrl 键，选取图 5.20 所示的两个面组（上步创建的合并面组和相邻的填充面组）。

（2）单击 **分型面** 操控板中 编辑▾ 区域的 合并 按钮，此时系统弹出"合并"操控板。

（3）定义合并修剪的方向，调整合并方向，如图 5.20 所示。

（4）在"合并"操控板中单击 ✓ 按钮。

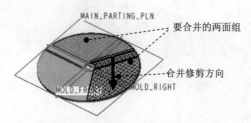

图 5.20　定义合并方向

Step12. 创建合并 3。

（1）按住 Ctrl 键，选取图 5.21 所示的两个面组为合并对象。

（2）单击 **分型面** 操控板中 编辑▾ 区域的 合并 按钮，此时系统弹出"合并"操控板。

（3）定义合并修剪的方向，调整合并方向，如图 5.21 所示。

（4）在"合并"操控板中单击 ✓ 按钮。

Step13. 创建合并 4。

（1）按住 Ctrl 键，选取图 5.22 所示的两个面组为合并对象。

（2）单击 **分型面** 操控板中 编辑▾ 区域的 合并 按钮，此时系统弹出"合并"操控板。

（3）定义合并修剪的方向，调整合并方向，如图 5.22 所示。

（4）在"合并"操控板中单击 ✓ 按钮。

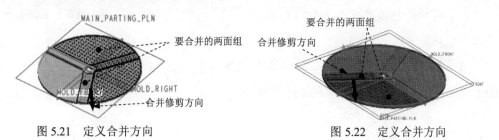

图 5.21　定义合并方向　　　　　　　图 5.22　定义合并方向

Step14. 将参考模型遮蔽。

Step15. 创建图 5.23 所示的合并 5。

（1）按住 Ctrl 键，选取图 5.24 所示的两个面组。

（2）单击 **分型面** 操控板中 编辑▼ 区域的 合并 按钮，此时系统弹出 "合并"操控板。

（3）定义合并修剪的方向，调整合并方向，如图 5.24 所示。

（4）在"合并"操控板中单击 ✓ 按钮。

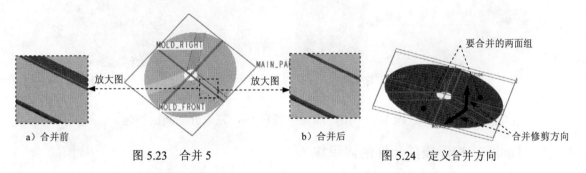

a）合并前　　　　　　b）合并后

图 5.23　合并 5　　　　　　　　　图 5.24　定义合并方向

Step16. 创建图 5.25 所示的延伸曲面。

（1）按住 Shift 键，依次选取图 5.26 所示的边线。

（2）单击 **分型面** 功能选项卡 编辑▼ 区域中的 延伸 按钮，此时系统弹出 **延伸** 操控板。

（3）定义延伸距离。在操控板中按下 按钮。在"延伸距离"文本框中输入数值 130.0。

（4）在操控板中单击 ✓ 按钮。

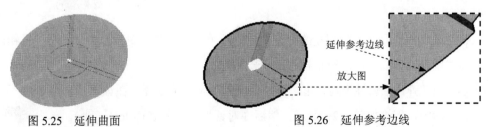

图 5.25　延伸曲面　　　　　　　图 5.26　延伸参考边线

Step17. 撤销参考模型的遮蔽。

Step18. 通过曲面复制的方法，复制图 5.27 所示参考模型上的表面。

（1）按住 Ctrl 键选取图 5.27 所示的曲面（圆柱顶面、圆角和圆柱外表面）。

（2）单击 **模具** 功能选项卡 操作 ▼ 区域中的 🖻 复制 按钮。

（3）单击 **模具** 功能选项卡 操作 ▼ 区域中的 🖻 粘贴 按钮。此时系统弹出 **曲面：复制** 操控板。

（4）填补复制曲面上的破孔。在操控板中单击 选项 按钮，在系统弹出的"选项"界面中选中 ⊙ 排除曲面并填充孔 单选项，在 填充孔/曲面 文本框中单击"选择项"字符，然后选取复制面的上表面和圆柱侧表面作为填充破孔的面。

（5）单击操控板中的"完成"按钮 ✔ 。

Step19. 创建合并 6。

（1）按住 Ctrl 键，选取合并 5 和上一步创建的复制面组为合并对象（选择顺序不能错）。

（2）单击 **分型面** 操控板中 编辑 ▼ 区域的 ⊘ 合并 按钮，此时系统弹出"合并"操控板。

（3）定义合并修剪的方向，调整合并方向，如图 5.28 所示。

（4）在"合并"操控板中单击 ✔ 按钮。

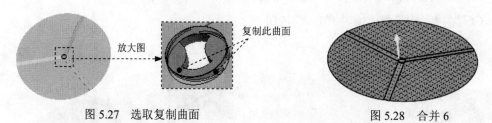

图 5.27　选取复制曲面　　　　　　　　　　图 5.28　合并 6

（5）在"分型面"选项卡中单击"确定"按钮 ✔ ，完成分型面的创建。

Task5. 构建模具元件的体积块

说明：将坯料去除遮蔽。

Step1. 选择 **模具** 功能选项卡 分型面和模具体积块 ▼ 区域中的 模具体积块 ▼ 按钮 ➡ 🗗 体积块分割 命令（即用"分割"的方法构建体积块）。

Step2. 在系统弹出的 ▼ SPLIT VOLUME（分割体积块）菜单中，依次选择 Two Volumes（两个体积块） ➡ All Wrkpcs（所有工件）➡ Done（完成）命令。此时系统弹出"分割"对话框和"选择"对话框。

Step3. 选取分型面。选取创建的分型面，然后单击"选择"对话框中的 确定 按钮。

Step4. 单击"分割"信息对话框中的 确定 按钮。

Step5. 系统弹出"属性"对话框，同时模型的下半部分变亮，在该对话框中单击 着色 按钮，着色后的体积块如图 5.29 所示。然后在对话框中输入名称 lower_vol，单击 确定 按钮。

Step6. 系统弹出"属性"对话框，同时模型的上半部分变亮，在该对话框中单击 着色 按钮，着色后的体积块如图 5.30 所示。然后在对话框中输入名称 upper_vol，单击 确定 按钮。

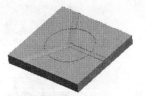

图 5.29 着色后的下半部分体积块

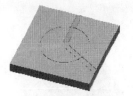

图 5.30 着色后的上半部分体积块

Task6. 抽取模具元件

选择 **模具** 功能选项卡 **元件** ▼ 区域中的 **模具元件** ▼ ➡ **型腔镶块** 命令，系统弹出"创建模具元件"对话框中，单击 **▤** 按钮，选择所有体积块，然后单击 **确定** 按钮。

Task7. 生成浇注件

Step1. 选择 **模具** 功能选项卡 **元件** ▼ 区域中的 **创建铸模** 命令。

Step2. 在系统提示框中输入浇注零件名称 molding，并单击两次 **✔** 按钮。

Task8. 定义开模动作

Step1. 将参考零件、坯料和分型面在模型中遮蔽起来。

Step2. 移动上模。选择 **模具** 功能选项卡 **分析** ▼ 区域中的 **Ξ** 命令，系统弹出"模具开模"菜单管理器。

Step3. 在系统弹出的 ▼ MOLD OPEN (模具开模) 菜单中选择 Define Step (定义步骤) 命令，在系统弹出的 Define Step (定义步骤) 菜单中选择 Define Move (定义移动) 命令。

Step4. 选取要移动的模具元件。在系统 **⇨ 为迁移号码1 选择构件.** 的提示下，选取上模，在"选择"对话框中单击 **确定** 按钮。

Step5. 在系统 **⇨ 通过选择边、轴或面选择分解方向.** 的提示下，选取图 5.31 所示的边线为移动方向，然后在系统 **输入沿指定方向的位移** 的提示下，输入要移动的距离值 100.0，并按回车键。在 ▼ DEFINE STEP (定义步骤) 菜单中单击 Done (完成) 按钮。结果如图 5.31 所示。

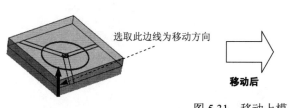

图 5.31 移动上模

Step6. 移动铸件。参考 Step2 的操作方法，选取模型中的铸件，选取图 5.32 所示的边线为移动方向，输入要移动的距离值 40，选择 Done (完成) 命令，完成铸件的开模动作。在"模具开模"菜单管理器中单击 Done/Return (完成/返回)。

选取此边线
为移动方向

移动后

图 5.32　移动铸件

Step7. 保存设计结果。单击 **模具** 功能选项卡中 操作 ▼ 区域的 重新生 成 ▼ 按钮，在系统弹出的下拉菜单中单击 重新生成 按钮，选择下拉菜单 文件 ▼ ➡ 保存(S) 命令。

实例 **6** 采用"体积块法"进行模具设计

本实例将介绍图 6.1 所示的饮水机开关的模具设计。该模具的设计采用的是"体积块法",通过此方法进行模具设计不需要创建分型面。其主要设计思路是：首先，通过"轮廓线"命令创建出一条参考曲线；其次，通过前面创建的参考曲线创建出一个主体积块，并且通过该体积块分割出上、下模具体积块；再次，通过"拉伸"命令创建出滑块体积块和镶件体积块；最后，通过"分割"命令来完成滑块和镶件的创建。通过对本实例的学习，读者将会掌握"体积块法"设计模具的一般方法和过程。

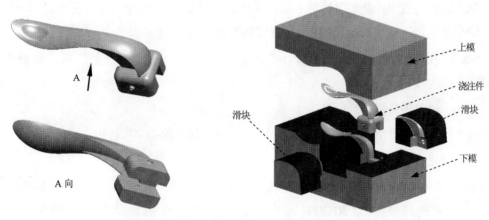

图 6.1 饮水机开关模具

Task1. 新建一个模具制造模型，进入模具模块

Step1. 将工作目录设置至 D:\creo3.6\work\ch06。

Step2. 新建一个模具型腔文件，命名为 HANDLE_MOLD；选取 `mmns_mfg_mold` 模板。

Task2. 建立模具模型

模具模型主要包括参考模型（Ref Model）和坯料（Workpiece），如图 6.2 所示。

Stage1. 引入参考模型

Step1. 单击 **模具** 功能选项卡 `参考模型和工件` 区域中的按钮 `参考模型▼`，然后在系统弹出的列表中选择 `组装参考模型` 命令，系统弹出"打开"对话框。

Step2. 在"打开"对话框中选取三维零件模型 handle.prt 作为参考零件模型，然后单击 `打开` 按钮。

Step3. 在该操控板中单击 `放置` 按钮，在"放置"界面的 `约束类型` 下拉列表中选择 `□ 默认`

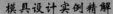
选项，将元件按默认设置放置，此时 状况 区域显示的信息为 完全约束 ；单击操控板中的 ✔ 按钮，完成装配件的放置。

Step4. 系统弹出"创建参考模型"对话框，选中 ⊙ 按参考合并 单选项（系统默认选中该单选项），然后在 参考模型 区域的 名称 文本框中接受默认的名称 HANDLE_MOLD_REF；单击对话框中的 确定 按钮。系统弹出"警告"对话框，单击 确定 按钮。参考模型装配后，模具的基准平面与参考模型的基准平面对齐。

Stage2. 定义坯料

Step1. 单击 模具 功能选项卡 参考模型和工件 区域中的按钮 工件 ，然后在系统弹出的列表中选择 □ 创建工件 命令，系统弹出"创建元件"对话框。

Step2. 在"创建元件"对话框中选中 类型 区域中的 ⊙ 零件 单选项，选中 子类型 区域中的 ⊙ 实体 单选项，在 名称 文本框中输入坯料的名称 wp，然后再单击 确定 按钮。

Step3. 在系统弹出的"创建选项"对话框中选中 ⊙ 创建特征 单选项，然后再单击 确定 按钮。

Step4. 创建坯料特征。

（1）选择命令。单击 模具 功能选项卡 形状 ▾ 区域中的 ⬛ 拉伸 按钮。

（2）创建实体拉伸特征。

① 定义草绘截面放置属性。在绘图区中右击，从系统弹出的快捷菜单中选择 定义内部草绘... 命令。然后选择 MOLD_RIGHT 基准平面作为草绘平面，草绘平面的参考平面为 MAIN_PARTING_PLN 基准平面，方位为 上 ，单击 草绘 按钮。至此，系统进入草绘环境。

② 进入截面草绘环境后，选取 MAIN_PARTING_PLN 基准平面和 MOLD_FRONT 基准平面为草绘参考，单击 关闭(C) 按钮，然后绘制图 6.3 所示的截面草图。完成截面草图的绘制后，单击"草绘"操控板中的"确定"按钮 ✔ 。

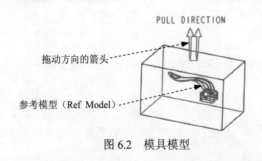

图 6.2 模具模型

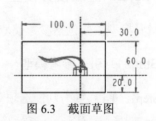

图 6.3 截面草图

③ 选取深度类型并输入深度值。在操控板中选取深度类型 ⬛ ，再在深度文本框中输入深度值 60.0，并按回车键。

④ 完成特征。在"拉伸"操控板中单击 ✔ 按钮，完成特征的创建。

Task3. 设置收缩率

将参考模型收缩率设置为 0.006。

Task4. 构建模具元件的体积块

Stage1. 创建图 6.4 所示的参考曲线

说明：此参考曲线是通过"轮廓曲线"命令来创建的。

Step1. 创建图 6.5 所示的轮廓曲线。

（1）单击 **模具** 功能选项卡中 设计特征 区域的"轮廓曲线"按钮 ⬤，系统弹出"轮廓曲线"对话框。

（2）定义投影方向，接受系统默认投影方向（朝下）。

（3）定义投影曲线。

① 在"轮廓曲线"对话框中双击 Loop Selection (环选择)，系统弹出"环选择"对话框。

② 选取投影曲线。对"环选择"对话框中的选项进行图 6.6 所示的设置。

③ 单击"环选择"对话框中的 确定 按钮。

（4）单击"轮廓曲线"对话框中的 确定 按钮，完成轮廓曲线的创建。

图 6.4　参考曲线　　　　图 6.5　轮廓曲线　　　　图 6.6　"环选择"对话框

Step2. 创建图 6.7 所示的基准点 APNT0。

（1）单击 **模具** 功能选项卡 基准 ▾ 区域中的"创建基准点"按钮 ✕✕，系统弹出"基准点"对话框。

（2）按住 Ctrl 键，在模型中选取 Step1 创建的轮廓曲线和 MOLD_RIGHT 基准平面为参考。

（3）单击对话框中的 确定 按钮。

Step3. 创建图 6.8 所示的修剪曲线。

（1）单击 **模具** 功能选项卡 分型面和模具体积块 ▾ 区域中的"分型面"按钮 📖。系统弹出"分型面"功能选项卡。

（2）选中 Step1 创建的轮廓曲线。

（3）单击 **分型面** 功能选项卡 编辑 ▼ 区域中的 修剪 按钮，此时系统弹出 **曲线修剪** 操控板。

（4）选择修剪对象。在模型中选择 Step2 创建的基准点 APNT0，修剪方向如图 6.9 所示。

（5）在 **曲线修剪** 操控板中单击完成 ✔ 按钮。

（6）在 **分型面** 操控板中单击 ✖ 按钮。

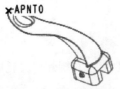

图 6.7　基准点 APNT0

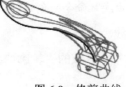

图 6.8　修剪曲线

图 6.9　定义修剪方向

Stage2．创建体积块

Step1．选择 **模具** 功能选项卡 分型面和模具体积块 ▼ 区域中的 模具体积块 ▼ ➡ 模具体积块 命令。

（1）单击 **编辑模具体积块** 操控板 形状 ▼ 区域中的 拉伸 按钮，此时系统弹出"拉伸"操控板。

（2）定义草绘截面放置属性。在绘图区中右击，从系统弹出的菜单中选择 定义内部草绘... 命令；在系统 ➡ 选择一个平面或曲面以定义草绘平面. 的提示下，选取图 6.10 所示的坯料表面为草绘平面，选取图 6.10 所示的坯料表面为参考平面，方向为 右 ；单击 草绘 按钮，至此系统进入截面草绘环境。

（3）绘制截面草图。绘制图 6.11 所示的截面草图，完成截面的绘制后，单击"草绘"操控板中的"确定"按钮 ✔ 。

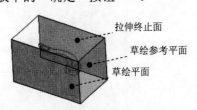

图 6.10　草绘平面和拉伸终止面

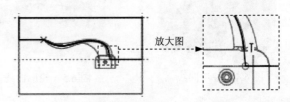

图 6.11　截面草图

（4）设置深度选项。

① 在操控板中选取深度类型 ⊥（到选定的）。

② 将模型调整到合适位置，选取图 6.10 所示的坯料表面为拉伸终止面。

③ 在"拉伸"操控板中单击 ✔ 按钮，完成特征的创建。

Step2．在 **编辑模具体积块** 操控板中单击"确定"按钮 ✔ ，完成体积块的创建。

Stage3．分割上下模体积块

Step1．选择 **模具** 功能选项卡 分型面和模具体积块 ▼ 区域中的 模具体积块 ▼ ➡ 体积块分割 命令。

Step2. 在系统弹出的 ▼ SPLIT VOLUME (分割体积块) 菜单中，依次选择 Two Volumes (两个体积块) ➡ All Wrkpcs (所有工件) ➡ Done (完成) 命令。此时系统弹出"分割"对话框和"选择"对话框。

Step3. 选取分型面。选取 面组:F10(MOLD_VOL_1) (用"列表选取"），然后单击"选择"对话框中的 确定 按钮。

Step4. 单击"分割"信息对话框中的 确定 按钮。

Step5. 系统弹出"属性"对话框，同时模型中的体积块的滑块变亮，在该对话框中单击 着色 按钮，着色后的体积块如图 6.12 所示。然后在对话框中输入名称 lower_vol，单击 确定 按钮。

Step6. 系统弹出"属性"对话框，同时模型中的体积块的剩余部分变亮，在该对话框中单击 着色 按钮，着色后的体积块如图 6.13 所示。然后在对话框中输入名称 upper_vol，单击 确定 按钮。

图 6.12　着色后的下半部分体积块　　　　图 6.13　着色后的上半部分体积块

Stage4. 创建图 6.14 所示的第一个滑块体积块

Step1. 选择 模具 功能选项卡 分型面和模具体积块 ▼ 区域中的 模具体积块 ▼ ➡ 模具体积块 命令。

Step2. 创建拉伸特征。

（1）单击 编辑模具体积块 操控板 形状 ▼ 区域中的 拉伸 按钮，此时系统弹出"拉伸"操控板。

（2）定义草绘截面放置属性。右击，从系统弹出的菜单中选择 定义内部草绘... 命令；在系统 ➡ 选择一个平面或曲面以定义草绘平面. 的提示下，选取图 6.15 所示的坯料表面为草绘平面，选取图 6.15 所示的坯料表面为参考平面，方向为 右；单击 草绘 按钮，至此系统进入截面草绘环境。

（3）绘制截面草图。选取 MAIN_PARTING_PLN 基准平面为草绘参考；绘制图 6.16 所示的截面草图，完成截面的绘制后，单击"草绘"操控板中的"确定"按钮 ✔。

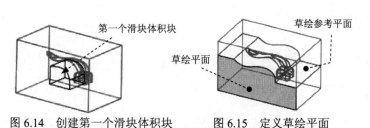
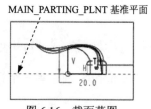

图 6.14　创建第一个滑块体积块　　　　图 6.15　定义草绘平面　　　　图 6.16　截面草图

（4）设置深度选项。

① 在操控板中选取深度类型 ⊥ （到选定的）。

② 选取图 6.17 所示的平面为拉伸终止面。

③ 在"拉伸"操控板中单击 ✔ 按钮，完成特征的创建。

（5）在 **编辑模具体积块** 操控板中单击"确定"按钮 ✔ ，完成体积块的创建。

Stage5. 创建图 6.18 所示的第二个滑块体积块

详细操作步骤参见 Stage4。

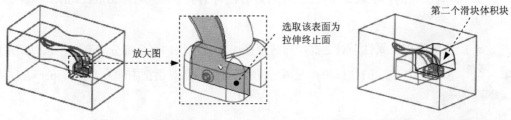

图 6.17　定义拉伸终止面　　　　图 6.18　创建第二个滑块体积块

Stage6. 分割第一个滑块体积块

Step1. 选择 **模具** 功能选项卡 分型面和模具体积块 ▾ 区域中的 模具体积块 ▾ ➡ 🗒 体积块分割 命令（即用"分割"的方法构建体积块）。

Step2. 选择 ▾ SPLIT VOLUME (分割体积块) ➡ One Volume (一个体积块) ➡ Mold Volume (模具体积块) ➡ Done (完成) 命令，此时系统弹出"搜索工具"对话框。

Step3. 在系统弹出的"搜索工具"对话框中，单击列表中的 面组:F12(LOWER_VOL) 体积块，然后单击 > > 按钮，将其加入到 已选择 0 个项 列表中，再单击 关闭 按钮。

Step4. 选取分型面。选取面组 面组:F14(MOLD_VOL_2) （用"列表选取"），然后单击"选择"对话框中的 确定 按钮，系统弹出 ▾ 岛列表 菜单。

Step5. 在"岛列表"菜单中选中 ✔ 岛2 复选框，选择 Done Sel (完成选择) 命令。

Step6. 单击"分割"信息对话框中的 确定 按钮。

Step7. 系统弹出"属性"对话框，同时模型中的体积块的滑块变亮，在该对话框中单击 着色 按钮，着色后的体积块如图 6.19 所示。然后在对话框中输入名称 SLIDE_VOL_01，单击 确定 按钮。

Stage7. 分割第二个滑块体积块

详细操作步骤参见 Stage6；命名为 SLIDE_VOL_02；着色后的体积块如图 6.20 所示。

Stage8. 创建第一个镶件体积块

Step1. 选择 **模具** 功能选项卡 分型面和模具体积块 ▾ 区域中的 模具体积块 ▾ ➡ 🗒模具体积块 命

令。

图 6.19 着色后的第一个滑块

图 6.20 着色后的第二个滑块

（1）单击**编辑模具体积块**操控板 形状 ▼ 区域中的 ⬜拉伸 按钮，此时系统弹出"拉伸"操控板。

（2）定义草绘截面放置属性。右击，从系统弹出的菜单中选择 定义内部草绘... 命令；在系统 ⇨选择一个平面或曲面以定义草绘平面. 的提示下，选取图 6.21 所示的表面为草绘平面，选取图 6.21 所示的表面为参考平面，方向为 右 ；单击 草绘 按钮，至此系统进入截面草绘环境。

（3）绘制截面草图。绘制图 6.22 所示的截面草图，完成截面的绘制后，单击"草绘"操控板中的"确定"按钮 ✔ 。

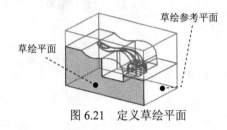

图 6.21 定义草绘平面

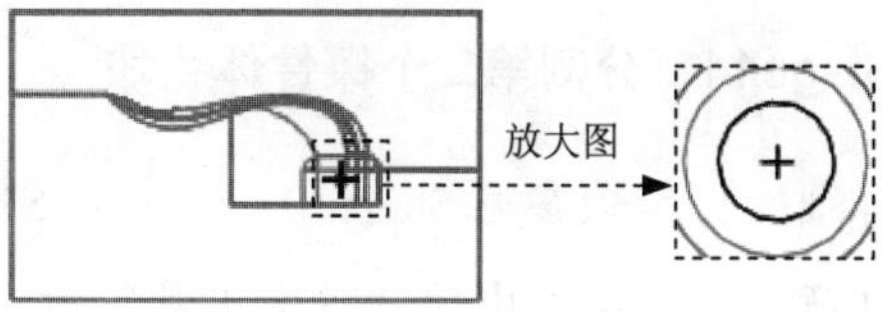

图 6.22 截面草图

（4）设置深度选项。

① 在操控板中选取深度类型 ⊥ （到选定的）。

② 将模型调整到合适位置，选取图 6.23 所示的模型表面为拉伸终止面。

③ 在"拉伸"操控板中单击 ✔ 按钮，完成特征的创建。

Step2. 在**编辑模具体积块**操控板中单击"确定"按钮 ✔ ，完成第一个镶件体积块的创建。

Stage9．创建第二个镶件体积块

详细操作步骤参见 Stage8。

Stage10．分割第一个镶件体积块

Step1. 选择 **模具** 功能选项卡 分型面和模具体积块 ▼ 区域中的 模具体积块 ▼ ➡ 🗄体积块分割 命令（即用"分割"的方法构建体积块）。

Step2. 在系统弹出的 ▼ SPLIT VOLUME (分割体积块) 菜单中，依次选择 One Volume (一个体积块) ➡ Mold Volume (模具体积块) ➡ Done (完成) 命令，此时系统弹出"搜索工具"对话框。

Step3. 在系统弹出的"搜索工具"对话框中，单击列表中的 面组:F14(MOLD_VOL_2) 体积块，

然后单击 >> 按钮，将其加入到 已选择 0 个项: 列表中，再单击 关闭 按钮。

Step4. 选取分型面。选取面组 面组:F18(MOLD_VOL_4) (用"列表选取"），然后单击"选择"对话框中的 确定 按钮，系统弹出 ▼ 岛列表 菜单。

Step5. 在"岛列表"菜单中选中 ✔ 岛2 复选框，选择 Done Sel (完成选择) 命令。

Step6. 单击"分割"信息对话框中的 确定 按钮。

Step7. 系统弹出"属性"对话框，同时模型中的体积块的镶块变亮，在该对话框中单击 着色 按钮，着色后的体积块如图 6.24 所示。然后在对话框中输入名称 SLIDE_VOL_03，单击 确定 按钮。

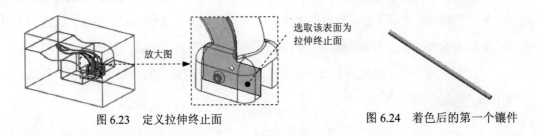

图 6.23　定义拉伸终止面　　　　　　图 6.24　着色后的第一个镶件

Stage11. 分割第二个镶件体积块

详细操作步骤参见 Stage10；命名为 SLIDE_VOL_04。

注意：在系统弹出的"搜索工具"对话框中，单击列表中的 面组:F15(MOLD_VOL_3) 体积块，然后单击 >> 按钮，将其加入到 已选择 0 个项: 列表中，再单击 关闭 按钮。

Task5. 抽取模具元件

Step1. 选择 模具 功能选项卡 元件 ▼ 区域中的 模具元件▼ ➡ 型腔镶块 命令，系统弹出"创建模具元件"对话框。

Step2. 在系统弹出的"创建模具元件"对话框中，选择 LOWER_VOL、SLIDE_VOL_01、SLIDE_VOL_02、SLIDE_VOL_03、SLIDE_VOL_04 和 UPPER_VOL 体积块，然后单击 确定 按钮。

Task6. 生成浇注件

Step1. 选择 模具 功能选项卡 元件 ▼ 区域中的 创建铸模 命令。

Step2. 在系统提示框中输入浇注零件名称 molding，并单击两次 ✔ 按钮。

Task7. 定义开模动作

Stage1. 将参考零件、坯料和体积块遮蔽

Stage2. 开模步骤 1：移动滑块和镶件

Step1. 移动滑块 1 和镶件 1。

（1）选择 **模具** 功能选项卡 分析▼ 区域中的"模具开模"按钮 ⧖。系统弹出"模具开模"菜单管理器。

（2）在系统弹出的"菜单管理器"菜单中选择 Define Step (定义步骤) ➡ Define Move (定义移动) 命令。

（3）在系统的提示下，从模型树中选择滑块 1 ⬜SLIDE_VOL_01_.PRT 和镶件 1 ⬜SLIDE_VOL_03_.PRT，然后在"选择"对话框中单击 确定 按钮。

（4）在系统的提示下，选取图 6.25 所示的边线为移动方向，然后在系统的提示下，输入要移动的距离值 50，按回车键。

Step2. 移动滑块 2 和镶件 2。

（1）在 ▼ DEFINE STEP (定义步骤) 菜单中选择 Define Move (定义移动) 命令。

（2） 在系统的提示下，从模型树中选择滑块 2 ⬜SLIDE_VOL_02_.PRT 和镶件 2 ⬜SLIDE_VOL_04_.PRT，然后在"选择"对话框中单击 确定 按钮。

（3）在系统的提示下，选取图 6.25 所示的边线为移动方向，然后在系统的提示下，输入要移动的距离值-50，按回车键。

（4）在 ▼ DEFINE STEP (定义步骤) 菜单中选择 Done (完成) 命令，移出后的状态如图 6.25 所示。

图 6.25　移动滑块和镶件

Stage3. 开模步骤 2：移动上模

Step1. 在弹出的"菜单管理器"中选择 Define Step (定义步骤) ➡ Define Move (定义移动) 命令。此时系统弹出"选择"对话框。

Step2. 选取要移动的模具元件。在系统 ➡为迁移号码1 选择构件. 的提示下，选取上模，在"选择"对话框中单击 确定 按钮。

Step3. 在系统的提示下，选取图 6.26 所示的边线为移动方向，然后在系统的提示下，输入要移动的距离值 100，按回车键。

Step4. 在 ▼ DEFINE STEP (定义步骤) 菜单中选择 Done (完成) 命令，移出后的状态如图 6.26 所示。

选取此边线为移动方向

移动后

图 6.26　移动上模

Stage4. 开模步骤 3：移动铸件

Step1. 参考 Stage3 的操作方法，在模型中选取铸件，选取图 6.27 所示的边线为移动方向，输入要移动的距离值 50，按回车键。在"模具开模"菜单中选择 **Done （完成）** 命令，完成铸件的开模动作。在 ▼ MOLD OPEN （模具开模） 菜单管理器中单击 **Done/Return （完成/返回）** 选项。

选取此边线为移动方向

移动后

图 6.27　移动铸件

Step2. 保存设计结果。单击 **模具** 功能选项卡中 操作 ▼ 区域的 重新生 成 ▼ 按钮，在系统弹出的下拉菜单中单击 重新生成 按钮，选择下拉菜单 **文件 ▼** ➡ 保存(c) 命令。

实例 **7** 用两种方法进行模具设计（一）

图 7.1 所示为一个笔帽的模型，在设计该笔帽的模具时，如果将模具的开模方向定义为竖直方向，那么笔帽中盲孔的轴线方向就与开模方向垂直。下面介绍该模具的两种设计方法：分型面法和体积块法。

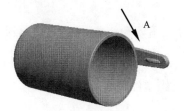 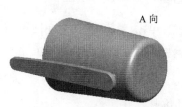

图 7.1　零件模型

7.1　创建方法一（分型面法）

方法简介：

采用分型面法进行该零件模具设计的主要思路：首先，通过旋转的方法来创建型芯分型面；其次，通过"拉伸"命令创建主分型面；最后，通过"分割"命令创建型芯体积块，完成上下模的创建。

本例将介绍如何利用分型面法进行模具设计的过程。图 7.2 为笔帽的模具开模图。

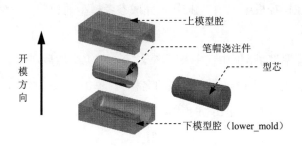

图 7.2　笔帽的模具设计

Task1．新建一个模具制造模型文件，进入模具模块

Step1．设置工作目录。选择下拉菜单 **文件▾** ➡ **管理会话(M)▸** ➡ **选择工作目录(T) 更改工作目录。** 命令（或单击 **主页** 选项卡中的 按钮），将工作目录设置至 D:\creo3.6\work\ch07。

Step2．选择下拉菜单 **文件▾** ➡ **新建 (N)** 命令（或单击"新建"按钮 ）。

Step3．在"新建"对话框中，在 类型 区域中选中 ⦿ **制造** 单选项，在 子类型 区域中

选中 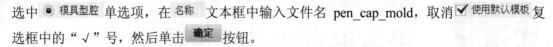 模具型腔 单选项,在 名称 文本框中输入文件名 pen_cap_mold,取消 ☑ 使用默认模板 复选框中的 "√" 号,然后单击 确定 按钮。

Step4. 在系统弹出的 "新文件选项" 对话框中选取 mmns_mfg_mold 模板,单击 确定 按钮。

Task2. 建立模具模型

模具模型主要包括参考模型(Ref Model)和坯料(Workpiece),如图 7.3 所示。

Stage1. 引入参考模型

Step1. 单击 模具 功能选项卡 参考模型和工件 区域按钮 参考模型▼,然后在系统弹出的列表中选择 🗂组装参考模型 命令,系统弹出 "打开" 对话框。

Step2. 从系统弹出的 "打开" 对话框中,选取三维零件模型 pen_cap.prt 作为参考零件模型,并将其打开。

Step3. 定义约束参考模型的放置位置。

(1)指定第一个约束。在操控板中单击 放置 按钮,在 "放置" 界面的 "约束类型" 下拉列表中选择 🔟 重合,选取参考件的 RIGHT 基准平面为元件参考,选取装配体的 MAIN_PARTING_PLN 基准平面为组件参考。

(2)指定第二个约束。单击 ➔ 新建约束 字符,在 "约束类型" 下拉列表中选择 🔟 重合,选取参考件的 TOP 基准平面为元件参考,选取装配体的 MOLD_RIGHT 基准平面为组件参考。

(3)指定第三个约束。单击 ➔ 新建约束 字符,在 "约束类型" 下拉列表中选择 🔟 重合,选取参考件的 FRONT 基准平面为元件参考,选取装配体的 MOLD_FRONT 基准平面为组件参考。

(4)约束定义完成,在操控板中单击 ✔ 按钮,完成参考模型的放置;系统自动弹出 "创建参考模型" 对话框。

Step4. 在 "创建参考模型" 对话框中选中 ⦿ 按参考合并 单选项,然后在 参考模型 区域的 名称 文本框中接受系统默认的名称(或输入参考模型的名称)。单击 确定 按钮,完成参考模型的命名。系统弹出 "警告" 对话框,单击 确定 按钮。

Stage2. 定义坯料

Step1. 单击 模具 功能选项卡 参考模型和工件 区域中的按钮 工件▼,然后在系统弹出的列表中选择 🗂创建工件 命令,系统弹出 "创建元件" 对话框。

Step2. 在系统弹出的 "创建元件" 对话框中,在 类型 区域选中 ⦿ 零件 单选项,在 子类型 区域选中 ⦿ 实体 单选项,在 名称 文本框中输入坯料的名称 pen_cap_mold_wp,然后单击 确定 按钮。

Step3. 在系统弹出的 "创建选项" 对话框中选中 ⦿ 创建特征 单选项,然后单击 确定按钮。

Step4. 创建坯料特征。

（1）选择命令。单击 **模具** 功能选项卡 形状 ▼ 区域中的 拉伸 按钮。此时系统弹出"拉伸"操控板。

（2）创建实体拉伸特征。

① 定义草绘截面放置属性。在绘图区中右击，从快捷菜单中选择 定义内部草绘... 命令。系统弹出"草绘"对话框，然后选择 MOLD_PARITING_PLN 基准平面作为草绘平面，草绘平面的参考平面为 MOLD_RIGHT 基准平面，方位为 右；单击 草绘 按钮，系统进入截面草绘环境。

② 绘制截面草图。进入截面草绘环境后，系统弹出"参考"对话框，选取 MOLD_FRONT 基准平面和 TOP 基准平面为草绘参考，单击 关闭(C) 按钮，绘制图 7.4 所示的截面草图。完成截面草图的绘制后，单击"草绘"操控板中的"确定"按钮 ✔ 。

③ 选取深度类型并输入深度值。在操控板中选取深度类型 ⊟ （即"对称"），再在深度文本框中输入深度值 30.0，并按回车键。

④ 完成特征。在"拉伸"操控板中单击 ✔ 按钮。完成特征的创建。

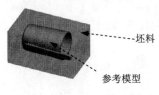

坯料

参考模型

图 7.3　模具模型

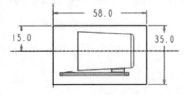

图 7.4　截面草图

Task3. 设置收缩率

将参考模型收缩率设置为 0.006。

Task4. 创建模具分型曲面

Stage1. 定义型芯分型面

下面的操作是创建零件 pen_cap.prt 模具的型芯分型曲面（图 7.5），以分离模具元件——型芯，其操作过程如下。

Step1. 单击 **模具** 功能选项卡 分型面和模具体积块 ▼ 区域中的"分型面"按钮 📖 。系统弹出"分型面" 功能选项卡。

Step2. 在系统弹出的"分型面"功能选项卡中的 控制 区域单击"属性"按钮 📄 ，在图 7.6 所示的"属性"对话框中输入分型面名称 core_ps，单击 确定 按钮。

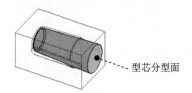

型芯分型面

图 7.5　创建型芯分型曲面

图 7.6　"属性"对话框

Step3. 通过"旋转"的方法创建曲面。

（1）单击 **分型面** 功能选项卡 **形状 ▼** 区域中的 **旋转** 按钮。系统弹出"旋转"操控板。

（2）在绘图区域右击，从系统弹出的菜单中选择 **定义内部草绘...** 命令；然后选择 MOLD_FRONT 基准平面作为草绘平面，草绘平面的参考平面为 MAIN_RIGHT 基准平面，方位为 **左**；单击 **草绘** 按钮，至此系统进入截面草绘环境。

（3）绘制截面草图。

① 将模型切换到线框模式下。在"模型显示"工具栏中单击"线框显示"按钮 **线框**。

② 在绘图区右击，在系统弹出的快捷菜单中选择 **参考(R)...** 选项。选取 MOLO_RIGH 基准平面和 MOLD_PARITING_PLN 基准平面为参考，单击 **关闭(C)** 按钮。

③ 绘制图 7.7 所示的截面草图（用"投影"的方法绘制截面草图；截面图形不封闭）。完成后，单击"草绘"操控板中的"确定"按钮 ✔。

（4）在操控板中选取深度类型 **⊥**（即"定值"），输入旋转角度值 360。

（5）在"旋转"操控板中单击 ✔ 按钮。

旋转中心线

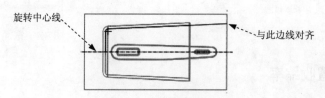

与此边线对齐

图 7.7　截面草图

Step4. 在"分型面"选项卡中单击"确定"按钮 ✔，完成分型面的创建。

Step5. 为了方便查看前面所创建的型芯分型面，将其着色显示。

（1）单击 **视图** 功能选项卡 **可见性** 区域中的"着色"按钮 。

（2）系统弹出图 7.8 所示的"搜索工具"对话框，系统在 **找到 1 项** 列表中默认选择了 **面组:F7(CORE_PS)** 列表项，即型芯分型面；然后单击 **＞＞** 按钮，将其加入到 **已选择 0 个项:** 列表中，再单击 **关闭** 按钮，着色后的型芯分型面如图 7.9 所示。

（3）在 **▼ CntVolSel (继续体积块选取)** 菜单中选择 **Done/Return (完成/返回)** 命令。

Step6. 在模型树中查看前面创建的型芯分型面特征。

（1）在模型树界面中选择 **▼** ➡ **树过滤器(F)...** 命令。

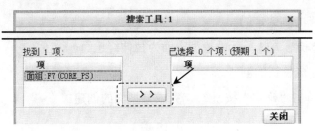

图 7.8   "搜索工具"对话框

图 7.9   着色后的型芯分型面

（2）在系统弹出的"模型树项"对话框中选中 ☑ 特征 复选框，然后单击 确定 按钮。此时，模型树中会显示型芯分型面的曲面特征：旋转曲面特征。通过在模型树上右击曲面特征，从系统弹出的快捷菜单中可以选择曲面的删除、编辑定义等命令。

Stage2. 定义主分型面

下面的操作是创建零件 pen_cap.prt 模具的主分型面（图 7.10），以分离模具的上模型腔和下模型腔。其操作过程如下。

Step1. 单击 模具 功能选项卡 分型面和模具体积块 ▼ 区域中的"分型面"按钮 📖。系统弹出"分型面"选项卡。

Step2. 在系统弹出的"分型面"操控板中的 控制 区域单击"属性"按钮 📄，在"属性"对话框中输入分型面名称 main_ps，单击 确定 按钮。

Step3. 通过"拉伸"方法创建主分型面。

（1）单击 分型面 功能选项卡 形状 ▼ 区域中的 拉伸 按钮，此时系统弹出"拉伸"选项卡。

（2）定义草绘截面放置属性。鼠标右击，从系统弹出的菜单中选择 定义内部草绘... 命令；在系统 选择一个平面或曲面以定义草绘平面. 的提示下，选取图 7.11 所示的坯料前表面为草绘平面，接受默认的草绘视图方向和参考平面，方向为 上；单击 草绘 按钮，至此系统进入截面草绘环境。

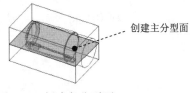

图 7.10   创建主分型面

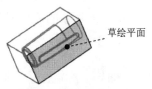

图 7.11   草绘平面

（3）绘制截面草图。选取坯料的边线和 MOLD_PARITING_PLN 基准平面为草绘参考；单击 关闭(C) 按钮。绘制图 7.12 所示的截面草图（截面草图为一条线段）；完成截面的绘制后，单击"草绘"操控板中的"确定"按钮 ✔。

（4）设置深度选项。

① 在操控板中选取深度类型 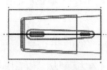（到选定的）。

② 将模型调整到合适位置，选取图 7.13 所示的模型表面为拉伸终止面。

③ 在操控板中单击 ✔ 按钮。完成特征的创建。

Step4. 在"分型面"选项卡中单击"确定"按钮 ✔，完成分型面的创建。

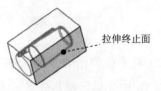

图 7.12　截面草图　　　　　　　　　　　图 7.13　选取拉伸终止面

Task5.　构建模具元件的体积块

Stage1.　用型芯分型面创建型芯元件的体积块

下面的操作是在零件 pen_cap 的模具坯料中，用前面创建的型芯分型面——core_ps 来分割型芯元件的体积块，该体积块将来会抽取为模具的型芯元件。在该例子中，由于主分型面穿过型芯分型面，为了便于分割出各个模具元件，将先从整个坯料中分割出型芯体积块，然后从其余的体积块（即分离出型芯体积块后的坯料）中再分割出上、下型腔体积块。

Step1. 选择 模具 功能选项卡 分型面和模具体积块 ▼ 区域中的 模具体积块 ▼ ➡ 体积块分割 命令（即用"分割"的方法构建体积块）。

Step2. 在系统弹出的 ▼ SPLIT VOLUME（分割体积块）菜单中，依次选择 Two Volumes（两个体积块） ➡ All Wrkpcs（所有工件） ➡ Done（完成）命令。此时系统弹出图 7.14 所示的"分割"对话框和图 7.15 所示的"选择"对话框。

Step3. 用"列表选取"的方法选取分型面。

（1）在系统 ➡ 为分割工件选择分型面. 的提示下，先将鼠标指针移至模型中的型芯分型面的位置右击，从快捷菜单中选取 从列表中拾取 命令。

（2）在图 7.16 所示的"从列表中拾取"对话框中，单击列表中的 面组:F7(CORE_PS) 分型面，然后单击 确定(O) 按钮。

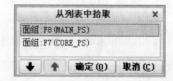

图 7.14　"分割"对话框　　　图 7.15　"选择"对话框　　　图 7.16　"从列表中拾取"对话框

（3）单击"选择"对话框中的 确定 按钮。

Step4. 单击"分割"对话框中的 确定 按钮。

Step5. 此时，系统弹出图 7.17 所示的"属性"对话框，同时模型中的其余部分变亮，输入其余部分体积的名称 body_mold，单击 着色 按钮，可以预览图 7.18 所示分割创建的型腔，单击 确定 按钮，系统再次弹出"属性"对话框。

Step6. 在"属性"对话框中输入型芯模具元件体积块的名称 core_mold，单击 着色 按钮，可以预览图 7.19 所示分割创建的型芯，单击 确定 按钮。

图 7.17 "属性"对话框

图 7.18 型腔

图 7.19 型芯

Stage2. 用主分型面创建上下模腔的体积块

下面的操作是在零件 pen_cap 的模具坯料中，用前面创建的主分型面——main_ps 来将前面生成的体积块 body_mold 分成上下两个体积腔（块），这两个体积块将来会抽取为模具的上下模具型腔。

Step1. 选择 模具 功能选项卡 分型面和模具体积块 ▾ 区域中的 模具体积块 ▾ ➡ 体积块分割 命令（即用"分割"的方法构建体积块）。

Step2. 在系统弹出的 ▼ SPLIT VOLUME (分割体积块) 菜单中，选择 Two Volumes (两个体积块) ➡ Mold Volume (模具体积块) ➡ Done (完成) 命令。系统弹出"搜索工具"对话框。

Step3. 在系统弹出的"搜索工具"对话框中，单击列表中的 面组:F10(BODY_MOLD) 体积块，然后单击 ›› 按钮，将其加入到 已选择 0 个项 列表中，再单击 关闭 按钮。

Step4. 用"列表选取"的方法选取分型面。

（1）在系统 ➡ 为分割选定的模具体积块选择分型面. 的提示下，先将鼠标指针移至模型中主分型面的位置右击，从快捷菜单中选取 从列表中拾取 命令。

（2）在系统弹出的"从列表中拾取"对话框中，单击列表中的 面组:F8(MAIN_PS) 分型面，然后单击 确定(0) 按钮。

（3）在"选择"对话框中单击 确定 按钮。

Step5. 在"分割"对话框中单击 确定 按钮。

Step6. 此时，系统弹出"属性"对话框，在该对话框中单击 着色 按钮，着色后的模型如图 7.20 所示。然后在对话框中输入名称 lower_mold，单击 确定 按钮。

Step7. 此时，系统弹出"属性"对话框，在该对话框中单击 着色 按钮，着色后的模型如图 7.21 所示。然后在对话框中输入名称 upper_mold，单击 确定 按钮。

图 7.20 着色后的下半部分体积块   图 7.21 着色后的上半部分体积块

Task6. 抽取模具元件

Step1. 选择 **模具** 功能选项卡 元件▼ 区域中的 模具元件▼ ➡ 型腔镶块 命令。

Step2. 在系统弹出的图 7.22 所示的"创建模具元件"对话框中单击 ☰ 按钮，选择所有体积块，然后单击 确定 按钮。

Task7. 生成浇注件

Step1. 选择 **模具** 功能选项卡 元件▼ 区域中的 创建铸模 命令。

Step2. 在系统 输入零件 名称 [PRT0001]: 的提示文本框中输入浇注零件名称 molding，并按两次回车键，完成生成铸模。

图 7.22 "创建模具元件"对话框

Task8. 定义模具开启

Stage1. 将参考零件、坯料和分型面在模型中遮蔽起来

Step1. 遮蔽参考零件和坯料。在模型树中，按 Ctrl 键，选取 PEN_CAP_MOLD_REF.PRT 和 PEN_CAP_MOLD_WP.PRT，然后右击，从系统弹出的快捷菜单中选择 遮蔽 命令。

Step2. 遮蔽分型面。

（1）单击 **视图** 功能选项卡 可见性 区域中的"模具几何显示"按钮 ▼ 后的"小三角"按钮 ▼，在系统弹出的菜单中单击 遮蔽几何 按钮，系统弹出"搜索工具：1"对话框。

（2）在系统弹出的"搜索工具：1"对话框中，按住 Ctrl 键，选择所有项目，然后单击 〉〉 按钮，将其加入到 选择了 0 项 列表中，再单击 关闭 按钮，在"选择"对话框中单击 确定 按钮。

Stage2. 开模步骤 1：移动型芯

Step1. 选择 **模具** 功能选项卡 分析▼ 区域中的"模具开模"命令 ⧉。系统弹出 ▼ MOLD OPEN (模具开模) 菜单管理器。

Step2. 在系统弹出的 ▼ MOLD OPEN (模具开模) 菜单管理器中选择 Define Step (定义步骤) ➡ Define Move (定义移动) 命令。

Step3. 用"列表选取"的方法选取要移动的模具元件。

（1）在系统 ⬦为迁移号码1 选择构件. 的提示下，先将鼠标移至模型上，并右击，选取快捷菜单中的 从列表中拾取 命令。

（2）在系统弹出的"从列表中拾取"对话框中，单击列表中的型芯模具零件 CORE_MOLD.PRT，然后单击 确定(0) 按钮。

（3）在"选择"对话框中单击 确定 按钮。

Step4. 在系统 ⬦通过选择边、轴或面选择分解方向. 的提示下，选取图 7.23 所示的边线为移动方向，然后在系统的提示下，输入要移动的距离值 100，并按回车键。

Step5. 检查型芯与上模的干涉。

（1）在 Define Step (定义步骤) 菜单中选择 Interference (干涉) 命令。

（2）在系统提示下选取 移动1 命令。

（3）再选择 Static Part (静态零件) 命令，此时系统提示 ⬦选择统计零件. （注：此处应翻译成"选择静止的模具零件"），从屏幕的模型中选取铸件，系统在信息区提示 • 没有发现干涉. 。

（4）选择 Done/Return (完成/返回) 命令，完成干涉检查。

Step6. 在 ▼ DEFINE STEP (定义步骤) 菜单中选择 Done (完成) 命令，完成型芯的移动，移出后的型芯如图 7.24 所示。

图 7.23 选取移动方向

图 7.24 移出后的型芯

Stage3. 开模步骤 2：移动上模

Step1. 参考开模步骤 1 的操作方法，选取上模，选取图 7.25 所示的边线为移动方向，然后输入要移动的距离值 100，单击回车键。

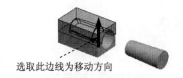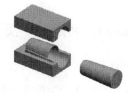

图 7.25 移动上模

Step2. 在 ▼ DEFINE STEP (定义步骤) 菜单中选择 Done (完成) 命令，完成上模的移动。

Stage4. 开模步骤 3：移动下模

Step1. 参考开模步骤 1 的操作方法，选取下模，选取图 7.26 所示的边线为移动方向，然后键入要移动的距离值-100。

Step2. 在 ▼ DEFINE STEP (定义步骤) 菜单中选择 Done (完成) 命令，完成下模的移动。

Step3. 在 ▼ MOLD OPEN (模具开模) 菜单中选择 Done/Return (完成/返回) 命令，完成模具的开启。

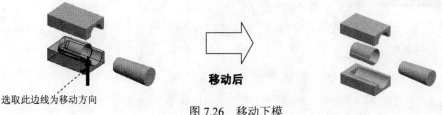

选取此边线为移动方向　　移动后

图 7.26　移动下模

Step4. 保存设计结果。单击 模具 功能选项卡中 操作 ▼ 区域的 重新生成 ▼ 按钮，在系统弹出的下拉菜单中单击 重新生成 按钮，选择下拉菜单 文件 ▼ ➡ 保存(S) 命令。

7.2　创建方法二（体积块法）

方法简介：

使用体积块法进行模具设计不需要设计分型面，采用体积块法进行该零件的模具设计思路主要是：首先，通过"聚集体积块"命令来收集滑块体积块；其次，通过拉伸体积块来创建下模体积块；最后，通过"分割"命令来完成上下模的创建。

下面将介绍利用体积块法进行模具设计的过程。图 7.27 所示为笔帽的模具开模图。

上模

浇注件

滑块体积块

下模

图 7.27　创建方法二

Task1. 新建一个模具制造模型，进入模具模块

Step1. 将工作目录设置至 D:\creo3.6\work\ch07。

Step2. 新建一个模具型腔文件，命名为 pen_cap_mold；选取 mmns_mfg_mold 模板。

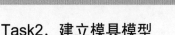

Task2. 建立模具模型

Stage1. 引入参考模型

Step1. 单击 **模具** 功能选项卡 参考模型和工件 区域中的按钮 参考模型▾，然后在系统弹出的列表中选择 定位参考模型 命令，系统弹出"打开""布局"对话框和"型腔布置"菜单管理器。

Step2. 在"打开"对话框中选取三维零件模型 pen_cap.prt 作为参考零件模型，然后单击 打开 按钮。

Step3. 选中 ⦿ 按参考合并 单选项，然后在 参考模型 区域的 名称 文本框中接受默认的名称，再单击 确定 按钮。

Step4. 在"布局"对话框的 布局 区域中单击 ⦿ 单一 单选项，在"布局"对话框中单击 预览 按钮，结果如图 7.28 所示。

Step5. 调整模具坐标系。

（1）在"布局"对话框的 参考模型起点与定向 区域中单击 按钮，系统弹出"获得坐标系类型"菜单。

（2）定义坐标系类型。在"获得坐标系类型"菜单中选择 Dynamic (动态) 命令，系统弹出图 7.29 所示的"参考模型方向"对话框。

（3）旋转坐标系。在轴的区域中单击 Y 按钮，在"参考模型方向"对话框的 值 文本框中输入数值 90。

（4）在"参考模型方向"对话框中单击 确定 按钮；然后在"布局"对话框中单击 确定 按钮；系统弹出"警告"对话框，单击 确定 按钮。在 ▼ CAV LAYOUT (型腔布置) 菜单管理器中单击 Done/Return (完成/返回) 命令，完成坐标系的调整。结果如图 7.30 所示。

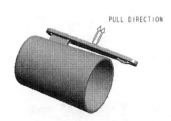
图 7.28　调整模具坐标系前

图 7.29　"参考模型方向"对话框

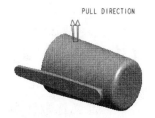
图 7.30　调整模具坐标系后

Stage2. 创建坯料

自动创建图 7.31 所示的坯料，操作步骤如下。

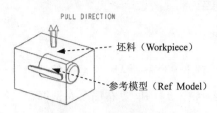

图 7.31　模具模型

Step1. 在模型树界面中选择 🔲 ▾ ➡ 📋树过滤器(F).. 命令。在系统弹出的"模型树项"对话框中选中 ☑ 特征 复选框，然后单击 确定 按钮。

Step2. 单击 模具 功能选项卡 参考模型和工件 区域中的按钮 工件 ，然后在系统弹出的列表中选择 ✂️自动工件 命令，系统弹出"自动工件"对话框。

Step3. 在模型树中选择 ✂️MOLD_DEF_CSYS ，然后在"自动工件"对话框的 偏移 区域中的 统一偏移 文本框中输入数值 10，并按回车键。

Step4. 单击 确定 按钮，完成坯料的创建。

Task3．设置收缩率

Step1. 单击 模具 功能选项卡 修饰符 区域中 🔧收缩 ▾ 按钮后的"小三角"按钮 ▾ ，在系统弹出的菜单中单击 🔧按尺寸收缩 按钮。

Step2. 系统弹出"按尺寸收缩"对话框，确认 公式 区域的 1+ S 按钮被按下，在 收缩选项 区域选中 ☑ 更改设计零件尺寸 复选框，在 收缩率 区域的 比率 栏中输入收缩率值 0.006，并按回车键，然后单击对话框中的 ✓ 按钮。

Task4．创建体积块

Stage1．创建图 7.32 所示的滑块体积块

Step1. 选择 模具 功能选项卡 分型面和模具体积块 ▾ 区域中的 模具体积块 ▾ ➡ 🔲模具体积块 命令。

Step2. 收集体积块。

（1）选择命令。单击 编辑模具体积块 操控板 体积块工具 ▾ 区域中的"收集体积块工具"按钮 🖼️ ，此时系统弹出"聚合体积块"菜单管理器。

（2）定义选取步骤。在 ▾ GATHER STEPS (聚合步骤) 菜单中选择 ☑ Select (选择) ➡ ☑ Close (封闭) 复选框，单击 Done (完成) 命令，此时系统显示 ▾ GATHER SEL (聚合选择) 菜单。

（3）定义聚合选取。

① 在 ▾ GATHER SEL (聚合选择) 菜单中选择 Surf & Bnd (曲面和边界) ➡ Done (完成) 命令。

② 定义种子曲面。在系统 ➡选择一个种子曲面 的提示下，先将鼠标指针移至模型中的目标

位置并右击，在系统弹出的快捷菜单中选取 从列表中拾取 命令，系统弹出"从列表中拾取"对话框，在对话框中选择 曲面:F1(外部合并):PEN_CAP_MOLD_REF ，单击 确定(0) 按钮。

说明：在列表框选项中选中 曲面:F1(外部合并):PEN_CAP_MOLD_REF 时，此时图7.33中的笔帽内部的底面会加亮，该底面就是所要选择的"种子面"。

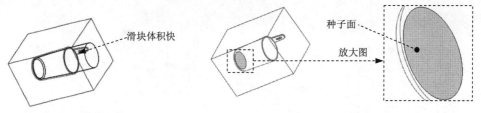

图7.32 滑块体积快　　　　　　　　图7.33 定义种子面

③ 定义边界曲面。在系统 指定限制这些曲面的边界曲面. 的提示下，从列表中选取图7.34所示的边界面。

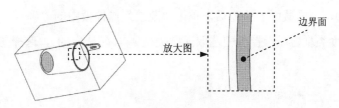

图7.34 定义边界面

④ 单击 确定 ➡ Done Refs (完成参考) ➡ Done/Return (完成/返回) 命令，此时系统显示"封合"菜单。

（4）定义封合类型。在"封合"菜单中选中 ☑ Cap Plane (顶平面) ➡ ☑ All Loops (全部环) 复选框，单击 Done (完成) 命令，此时系统显示"封闭环"菜单。

（5）定义封闭环。根据系统 选择或创建一平面. 盖住闭合的体积块. 的提示，选取图7.35所示的平面为封闭面，此时系统显示"封合"菜单。

（6）在菜单栏中单击 Done (完成) ➡ Done/Return (完成/返回) ➡ Done (完成) 命令，完成收集体积块创建。

Step3. 在 编辑模具体积块 选项卡中单击"确定"按钮 ✔ ，完成滑块体积块的创建。

Stage2. 创建主体积块

Step1. 选择 模具 功能选项卡 分型面和模具体积块 ▼ 区域中的 模具体积块 ▼ ➡ 模具体积块 命令。

Step2. 选择命令。单击 编辑模具体积块 操控板 形状 ▼ 区域中的 拉伸 按钮，此时系统弹出"拉伸"操控板。

Step3. 创建拉伸特征。

（1）定义草绘截面放置属性。在图形区右击，从系统弹出的菜单中选择 定义内部草绘... 命令；在系统 ➡选择一个平面或曲面以定义草绘平面. 的提示下，选取图 7.36 所示的坯料表面为草绘平面，接受默认的箭头方向为草绘视图方向，然后选取图 7.36 所示的坯料侧面为参考平面，方向为 右 。单击 草绘 按钮，进入草绘环境。

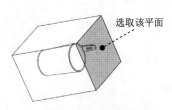

图 7.35 定义封闭面

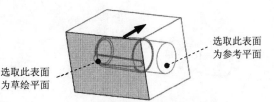

图 7.36 定义草绘平面

（2）绘制截面草图。进入草绘环境后，选取图 7.37 所示的坯料边线和 MAIN_PARTING_PLN 基准平面为参考；然后单击 关闭(C) 按钮，绘制图 7.37 所示的截面草图（为一矩形），完成截面的绘制后，单击"草绘"操控板中的"确定"按钮 ✔。

（3）定义深度类型。在操控板中选取深度类型 ⊥（到选定的），选择图 7.38 所示的平面为拉伸终止面。

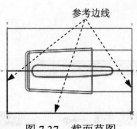

图 7.37 截面草图

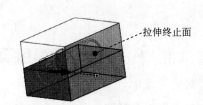

图 7.38 拉伸终止面

（4）在 拉伸 操控板中单击 ✔ 按钮，完成特征的创建。

Step4. 在 编辑模具体积块 操控板中单击"确定"按钮 ✔，完成下模体积块的创建。

Task5．分割模具体积块

Stage1．用分割创建滑块体积块

Step1. 选择 模具 功能选项卡 分型面和模具体积块 ▼ 区域中的 模具体积块 ▼ ➡ 体积块分割 命令（即用"分割"的方法构建体积块）。

Step2. 在系统弹出的 ▼ SPLIT VOLUME（分割体积块）菜单中，依次选择 Two Volumes（两个体积块） ➡ All Wrkpcs（所有工件） ➡ Done（完成）命令。此时系统弹出"分割"对话框和"选择"对话框。

Step3. 定义分割对象。选取 Task4 创建的滑块体积块为分割对象，在"选择"对话框中单击 确定 按钮。

Step4. 单击"分割"对话框中的 确定 按钮。

Step5. 此时，系统弹出"属性"对话框，同时模型中的其余部分变亮，单击 着色 按钮，可以预览图 7.39 所示分割创建的型腔，输入其余部分体积块的名称 body_mold；单击 确定 按钮，系统再次弹出"属性"对话框。

Step6. 在"属性"对话框中输入型芯模具元件体积块的名称 slide_mold，单击 着色 按钮，可以预览图 7.40 所示的分割创建的滑块体积块，单击 确定 按钮。

图 7.39　着色后的型腔

图 7.40　着色后的滑块体积块

Stage2．用主体积块创建上下模腔的体积块

Step1. 选择 模具 功能选项卡 分型面和模具体积块 ▼ 区域中的 模具体积块▼ ➡ 体积块分割 命令（即用"分割"的方法构建体积块）。

Step2. 在系统弹出的 ▼ SPLIT VOLUME（分割体积块）菜单中，选择 Two Volumes（两个体积块）、Mold Volume（模具体积块）和 Done（完成）命令。

Step3. 在系统弹出的"搜索工具"对话框中，单击列表中的 面组:F10(BODY_MOLD) 体积块，然后单击 > > 按钮，将其加入到 已选择 0 个项 列表中，再单击 关闭 按钮。

Step4. 用"列表选取"的方法选取体积块。

（1）在系统 ➡ 为分割选定的模具体积块选择分型面. 的提示下，先将鼠标指针移至模型中第一个镶块体积块的位置右击，从快捷菜单中选取 从列表中拾取 命令。

（2）在系统弹出的"从列表中拾取"对话框中，单击列表中的 面组:F8(MOLD_VOL_2)，然后单击 确定(0) 按钮，在"选择"对话框中单击 确定 按钮。

Step5. 单击"分割"对话框中的 确定 按钮。

Step6. 此时，系统弹出"属性"对话框，同时模型的下半部分变亮，在该对话框中单击 着色 按钮，在对话框中输入名称 lower_vol，单击 确定 按钮。

Step7. 此时，系统弹出"属性"对话框，同时模型的上半部分变亮，在该对话框中单击 着色 按钮，在对话框中输入名称 upper_vol，单击 确定 按钮。

Task6．抽取模具元件

Step1. 选择 模具 功能选项卡 元件 ▼ 区域中的 模具元件▼ ➡ 型腔镶块 命令，系统弹出"创建模具元件"对话框。

Step2. 在系统弹出的"创建模具元件"对话框中，选取体积块 LOWER_VOL 、 UPPER_VOL 和 SLIDE_MOLD ，然后单击 确定 按钮。

Task7. 生成浇注件

浇注件的名称命名为 molding。

Task8. 定义模具开启

步骤参考方法一。

实例 **8**　用两种方法进行模具设计（二）

图 8.1 所示为一个吹风机盖（BLOWER）的模型，该模型的表面有多个破孔，要使其能够顺利脱模，必须将破孔填补才能完成。本例将分别介绍采用分型面法和体积块法进行该模型的模具设计。通过对本实例的学习，读者将进一步熟悉模具设计的分型面法和体积块法。

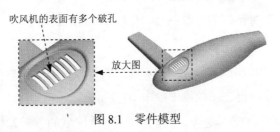

图 8.1　零件模型

8.1　创建方法一（分型面法）

方法简介：

采用分型面法进行该零件的模具设计思路：首先，通过种子面和边界面的选取方法复制出模型的内表面，并将模型中的破孔排除；其次，通过"拉伸"命令创建出分型面；然后，将两个曲面进行合并，并通过"延伸"命令来完成分型面的创建；最后，通过"分割"命令来完成上下模的创建。

下面将介绍利用分型面法进行模具设计的过程。图 8.2 为吹风机盖的模具开模图。

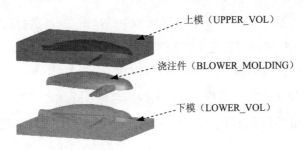

图 8.2　吹风机盖的模具开模图

Task1. 新建一个模具制造模型文件，进入模具模块

Step1. 将工作目录设置至 D:\creo3.6\work\ch08。

Step2. 新建一个模具型腔文件，命名为 blower_mold；选取 `mmns_mfg_mold` 模板。

Task2. 建立模具模型

在开始设计一个模具前,应先创建一个"模具模型",模具模型包括参考模型(Ref Model)和坯料(Workpiece),如图 8.3 所示。

Stage1. 引入参考模型

Step1. 单击 **模具** 功能选项卡 参考模型和工件 区域中的按钮 参考模型▼,然后在系统弹出的列表中选择 组装参考模型 命令,系统弹出"打开"对话框。

Step2. 在"打开"对话框中选取三维零件模型 blower.prt 作为参考零件模型,然后单击 打开 按钮。

Step3. 系统弹出"元件放置"操控板,在"约束"类型下拉列表中选择 默认 选项,将参考模型按默认放置,再在操控板中单击 ✔ 按钮。

Step4. 选中 ● 按参考合并 单选项,然后在 参考模型 区域的 名称 文本框中接受系统给出的默认的参考模型名称 BLOWER_MOLD_REF(也可以输入其他字符作为参考模型名称),单击 确定 按钮。系统弹出"警告"对话框,单击 确定 按钮。 参考件组装完成后,模具的基准平面与参考模型的基准平面对齐,如图 8.4 所示。

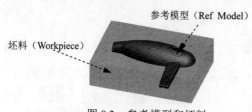

图 8.3　参考模型和坯料

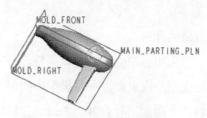

图 8.4　参考件组装完成后

Stage2. 创建坯料

Step1. 单击 **模具** 功能选项卡 参考模型和工件 区域中的按钮 工件▼,然后在系统弹出的列表中选择 创建工件 命令,系统弹出"创建元件"对话框。

Step2. 在系统弹出的"创建元件"对话框中,在 类型 区域选中 ● 零件 单选项,在 子类型 区域选中 ● 实体 单选项,在 名称 文本框中输入元件的名称 wp;单击 确定 按钮。

Step3. 在系统弹出的"创建选项"对话框中选中 ● 创建特征 单选项,然后再单击 确定 按钮。

Step4. 创建坯料特征。

(1)选择命令。单击 **模具** 功能选项卡 形状 ▼ 区域中的 拉伸 按钮。

(2)创建实体拉伸特征。

① 选取拉伸类型。在出现的操控板中,确认"实体"类型按钮 被按下。

② 定义草绘截面放置属性。在绘图区中右击,从系统弹出的快捷菜单中选择

定义内部草绘...命令。然后选择 MAIN_PARTING_PLN 基准平面作为草绘平面，草绘平面的参考平面为 MOLD_RIGHT 基准平面，方位为 右 ，单击 草绘 按钮。至此，系统进入截面草绘环境。

③ 进入截面草绘环境后，选取 MOLD_RIGHT 基准平面和 MOLD_FRONT 基准平面为草绘参考，然后单击 关闭(C) 按钮，然后绘制截面草图（图 8.5）。完成特征截面的绘制后，单击"草绘"操控板中的"确定"按钮 ✔ 。

④ 选取深度类型并输入深度值。在操控板中单击 选项 按钮，从系统弹出的界面中选取 侧1 的深度类型 ⊥ 盲孔 ，再在深度文本框中输入深度值 60.0，并按回车键；然后选取 侧2 的深度类型 ⊥ 盲孔 ，再在深度文本框中输入深度值 30.0，并按回车键。

⑤ 完成特征。在 拉伸 操控板中单击 ✔ 按钮。完成特征的创建。

Task3. 设置收缩率

将参考模型收缩率设置为 0.006。

Task4. 创建分型面

下面的操作是创建模具的分型曲面（图 8.6），其操作过程如下。

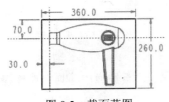

图 8.5　截面草图

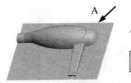

图 8.6　创建分型曲面

Step1. 单击 模具 功能选项卡 分型面和模具体积块 ▼ 区域中的"分型面"按钮 。系统弹出"分型面"功能选项卡。

Step2. 在系统弹出的"分型面"功能选项卡中的 控制 区域单击"属性"按钮 ，在"属性"对话框中输入分型面名称 PT_SURF，单击 确定 按钮。

Step3. 为了方便选取图元，将坯料遮蔽。在模型树中右击 WP.PRT，从系统弹出的快捷菜单中选择 遮蔽 命令。

Step4. 通过曲面复制的方法，创建图 8.7 所示的复制曲面。

（1）采用"种子面与边界面"的方法选取所需的曲面。用户分别选取种子面和边界面后，系统则会自动选取从种子面开始向四周延伸直到边界面的所有曲面（其中包括种子面，但不包括边界面）。在屏幕右下方的"智能选取栏"中选择"几何"选项。

（2）下面先选取"种子面"（Seed Surface），操作方法如下。

① 将模型调整到图 8.8 所示的视图方位，先将鼠标指针移至模型中的目标位置，即图

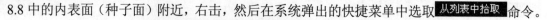
8.8 中的内表面（种子面）附近，右击，然后在系统弹出的快捷菜单中选取 从列表中拾取 命令。

② 在列表项中选取 曲面:F1(外部合并):BLOWER_MOLD_REF 项，此时图 8.8 中的内表面会加亮，该曲面就是所要选择的"种子面"。最后，在"从列表中拾取"对话框中单击 确定(O) 按钮。

图 8.7 创建复制曲面   图 8.8 定义种子面

（3）然后选取"边界面"（boundary surface），操作方法如下。

① 按住 Shift 键，选取图 8.9 中的三个曲面为边界面，此时图中所示的边界面会加亮。

② 依次选取所有的边界面（全部加亮）后，松开 Shift 键，完成"边界面"的选取。操作完成后，整个模型内表面均被加亮，如图 8.10 所示。

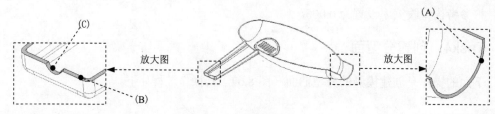

图 8.9 定义边界面

（4）单击 模具 功能选项卡 操作 ▾ 区域中的"复制"按钮 。

（5）单击 模具 功能选项卡 操作 ▾ 区域中的"粘贴" 按钮 。系统弹出 曲面：复制 操控板。

（6）填补复制曲面上的破孔。在操控板中单击 选项 按钮，在"选项"界面中选中 ◉ 排除曲面并填充孔 单选项。

（7）在系统 ➡ 选择封闭的边环或曲面以填充孔 的提示下，选取图 8.11 中的破孔表面。

（8）在 曲面：复制 操控板中单击 ✔ 按钮。

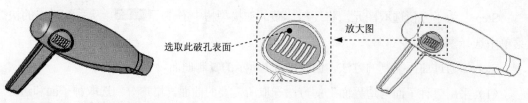

图 8.10 加亮的曲面   图 8.11 选取破孔表面

Step5. 创建图 8.12 所示的延伸曲面 1。

（1）遮蔽参考件。在模型树中右击 ▸ BLOWER_MOLD_REF.PRT ，从系统弹出的快捷菜单中选择 遮蔽 命令。

（2）选取图 8.13 所示的边线为延伸边。

（3）单击 **分型面** 功能选项卡 编辑 ▾ 区域的 ⊡延伸按钮，此时出现 *延伸* 操控板。

（4）将坯料取消遮蔽。

（5）选取延伸的终止面。

图 8.12　创建延伸曲面 1

选取此边线为延伸边

图 8.13　选取延伸边

① 在操控板中按下按钮 ▢（延伸类型为至平面）。

② 在系统 ➡选择曲面延伸所至的平面· 的提示下，选取图 8.14 所示的坯料的表面为延伸的终止面。

③ 在操控板中单击 ✔ 按钮。完成后的延伸曲面如图 8.15 所示。

选取坯料的此表面
为延伸的终止面

图 8.14　选取延伸的终止面

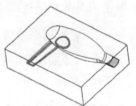

图 8.15　完成后的延伸曲面

Step6. 创建延伸曲面 2。

（1）将坯料遮蔽。在模型树中右击 ▱ WP.PRT，从系统弹出的快捷菜单中选择 遮蔽 命令。

（2）选取图 8.16 所示的边线。

（3）单击 **分型面** 功能选项卡 编辑 ▾ 区域的 ⊡延伸按钮，此时出现 *延伸* 操控板。

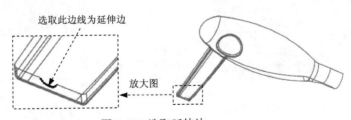

选取此边线为延伸边

放大图

图 8.16　选取延伸边

（4）将坯料取消遮蔽。

（5）选取延伸的终止面。

① 在操控板中按下按钮 ▢（延伸类型为至平面）。

② 在系统 ➡选择曲面的边界边链以进行延伸· 的提示下，选取图 8.17 所示的坯料的表面为延伸的终止面。

③ 单击 ✔ 按钮。完成后的延伸曲面如图 8.18 所示。

Step7. 创建图 8.19 所示的拉伸曲面 1。

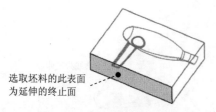

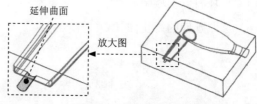

图 8.17　选取延伸的终止面　　　　　　图 8.18　完成后的延伸曲面

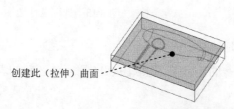

图 8.19　创建拉伸曲面 1

（1）单击 **分型面** 功能选项卡 形状 ▾ 区域中的"拉伸"按钮 拉伸 ，按下操控板中的"曲面类型"按钮 。此时系统弹出"拉伸"操控板。

（2）定义草绘截面放置属性。右击，从系统弹出的菜单中选择 定义内部草绘... 命令；在系统 选择一个平面或曲面以定义草绘平面. 的提示下，选取图 8.20 所示的坯料前表面为草绘平面，接受图 8.20 中默认的箭头方向为草绘视图方向，然后选取图 8.20 所示的坯料底表面为参考平面，方向为 下 ；单击 草绘 按钮，至此系统进入截面草绘环境。

（3）绘制截面草图。选取图 8.21 所示的坯料的边线和复制曲面的边线为草绘参考；绘制图 8.21 所示的截面草图（截面草图为一条线段）；完成截面的绘制后，单击"草绘"操控板中的"确定"按钮 ✔ 。

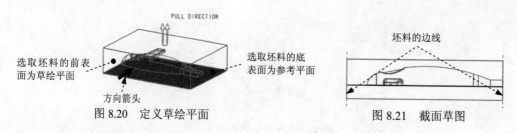

图 8.20　定义草绘平面　　　　　　　　图 8.21　截面草图

（4）设置深度选项。

① 在操控板中选取深度类型 （到选定的）。

② 将模型调整到图 8.22 所示的视图方位，选取图中所示的坯料表面（背面）为拉伸终止面。

③ 在操控板中单击 ✔ 按钮，完成特征的创建。

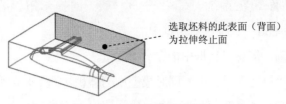

图 8.22　选取拉伸终止面

Step8. 将图 8.23a 所示的复制面组（包含延伸部分）与 Step7 中创建的拉伸曲面进行合并。

（1）将坯料遮蔽。在模型树中右击 ▶ 🗀 WP.PRT ，从系统弹出的快捷菜单中选择 遮蔽 命令。

（2）按住 Ctrl 键，选取图 8.23a 所示的复制面组和拉伸曲面。

图 8.23　曲面合并

（3）单击 **分型面** 功能选项卡 编辑 ▼ 区域中的 🗗 合并 按钮，此时系统弹出"合并"操控板。

（4）保留曲面的方向箭头，如图 8.24 所示。

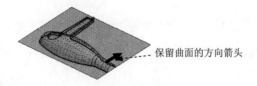

图 8.24　选取保留曲面的方向

（5）在操控板中单击 选项 按钮，在"选项"界面中选中 ⦿ 相交 单选项，在 **合并** 操控板中单击 ✓ 按钮。

Step9. 在"分型面"选项卡中单击"确定"按钮 ✓ ，完成分型面的创建。

Step10. 将坯料取消遮蔽。

Task5.　构建模具元件的体积块

Step1. 选择 **模具** 功能选项卡 分型面和模具体积块 ▼ 区域中的 模具体积块 ▼ ➡ 🗗 体积块分割 命令（即用"分割"的方法构建体积块）。

Step2. 在系统弹出的 ▼ SPLIT VOLUME (分割体积块) 菜单中，依次选择 Two Volumes (两个体积块) ➡ All Wrkpcs (所有工件) ➡ Done (完成) 命令。此时系统弹出"分割"对话框和"选择"对话框。

Step3. 选取分型面。在系统 ◆为分割工件选择分型面. 的提示下，在模型中选取分型面 面组:F7(PT_SURF) ，然后单击"选择"对话框中的 确定 按钮。

Step4. 单击"分割"信息对话框中的 确定 按钮。

Step5. 系统弹出"属性"对话框，同时模型中的体积块的下半部分变亮，在该对话框中单击 着色 按钮，着色后的体积块如图 8.25 所示。然后在对话框中输入名称 lower_vol，单击 确定 按钮。

Step6. 系统弹出"属性"对话框，同时模型中的体积块的上半部分变亮，在该对话框中单击 着色 按钮，着色后的体积块如图 8.26 所示。然后在对话框中输入名称 upper_vol，单击 确定 按钮。

图 8.25　着色后的下半部分体积块　　　　　图 8.26　着色后的上半部分体积块

Task6. 抽取模具元件及生成浇注件

将浇注件的名称命名为 BLOWER_MOLDING。

Task7. 定义开模动作

Step1. 将参考零件、坯料和分型面在模型中遮蔽起来，将模型切换到实体显示方式。

Step2. 开模步骤 1。移动上模，输入要移动的距离值 100，结果如图 8.27 所示。

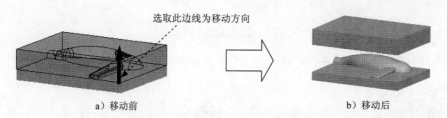

选取此边线为移动方向

a）移动前　　　　　　　　　　　　　b）移动后

图 8.27　移动上模

Step3. 开模步骤 2。移动下模，输入要移动的距离值-100，结果如图 8.28 所示。

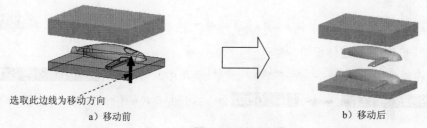

选取此边线为移动方向

a）移动前　　　　　　　　　　　　　b）移动后

图 8.28　移动下模

Step4. 保存设计结果。单击 **模具** 功能选项卡中 操作▼ 区域的 重新生成▼ 按钮，在系统弹出的下拉菜单中单击 重新生成 按钮，选择下拉菜单 文件▼ ➡ 保存(S) 命令。

8.2 创建方法二（体积块法）

方法简介：

使用体积块法进行模具设计不需要设计分型面，直接通过零件建模的方式创建出体积块，即可抽取出模具元件，完成模具设计。使用该方法能够快捷地完成一些零件形状较为简单的模具设计。

采用体积块法进行该零件模具设计的主要思路：首先，通过"聚集体积块"命令来收集出下模体积块；其次，通过拉伸体积块来合并前面收集的下模体积块；最后，通过"分割"命令来完成上下模的创建。

下面将介绍利用体积块法进行模具设计的过程。图 8.29 所示为吹风机盖的模具开模图。

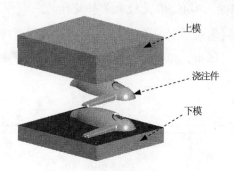

图 8.29 创建方法二

注意： 操作前，务必拭除内存中的所有文件，否则可能会使后面的操作紊乱。其操作方法是：选择下拉菜单 文件▼ ➡ 关闭(C) 命令，关闭所有窗口；选择下拉菜单 文件▼ ➡ 管理会话(M) ▶ ➡ 拭除未显示的(D) 从此会话中移除不在窗口中的所有对象。 命令，在"拭除未显示的"对话框中单击 确定 按钮。拭除内存中的所有文件。

Task1. 新建一个模具制造模型，进入模具模块

Step1. 将工作目录设置至 D:\creo3.6\work\ch08。

Step2. 新建一个模具型腔文件，命名为 blower_mold；选取 mmns_mfg_mold 模板。

Task2. 建立模具模型

Stage1. 引入参考模型

Step1. 单击 **模具** 功能选项卡 参考模型和工件 区域中的按钮 参考模型▼，然后在系统弹出的列表中

选择 定位参考模型 命令，系统弹出 "打开""布局"对话框和"型腔布置"菜单管理器。

Step2. 在"打开"对话框中选取三维零件模型 blower.prt 作为参考零件模型，并将其打开，系统弹出"创建参考模型"对话框。

Step3. 在"创建参考模型"对话框中选中 ● 按参考合并 单选项，然后在 参考模型 文本框中接受默认的名称，再单击 确定 按钮。

Step4. 在"布局"对话框的 布局 区域中选中 ⊙ 单一 单选项，在"布局"对话框中单击 预览 按钮，结果如图 8.30 所示。

Step5. 调整模具坐标系。

（1）在"布局"对话框中的 参考模型起点与定向 区域中单击 按钮，系统弹出"获得坐标系类型"菜单。

（2）定义坐标系类型。在"获得坐标系类型"菜单中选择 Dynamic (动态) 命令，系统弹出图 8.31 所示的"参考模型方向"对话框。

（3）旋转坐标系。在"参考模型方向"对话框的 值 文本框中输入数值 90。

说明：在 值 文本框中输入数值 90 是绕着 X 轴旋转的。

（4）在"参考模型方向"对话框中单击 确定；在"布局"对话框中单击 确定 按钮；系统弹出"警告"对话框，单击 确定 按钮。单击 Done/Return (完成/返回) 命令，完成坐标系的调整。结果如图 8.32 所示。

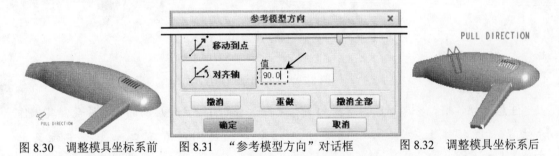

图 8.30　调整模具坐标系前　　图 8.31　"参考模型方向"对话框　　图 8.32　调整模具坐标系后

Stage2. 创建坯料

自动创建图 8.33 所示的坯料，操作步骤如下。

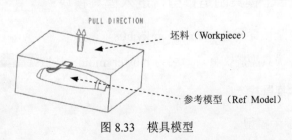

图 8.33　模具模型

Step1. 单击 模具 功能选项卡 参考模型和工件 区域中的按钮，然后在系统弹出的列表中

选择 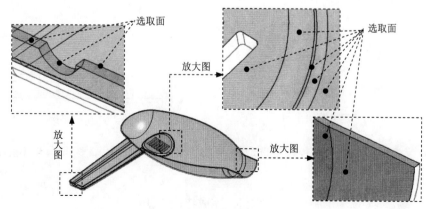自动工件 命令，系统弹出"自动工件"对话框。

Step2. 在模型树中选择 MOLD_DEF_CSYS ，然后在"自动工件"对话框的 偏移 区域中的 统一偏移 文本框中输入数值 50，并按回车键。

Step3. 单击 确定 按钮，完成坯料的创建。

Task3. 设置收缩率

在模型树中激活坯料模型，将参考模型收缩率设置为 0.006。

Task4. 创建体积块

Step1. 选择 模具 功能选项卡 分型面和模具体积块 ▼ 区域中的 模具体积块 ▼ ➡️ 模具体积块 命令。

Step2. 收集体积块。

（1）选择命令。单击 编辑模具体积块 功能选项卡 体积块工具 ▼ 区域中的"收集体积快工具"按钮，此时系统弹出"聚合体积块"菜单管理器。

（2）定义选取步骤。在"聚合步骤"菜单中选择 ☑ Select (选择) 、 ☑ Fill (填充) 和 ☑ Close (封闭) 复选框，单击 Done (完成)命令，此时系统显示"聚合选择"菜单。

说明：为了方便在后面选取曲面，可以先将坯料遮蔽起来。

（3）定义聚合选取。

① 在"聚合选取"菜单中选择 Surfaces (曲面) ➡️ Done (完成)命令。然后在图形区中按住 Ctrl 键选取模型的所有内表面，如图 8.34 所示的加亮曲面，在"选择"对话框中单击 确定 按钮，单击 Done Refs (完成参考) 命令。系统弹出 ▼ FEATURE REFS (特征参考) 菜单和 "选择"对话框。

② 定义填充曲面。选取图 8.35 所示的模型内壁有破孔的一个面为填充面（用列表法选取）；单击 确定 ➡️ Done Refs (完成参考) ➡️ Done/Return (完成/返回)命令，此时系统显示"封合"菜单。

图 8.34 定义选取面

③ 定义封合类型。在"封合"菜单中选中 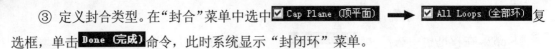 复选框，单击 **Done（完成）** 命令，此时系统显示"封闭环"菜单。

说明： 此处需要将前面遮蔽坯料零件 **BLOWER_MOLD_WRK.PRT** 去除遮蔽，注意不可在模型树上直接操作，应该使用 **视图** 功能选项卡 **可见性** 区域中的"模具显示"命令 去除坯料零件的遮蔽。

④ 定义封闭面。根据系统 **选择或创建一平面，盖住闭合的体积块。** 的提示，选取图 8.36 所示的平面为封闭面，此时系统显示"封合"菜单。

⑤ 在菜单栏中单击 **Done（完成）** **Done/Return（完成/返回）** **Done（完成）** 命令，完成收集体积块的创建，结果如图 8.37 所示。

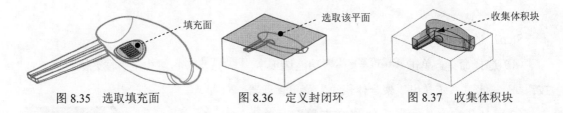

图 8.35　选取填充面　　　图 8.36　定义封闭环　　　图 8.37　收集体积块

Step3. 拉伸体积块。

（1）选择命令。单击 **编辑模具体积块** 功能选项卡 **形状▼** 区域中的 **拉伸** 按钮，此时系统弹出"拉伸"操控板。

（2）定义草绘截面放置属性。在图形区右击，从系统弹出的菜单中选择 **定义内部草绘...** 命令；在系统 **选择一个平面或曲面以定义草绘平面。** 的提示下，选取图 8.38 所示的坯料表面为草绘平面，接受默认的箭头方向为草绘视图方向，然后选取图 8.38 所示的坯料侧面为参考平面，方向为 **右**。然后单击 **草绘** 按钮。

（3）绘制截面草图。进入草绘环境后，选取图 8.39 所示的坯料边线为参考；然后单击 **关闭(C)** 按钮，绘制图 8.39 所示的截面草图（为一矩形）；完成截面的绘制后，单击"草绘"操控板中的"确定"按钮 。

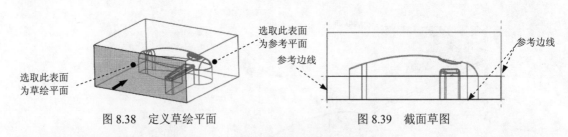

图 8.38　定义草绘平面　　　　　图 8.39　截面草图

（4）定义深度类型。在操控板中选取深度类型 （到选定的），选取图 8.40 所示的面为拉伸终止面。

（5）在"拉伸"选项卡中单击 按钮，完成特征的创建。

Step4. 在 **编辑模具体积块** 选项卡中单击"确定"按钮 ✓，完成体积块的创建。结果如图 8.41 所示。

说明： 在进入体积块模式下创建的所有特征都是属于同一个体积块的，系统将自动将这些特征合并在一起。

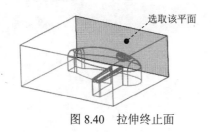
图 8.40 拉伸终止面

图 8.41 体积块

Task5．分割新的模具体积块

Step1. 选择 **模具** 功能选项卡 分型面和模具体积块 ▾ 区域中的 模具体积块 ▾ ➡ 体积块分割 命令（即用"分割"的方法构建体积块）。

Step2. 在系统弹出的 ▼ SPLIT VOLUME (分割体积块) 菜单中，依次选择 Two Volumes (两个体积块) ➡ All Wrkpcs (所有工件) ➡ Done (完成) 命令。此时系统弹出"分割"对话框和"选择"对话框。

Step3. 定义分割对象。选取 Task4 创建的体积块为分割对象，在"选择"对话框中单击 确定 按钮。

Step4. 在"分割"对话框中单击 确定 按钮。

Step5. 此时，系统弹出"属性"对话框，同时模型的下半部分变亮，在该对话框中单击 着色 按钮，着色后的模型如图 8.42 所示；然后在对话框中输入名称 lower_vol，单击 确定 按钮。

Step6. 此时，系统弹出"属性"对话框，同时模型的上半部分变亮，在该对话框中单击 着色 按钮，着色后的模型如图 8.43 所示；然后在对话框中输入名称 upper_vol，单击 确定 按钮。

图 8.42 着色后的下半部分体积块

图 8.43 着色后的上半部分体积块

Task6．抽取模具元件

Step1. 选择 **模具** 功能选项卡 元件 ▾ 区域中的 模具元件 ▾ ➡ 型腔镶块 命令，系统弹出"创建模具元件"对话框。

Step2. 在系统弹出的"创建模具元件"对话框中，选取体积块 UPPER_VOL 和 LOWER_VOL，然后单击 确定 按钮。

Task7. 生成浇注件

浇注件的名称命名为 molding。

Task8. 定义开模动作

步骤参考方法一。

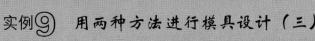
实例 **9** 用两种方法进行模具设计（三）

在模具设计时，需要一些参考，而参考模型中没有时，要对参考模型进行处理后，才能进行模具设计，在图 9.1 所示的打火机压盖（press）的模具设计中就涉及这一点。本例将分别介绍采用分型面法和体积块法来进行该模型的模具设计。通过对本实例的学习，希望读者能够掌握分型面法和体积块法。

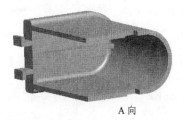

图 9.1 零件模型

9.1 创建方法一（分型面法）

方法简介：

采用分型面法进行该零件模具设计的思路主要是：首先，通过种子面和边界面的选取方法来复制出模型的外表面；其次，通过"拉伸"命令创建出分型面；再次，将前面创建的复制面和拉伸面进行合并；最后，通过"分割"命令来完成上下模的创建。

下面将介绍利用分型面法进行模具设计的过程。图 9.2 为打火机压盖的模具开模图。

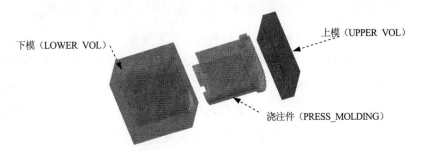

图 9.2 打火机压盖的模具设计

Task1. 对参考模型进行处理

Step1. 将工作目录设置至 D:\creo3.6\work\ch09。

Step2. 选择下拉菜单 文件 ▼ ➡ 打开(O) 命令，打开文件 press.prt。

Step3. 在模型树中选择 ➡ 层树(L) 命令。出现模型的层，然后右击其中的

⊞ 🔲01 PRT DEF DTM PLN ，在系统弹出的快捷菜单中选择 取消隐藏 ，在导航选项卡中选择

📄 ▼ ➡ 模型树(M) 命令，再切换到模型树状态。

Step4. 通过偏距平面的方法创建一个基准平面 DTM2，如图 9.3 所示。

（1）单击 **模型** 功能选项卡 基准 ▼ 区域中的"创建基准平面"按钮 ▢ 。

（2）选取 FRONT 基准平面为参考平面，然后输入偏距的距离值 0.5（即 DTM2 平面在 FRONT 平面的下方），单击 确定 按钮。

Step5. 单击工具栏中的"保存"按钮 🖫 。在系统弹出的"保存对象"对话框中单击 确定 。

Step6. 选择下拉菜单 文件 ▼ ➡ 🗋 关闭(C) 命令，关闭所有窗口。

Step7. 选择下拉菜单 文件 ▼ ➡ 管理会话(M) ▶ ➡ 拭除未显示的(M) 从此会话中移除不在窗口中的所有对象。 命令，在"拭除未显示的"对话框中单击 确定 按钮，拭除内存中的所有文件。

Task2. 新建一个模具制造模型，进入模具模块

新建一个模具型腔文件，命名为 press_mold；选取 mmns_mfg_mold 模板。

Task3. 建立模具模型

模具模型主要包括参考模型（Ref Model）和坯料（Workpiece），如图 9.4 所示。

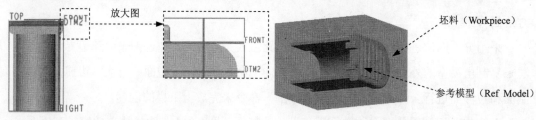

图 9.3 创建 DTM2 基准平面   图 9.4 模具模型

Stage1. 引入参考模型

Step1. 单击 **模具** 功能选项卡 参考模型和工件 区域中的按钮 参考模型 ▼ ，然后在系统弹出的列表中选择 定位参考模型 命令，系统弹出 "打开""布局"对话框和 ▼ CAV LAYOUT （型腔布置）菜单管理器。

Step2. 从系统弹出的文件"打开"对话框中，选取三维零件模型打火机压盖——press.prt 作为参考零件模型，并将其打开，系统弹出"创建参考模型"对话框。

Step3. 在"创建参考模型"对话框中选中 ⦿ 按参考合并 单选项，然后在 参考模型 文本框中接受默认的名称，再单击 确定 按钮。

Step4. 单击"布局"对话框中的 预览 按钮，可以观察到图 9.5a 所示的结果。

说明： 此时图 9.5a 所示的拖动方向不是需要的结果，需要定义拖动方向。

Step5. 调整模具坐标系。

（1）在"布局"对话框中的 参考模型起点与定向 区域中单击 按钮，系统弹出"获得坐标系类型"菜单和 "元件"窗口。

（2）定义坐标系类型。在"获得坐标系类型"菜单中选择 Dynamic（动态） 命令，系统弹出"参考模型方向"对话框。

（3）旋转坐标系。在"参考模型方向"对话框的 值 文本框中输入数值 180。

说明： 在 值 文本框中输入数值 180，是绕着 X 轴旋转的。

（4）在"参考模型方向"对话框中单击 确定 按钮；在"布局"对话框中单击 确定 按钮；系统弹出"警告"对话框，单击 确定 按钮。单击 Done/Return（完成/返回） 命令，完成坐标系的调整，结果如图 9.5b 所示。

a）定义前

b）定义后

图 9.5 定义拖动方向

Stage2. 定义坯料

Step1. 单击 **模具** 功能选项卡 参考模型和工件 区域中的按钮 工件 ，然后在系统弹出的列表中选择 创建工件 命令，系统弹出"创建元件"对话框。

Step2. 在系统弹出的"创建元件"对话框中，在 类型 区域选中 零件 单选项，在 子类型 区域选中 实体 单选项，在 名称 文本框中输入坯料的名称 wp，然后单击 确定 按钮。

Step3. 在系统弹出的"创建选项"对话框中选中 创建特征 单选项，然后单击 确定 按钮。

Step4. 创建坯料特征。

（1）选择命令。单击 **模具** 功能选项卡 形状 ▼ 区域中的 拉伸 按钮。

（2）创建实体拉伸特征。

① 选取拉伸类型。在出现的操控板中，确认"实体"类型按钮 被按下。

② 定义草绘截面放置属性。在绘图区中右击，从快捷菜单中选择 定义内部草绘... 命令。系统弹出"草绘"对话框，然后选择参考模型 MOLD_FRONT 基准平面作为草绘平面，草绘平面的参考平面为 MAIN_PARTING_PLN 基准平面，方位为 左，然后单击 草绘 按钮，至此系统进入截面草绘环境。

③ 进入截面草绘环境后，系统弹出"参考"对话框，选取 MOLD_RIGHT 基准平面和 MAIN_PARTING_PLN 基准平面为草绘参考，然后单击 关闭(C) 按钮，绘制图 9.6 所示的截面草图。完成特征截面的绘制后，单击"草绘"操控板中的"确定"按钮 ✔ 。

④ 选取深度类型并输入深度值。在操控板中单击 选项 按钮，从系统弹出的界面中选取 侧1 的深度类型 些 盲孔，再在深度文本框中输入深度值 15.0，并按回车键；然后选取 侧2 的深度类型 些 盲孔，再在深度文本框中输入深度值 3.0，并按回车键。

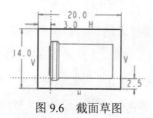

图 9.6 截面草图

⑤ 完成特征。在 拉伸 操控板中单击 ✔ 按钮，完成特征的创建。

Task4. 设置收缩率

将参考模型收缩率设置为 0.006。

Task5. 创建模具分型曲面

下面的操作是创建零件 press.prt 模具的主分型曲面（图 9.7），其操作过程如下。

Step1. 遮蔽坯料。在模型树中右击 ⬛ WP.PRT，从系统弹出的快捷菜单中选择 遮蔽 命令。

Step2. 单击 模具 功能选项卡 分型面和模具体积块 ▾ 区域中的"分型面"按钮 ⬜，系统弹出"分型面"功能选项卡。

Step3. 在系统弹出的"分型面"功能选项卡中的 控制 区域单击"属性"按钮 ⬜，在"属性"对话框中输入分型面名称 ps_surf，单击 确定 按钮。

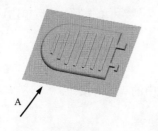

A

A向

图 9.7 创建分型曲面

Step4. 通过曲面"复制"的方法，复制参考模型的上表面，如图 9.8 所示。

（1）采用"种子面与边界面"的方法选取所需要的曲面。用户分别选取种子面和边界面后，系统则会自动选取从种子曲面开始向四周延伸直到边界曲面的所有曲面（其中包括种子曲面，但不包括边界曲面）。在屏幕右下方的"智能选取栏"中选择"几何"选项。

（2）下面先选取"种子面"（Seed Surface），操作方法如下。

① 将模型调整到图 9.9 所示的视图方位，先将鼠标指针移至模型中的目标位置，即图 9.9 中的上表面（种子面）附近，右击，然后在系统弹出的快捷菜单中选取 从列表中拾取 命令。

② 选择 曲面:F1(外部合并):PRESS_MOLD_REF 元素，此时图9.9中的上表面会加亮，该表面就是所要选择的"种子面"。最后，在"从列表中拾取"对话框中单击 确定(0) 按钮。

（3）然后选取"边界面"（boundary surface），操作方法如下。

图 9.8 创建复制曲面

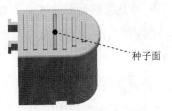

图 9.9 定义种子面

① 按住 Shift 键，选取图 9.10 所示的参考模型的四个曲面为边界面，此时图中所示的边界面会加亮。

② 依次选取所有的边界面完毕（全部加亮）后，松开 Shift 键，然后按住 Ctrl 键选取图9.11 所示的三个曲面，松开 Ctrl 键，完成"边界面"的选取。操作完成后，整个模型上表面均被加亮，如图 9.12 所示。

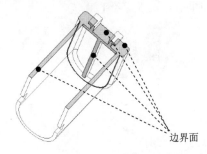

图 9.10 定义边界面

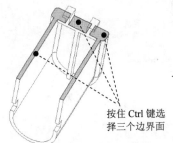

图 9.11 定义边界面

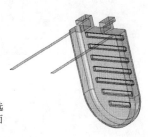

图 9.12 加亮的曲面

（4）单击 模具 功能选项卡 操作▼ 区域中的"复制"按钮 。

（5）单击 模具 功能选项卡 操作▼ 区域中的"粘贴"按钮 ，系统弹出 曲面：复制 操控板。

（6）在系统弹出的 曲面：复制 操控板中单击 ✔ 按钮。

Step5. 通过"拉伸"的方法，创建图 9.13 所示的拉伸曲面。

（1）将坯料撤销遮蔽。在模型树中右击 WP.PRT，从系统弹出的快捷菜单中选择 取消遮蔽 命令。

（2）单击 分型面 功能选项卡 形状▼ 区域中的 拉伸 按钮，此时系统弹出"拉伸"操控板。

（3）定义草绘截面放置属性。右击，从系统弹出的菜单中选择 定义内部草绘... 命令；在系统 ➡ 选择一个平面或曲面以定义草绘平面. 的提示下，选取图 9.14 所示的坯料表面 1 为草绘平面，接受默认的箭头方向为草绘视图方向，然后选取图 9.14 所示的坯料表面 2 为参考平面，方向为 右 。然后单击 草绘 按钮。

（4）截面草图。

① 选取图 9.15 所示的坯料的边线和 DTM2 为参考。

② 单击工具栏中的"基准显示过滤器"按钮 ⚙，在系统弹出的菜单中取消选中 ☑ ⬜ 平面显示 复选框前面的"√"号。不显示基准平面。

③ 绘制图 9.15 所示的截面草图（截面草图为一条线段）；完成截面的绘制后，单击"草绘"操控板中的"确定"按钮 ✔ 。

（5）设置深度选项。

① 在操控板中选取深度类型 ⬒ （到选定的）。

② 将模型调整到图 9.16 所示的视图方位，选取图中所示的坯料表面为拉伸终止面。

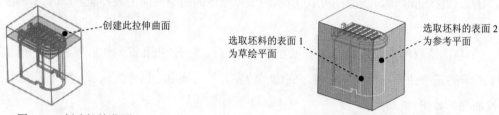

图 9.13　创建拉伸曲面　　　　　　　　图 9.14　定义草绘平面

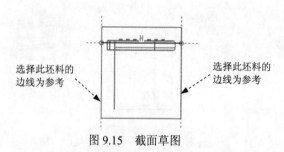
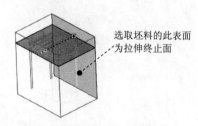

图 9.15　截面草图　　　　　　　　图 9.16　选取拉伸终止面

③ 在操控板中单击 ✔ 按钮，完成拉伸特征的创建。

Step6. 将复制面组与拉伸面组进行合并，如图 9.17 所示。

a）合并前　　　　　　　　　　　　b）合并后

图 9.17　合并面组

（1）遮蔽参考件和坯料。

（2）按住 Ctrl 键，选取复制面组和上一步创建的拉伸曲面。

（3）单击 分型面 功能选项卡 编辑 ▼ 区域中的 合并 按钮，系统"合并"操控板。

（4）在"合并"操控板中单击 ⬚，在模型中选取要合并的面组的侧。

（5）在操控板中单击 选项 按钮，在"选项"界面中选中 ⊙ 相交 单选项，单击 ✔ 按钮。

Step7. 在"分型面"选项卡中单击"确定"按钮 ✔ ，完成分型面的创建。

Task6. 构建模具元件的体积块

Step1. 取消参考件和坯料遮蔽。

Step2. 选择 模具 功能选项卡 分型面和模具体积块 ▾ 区域中的 模具体积块 ▾ ➡ 🗇 体积块分割 命令（即用"分割"的方法构建体积块）。

Step3. 在系统弹出的 ▾ SPLIT VOLUME（分割体积块）菜单中，依次选择 Two Volumes（两个体积块） ➡ All Wrkpcs（所有工件） ➡ Done（完成）命令。此时系统弹出"分割"对话框和"选择"对话框。

Step4. 用"列表选取"的方法选取分型面。

（1）在系统 ➡ 为分割工件选择分型面· 的提示下，先将鼠标指针移至模型中的分型面的位置右击，从快捷菜单中选取 从列表中拾取 命令。

（2）在"从列表中拾取"对话框中单击 面组:F7(PS_SURF) 分型面，然后单击 确定(0) 按钮。

（3）在"选择"对话框中单击 确定 按钮。

Step5. 在"分割"对话框中单击 确定 按钮。

Step6. 系统弹出"属性"对话框，同时模型中的体积块的上半部分变亮，在该对话框中单击 着色 按钮，着色后的体积块如图 9.18 所示。然后在对话框中输入名称 upper_vol，单击 确定 按钮。

Step7. 系统弹出"属性"对话框，同时模型中的体积块的下半部分变亮，在该对话框中单击 着色 按钮，着色后的体积块如图 9.19 所示。然后在对话框中输入名称 lower_vol，单击 确定 按钮。

图 9.18 着色后的上半部分体积块

图 9.19 着色后的下半部分体积块

Task7. 抽取模具元件及生成浇注件

将浇注件的名称命名为 press_molding。

Task8. 定义开模动作

Step1. 将参考零件、坯料和分型面在模型中遮蔽起来，将模型的显示状态切换到实体显示方式。

Step2. 开模步骤 1：移动上模。输入要移动的距离值-10，移出后的状态如图 9.20 所示。

Step3. 开模步骤 2：移动下模。输入要移动的距离值-25，移出后的状态如图 9.21 所示。完成下模的开模动作。

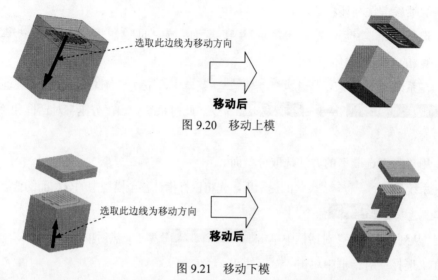

图 9.20　移动上模

图 9.21　移动下模

Step4. 保存设计结果。单击 **模具** 功能选项卡中 操作 ▼ 区域的 重新生成 ▼ 按钮，在系统弹出的下拉菜单中单击 重新生成 按钮，选择下拉菜单 文件 ▼ ➡ 保存(S) 命令。

9.2　创建方法二（体积块法）

方法简介：

采用体积块法进行该零件模具设计的主要思路：先创建出模具的主体积块；然后，通过"分割"及"抽取"命令来完成上下模体积块的创建。

下面将介绍利用体积块法进行模具设计的过程。图 9.22 所示为打火机压盖的模具开模图。

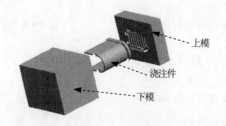

上模
浇注件
下模

图 9.22　创建方法二

注意：操作前，务必拭除内存中的所有文件，否则可能会使后面的操作紊乱。其操作

方法是：选择下拉菜单 文件 ▾ ➡ 关闭(C) 命令，关闭所有窗口；选择下拉菜单
文件 ▾ ➡ 管理会话(M) ▶ ➡ 拭除未显示的(D) 从此会话中移除不在窗口中的所有对象。 命令，在"拭除未显示的"对话框中单
击 确定 按钮。拭除内存中的所有文件。

Task1．新建一个模具制造模型

Step1．将工作目录设置至 D:\creo3.6\work\ch09。

Step2．新建一个模具型腔文件，命名为 press_mold；选取 mmns_mfg_mold 模板。

Task2．建立模具模型

Stage1．引入参考模型

步骤参见方法一。

Stage2．创建坯料

自动创建图 9.23 所示的坯料，操作步骤如下。

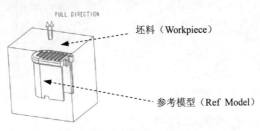

图 9.23　模具模型

Step1．单击 模具 功能选项卡 参考模型和工件 区域中的按钮 工件 ▾，然后在系统弹出的列表中
选择 自动工件 命令，系统弹出"自动工件"对话框。

Step2．在模型树中选择 ✕ MOLD_DEF_CSYS，然后在"自动工件"对话框的 偏移 区域中的
统一偏移 文本框中输入数值 5，并按回车键。

Step3．单击 确定 按钮，完成坯料的创建。

Task3．设置收缩率

将参考模型收缩率设置为 0.006。

Task4．创建体积块

Step1．选择 模具 功能选项卡 分型面和模具体积块 ▾ 区域中的 模具体积块 ▾ ➡ 模具体积块 命令。

Step2．拉伸体积块。

（1）选择命令。单击 编辑模具体积块 功能选项卡 形状 ▾ 区域中的 拉伸 按钮，此时系统

弹出"拉伸"操控板。

（2）定义草绘截面放置属性。在图形区右击，从系统弹出的菜单中选择 定义内部草绘... 命令；在系统 选择一个平面或曲面以定义草绘平面. 的提示下，选取图 9.24 所示的坯料表面为草绘平面，箭头方向为草绘视图方向，然后选取图 9.24 所示的坯料侧面为参考平面，方向为 右 ，然后单击 草绘 按钮。

（3）绘制截面草图。进入草绘环境后，选取图 9.25 所示的边线为参考；然后单击 关闭(C) 按钮，绘制图 9.25 所示的截面草图（为一矩形），完成截面的绘制后，单击"草绘"操控板中的"确定"按钮 ✔ 。

（4）定义深度类型。在操控板中选取深度类型 ⊥（到选定的），选择图 9.26 所示的面为拉伸终止面。

（5）在"拉伸"选项卡中单击 ✔ 按钮，完成特征的创建。

Step3. 在 编辑模具体积块 选项卡中单击"确定"按钮 ✔，完成体积块的创建。

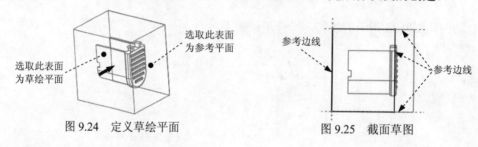

选取此表面为参考平面

选取此表面为草绘平面

图 9.24　定义草绘平面

参考边线

参考边线

图 9.25　截面草图

Task5. 分割新的模具体积块

Step1. 选择 模具 功能选项卡 分型面和模具体积块 ▼ 区域中的 模具体积块 ▼ ➡ 体积块分割 命令（即用"分割"的方法构建体积块）。

Step2. 在系统弹出的 ▼ SPLIT VOLUME（分割体积块）菜单中，选择 Two Volumes（两个体积块）➡ All Wrkpcs（所有工件）➡ Done（完成）命令，此时系统弹出"分割"对话框和"选择"对话框。

Step3. 定义分割对象。选取 Task4 创建的体积块为分割对象，在"选择"对话框中单击 确定 按钮。

Step4. 在"分割"对话框中单击 确定 按钮。

Step5. 此时系统弹出"属性"对话框，同时模型的下半部分变亮，在该对话框中单击 着色 按钮，着色后的模型如图 9.27 所示；然后，在对话框中输入名称 lower_vol，单击 确定 按钮。

Step6. 此时系统弹出"属性"对话框，同时模型的上半部分变亮，在该对话框中单击 着色 按钮，着色后的模型如图 9.28 所示；然后，在对话框中输入名称 upper_vol，单击 确定 按钮。

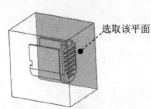

图 9.26 拉伸终止面

图 9.27 着色后的下半部分体积块

图 9.28 着色后的上半部分体积块

Task6. 抽取模具元件

Step1. 选择 **模具** 功能选项卡 元件 ▼ 区域中的 模具元件▼ ➡ 型腔镶块 命令，系统弹出"创建模具元件"对话框。

Step2. 在系统弹出的"创建模具元件"对话框中选取体积块 UPPER_VOL 和 LOWER_VOL，然后单击 确定 按钮。

Task7. 生成浇注件

将浇注件的名称命名为 molding。

Task8. 定义开模动作

步骤参见方法一。

实例 **10** 用两种方法进行模具设计（四）

本实例将讲述一个图 10.1 所示的具有复杂外形的模具设计，对该模具的设计仍将介绍两种方法：分型面法和体积块法。通过对本实例的学习，希望读者能够体会出这两种方法的设计精髓之处，并能根据实际情况的不同，灵活地进行运用。

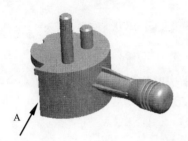

图 10.1 零件模型

10.1 创建方法一（分型面法）

方法简介：

采用分型面法进行该零件模具的设计思路与前面的两个实例相类似，不同的是，使用种子面和边界面的选取方法较为复杂，希望读者从本实例中可以完全掌握这种快速选取面的方法，并可以灵活运用。

下面将介绍利用分型面法进行模具设计的过程。图 10.2 为模具零件的开模图。

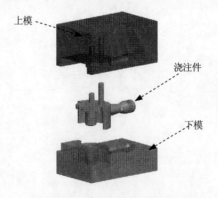

图 10.2 具有复杂外形的模具设计

Task1. 新建一个模具制造模型文件

Step1. 将工作目录设置至 D:\creo3.6\work\ch10。

Step2. 新建一个模具型腔文件，命名为 handle-body_mold；选取 `mmns_mfg_mold` 模板。

Task2. 建立模具模型

Stage1. 引入参考模型

Step1. 单击 **模具** 功能选项卡 `参考模型和工件` 区域中的按钮 `参考模型▼`，然后在系统弹出的列表中选择 `定位参考模型` 命令，系统弹出"打开""布局"对话框和 `▼ CAV LAYOUT（型腔布置）` 菜单管理器。

Step2. 在"打开"对话框中选取三维零件模型 handle-body.prt 作为参考零件模型，并将其打开，系统弹出"创建参考模型"对话框。

Step3. 在"创建参考模型"对话框中选中 `◉ 按参考合并` 单选项，然后在 `参考模型` 文本框中接受默认的名称，再单击 `确定` 按钮。

Step4. 在"布局"对话框的 `布局` 区域中单击 `◉ 单一` 单选项，在"布局"对话框中单击 `预览` 按钮，结果如图 10.3 所示。

Step5. 调整模具坐标系。

（1）在"布局"对话框中的 `参考模型起点与定向` 区域中单击 `↖` 按钮，系统弹出"获得坐标系类型"菜单。

（2）定义坐标系类型。在"获得坐标系类型"菜单中选择 `Dynamic（动态）` 命令，系统弹出"参考模型方向"对话框。

（3）旋转坐标系。在轴的区域中单击 `Y` 按钮，在"参考模型方向"对话框的 `值` 文本框中输入数值 90。

（4）在"参考模型方向"对话框中单击 `确定` 按钮；在"布局"对话框中单击 `确定` 按钮；系统弹出"警告"对话框，单击 `确定` 按钮。在 `▼ CAV LAYOUT（型腔布置）` 菜单中单击 `Done/Return（完成/返回）` 命令，完成坐标系的调整。结果如图 10.4 所示。

图 10.3　调整模具坐标系前

图 10.4　调整模具坐标系后

Stage2. 创建坯料

手动创建图 10.5 所示的坯料，操作步骤如下。

Step1. 单击 **模具** 功能选项卡 `参考模型和工件` 区域中的按钮 `工件▼`，然后在系统弹出的列表中

选择 创建工件 命令，系统弹出"创建元件"对话框。

Step2. 在系统弹出的"创建元件"对话框中，在 类型 区域选中 ⊙ 零件 单选项，在 子类型 区域选中 ⊙ 实体 单选项，在 名称 文本框中输入元件的名称 wp；单击 确定 按钮。

Step3. 在系统弹出的"创建选项"对话框中选中 ⊙ 创建特征 单选项，然后单击 确定 按钮。

Step4. 创建坯料特征。

（1）选择命令。单击 模具 功能选项卡 形状 ▼ 区域中的 拉伸 按钮。

（2）创建实体拉伸特征。

① 选取拉伸类型。在出现的操控板中，确认"实体"类型按钮 □ 被按下。

② 定义草绘截面放置属性。在绘图区中右击，从系统弹出的快捷菜单中选择 定义内部草绘... 命令。选择 MOLD_RIGHT 基准平面作为草绘平面，草绘平面的参考平面为 MAIN_PARTING_PLN 基准平面，方位为 左 ；单击 草绘 按钮，至此系统进入截面草绘环境。

③ 绘制截面草图。进入截面草绘环境后，选取 MOLD_FRONT 基准平面和 MAIN_PARTING_PLN 基准平面为草绘参考，然后单击 关闭(C) 按钮，截面草图如图 10.6 所示；完成特征截面的绘制后，单击"草绘"操控板中的"确定"按钮 ✓ 。

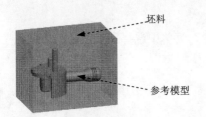

图 10.5　模具模型

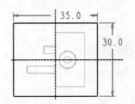

图 10.6　截面草图

④ 选取深度类型并输入深度值。在操控板中单击 选项 按钮，从系统弹出的界面中选取 侧 1 的深度类型 ⊥ 盲孔 ，再在深度文本框中输入深度值 35.0，并按回车键；然后选取 侧 2 的深度类型 ⊥ 盲孔 ，再在深度文本框中输入深度值 12.0，并按回车键。

⑤ 完成特征。在 拉伸 操控板中单击 ✓ 按钮。完成特征的创建。

Task3．设置收缩率

将参考模型收缩率设置为 0.006。

Task4．创建分型面

下面的操作是创建模具的分型面（图 10.7），其操作过程如下。

Step1. 单击 模具 功能选项卡 分型面和模具体积块 ▼ 区域中的"分型面"按钮 □ 。系统弹出 "分型面" 功能选项卡。

Step2. 在系统弹出的"分型面"功能选项卡中的 控制 区域单击"属性"按钮 🖻，在"属性"对话框中输入分型面名称 PS_SURF，单击 确定 按钮。

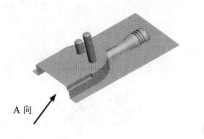

从 A 向查看

A 向

图 10.7　创建分型面

Step3. 为了方便选取图元，将坯料遮蔽。在模型树中右击 ⬚WP.PRT，从系统弹出的快捷菜单中选择 遮蔽 命令。

Step4. 通过曲面复制的方法，复制参考模型上的外表面，如图 10.8 所示。

（1）采用"种子面与边界面"的方法选取所需要的曲面。用户分别选取种子面和边界面后，系统会自动选取从种子面开始向四周延伸直到边界面的所有曲面（其中包括种子面，但不包括边界面）。在屏幕右下方的"智能选取栏"中选择"几何"选项。

（2）下面先选取"种子面"，操作方法如下。

① 将模型调整到图 10.9 所示的视图方位，先将鼠标指针移至模型中的目标位置，即图 10.9 中 handle-body 伸出的长圆柱的外表面（种子面）附近，右击，然后在系统弹出的快捷菜单中选取 从列表中拾取 命令。

② 选择 曲面:F1(外部合并):HANDLE-BODY_MOLD_REF 元素，此时图 10.9 中的 handle-body 伸出的长圆柱的外表面会加亮，该圆柱表面就是所要选择的"种子面"。最后，在"从列表中拾取"对话框中单击 确定(0) 按钮。

　　　　　　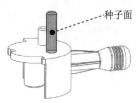

种子面

图 10.8　创建复制曲面　　　　　　图 10.9 定义种子面

（3）选取"边界面"（boundary surface），操作方法如下。

① 按住 Shift 键，选取图 10.10 中的 handle-body 整个端面为边界面，此时图中的整个端面会加亮。

② 依次选取所有的边界面（全部加亮）后，松开 Shift 键，完成"边界面"的选取。操作完成后，整个模型上表面均被加亮，如图 10.11 所示。

注意：在选取"边界面"的过程中，要保证 Shift 键始终被按下，直至所有"边界面"

均选取完毕，否则不能达到预期的效果。

（4）单击 **模具** 功能选项卡 操作 ▼ 区域中的"复制"按钮 ⧉ 。

（5）单击 **模具** 功能选项卡 操作 ▼ 区域中的"粘贴"按钮 ⧉▼ ，系统弹出 **曲面：复制** 操控板。

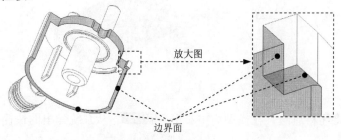
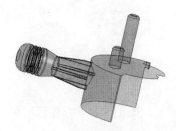

图 10.10 定义边界面   图 10.11   加亮的曲面

（6）在 **曲面：复制** 操控板中单击 ✔ 按钮。

Step5. 通过"拉伸"的方法，创建图 10.12 所示的拉伸曲面。

（1）将坯料取消遮蔽。在模型树中右击 WP.PRT ，从系统弹出的快捷菜单中选择 取消遮蔽 命令。

（2）单击 **分型面** 功能选项卡 形状 ▼ 区域中的"拉伸"按钮 ⧄拉伸 ，此时系统弹出"拉伸"操控板。

（3）定义草绘截面放置属性。在绘图区空白处右击，从系统弹出的菜单中选择 定义内部草绘... 命令；在系统 ➡选择一个平面或曲面以定义草绘平面· 的提示下，选取图 10.13 所示的坯料表面 1 为草绘平面，接受图 10.13 中默认的箭头方向为草绘视图方向，然后选取图 10.13 所示的坯料表面 2 为参考平面，方向为 右 。单击 草绘 按钮，至此系统进入截面草绘环境。

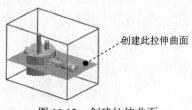
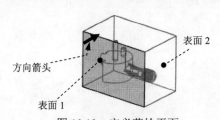

图 10.12   创建拉伸曲面   图 10.13   定义草绘平面

（4）绘制截面草图。

① 选取图 10.14 所示的坯料的边线为草绘参考。

② 在模型树中选择 ▤▼ ➡ 层树(L) 命令，然后依次单击 ▼ 🝆 DATUM ➡

▶ ▱ 在HANDLE-BODY_MOLD_REF.PRT中 ➡ 🝆 DTM2:F1(外部合并) 为草绘参考。

③ 选取图 10.14 所示的边线为草绘参考，然后在"参考"对话框中单击 关闭(C) 按钮，绘制图 10.14 所示的截面草图（截面草图为一条线段）；完成截面的绘制后，单击"草绘"操控板中的"确定"按钮 ✔ 。

（5）设置深度选项。

① 在操控板中选取深度类型 ⊥ （到选定的）。

② 将模型调整到图 10.15 所示的视图方位，选取图中所示的坯料表面为拉伸终止面。

③ 在操控板中单击 ✓ 按钮，完成特征的创建。在模型树中选择 🗒 ▾ ➡ **模型树**(M)命令。

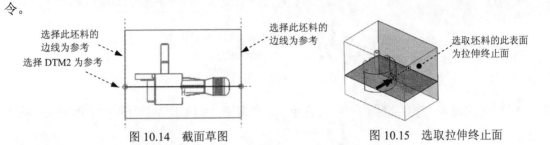

图 10.14 截面草图   图 10.15 选取拉伸终止面

Step6. 将复制面组与拉伸面组进行合并，如图 10.16 所示。

（1）遮蔽参考件和坯料。选择 **视图** 功能选项卡 **可见性** 区域中的"模具显示"按钮 👁 ，系统弹出"遮蔽-取消遮蔽"对话框，在该对话框中按下 □**元件** 按钮，单击对话框下方的"选择所有对象"按钮 ≡ ，此时 ⬡ HANDLE-BODY_MOLD_REF 和 ▱ WP 被选中，再单击下方的 **遮蔽** 按钮，最后单击 **关闭** 按钮。

a）合并前   b）合并后

图 10.16 合并面组

（2）按住 Ctrl 键，在模型树中选取复制面组和上一步创建的拉伸曲面。

（3）单击 **分型面** 功能选项卡 **编辑** ▾ 区域中的 ⬭合并 按钮，此时系统弹出"合并"操控板。

（4）在"合并"操控板中单击 ⚹ 按钮，在模型中选取要合并的面组的侧。

（5）在 **合并** 操控板中单击 ✓ 按钮。

Step7. 将合并后的表面延伸至坯料的表面。

（1）选取图 10.17 所示的边线。

注意：必须随着选取的第一条线段，按住 Shift 键，依次选取图 10.17 中所加亮的线段，线段之间不能间隔，否则无法选取加亮线段。

（2）单击 **分型面** 功能选项卡 **编辑** ▾ 区域的 ⬚延伸 按钮，此时出现 *延伸* 操控板。

（3）将坯料的遮蔽取消。

（4）选取延伸的终止面。

① 在操控板中按下按钮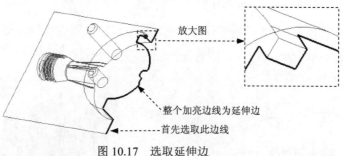（延伸类型为"至平面"）。

图 10.17　选取延伸边

② 在系统 选择曲面延伸所至的平面. 的提示下，选取图 10.18 所示的坯料的表面为延伸的终止面。

③ 单击 按钮。完成后的延伸曲面如图 10.19 所示。

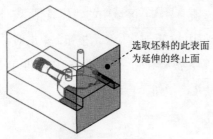

图 10.18　选取延伸的终止面

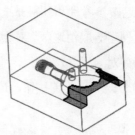

图 10.19　完成后的延伸曲面

Step8. 在"分型面"选项卡中单击"确定"按钮，完成分型面的创建。

Task5. 构建模具元件的体积块

Step1. 选择 模具 功能选项卡 分型面和模具体积块 ▼ 区域中的 模具体积块▼ ➡ 体积块分割 命令（即用"分割"的方法构建体积块）。

Step2. 在系统弹出的 ▼ SPLIT VOLUME（分割体积块）菜单中，依次选择 Two Volumes（两个体积块） ➡ All Wrkpcs（所有工件）➡ Done（完成）命令。此时系统弹出"分割"对话框和"选择"对话框。

Step3. 选取分型面。在系统 为分割工件选择分型面. 的提示下，选取分型面 PS_SURF，然后单击"选择"对话框中的 确定 按钮。

Step4. 单击"分割"信息对话框中的 确定 按钮。

Step5. 系统弹出"属性"对话框，同时模型中的体积块的上半部分变亮，在该对话框中单击 着色 按钮，着色后的体积块如图 10.20 所示。然后在对话框中输入名称 upper_vol，单击 确定 按钮。

Step6. 系统弹出"属性"对话框，同时模型中的体积块的下半部分变亮，在该对话框中

单击 着色 按钮，着色后的体积块如图 10.21 所示。然后在对话框中输入名称 lower_vol，单击 确定 按钮。

图 10.20 着色后的上半部分体积块   图 10.21 着色后的下半部分体积块

Task6. 抽取模具元件及生成浇注件

将浇注件的名称命名为 handle-body_molding。

Task7. 定义开模动作

Step1. 将参考零件、坯料和分型面在模型中遮蔽起来，将模型的显示状态切换到实体显示方式。

Step2. 开模步骤 1。移动上模，输入要移动的距离值 30，结果如图 10.22 所示。

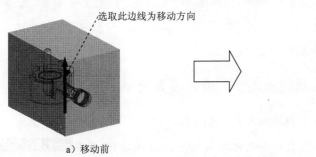

选取此边线为移动方向

a）移动前   b）移动后

图 10.22 移动上模

Step3. 开模步骤 2。移动下模，输入要移动的距离值-25。结果如图 10.23 所示。

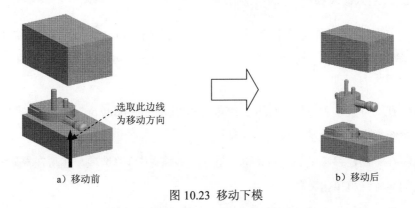

选取此边线为移动方向

a）移动前   b）移动后

图 10.23 移动下模

10.2 创建方法二（体积块法）

方法简介：

采用体积块法进行该零件模具设计的思路：首先，通过"模具体积块"命令来创建出主体积块；其次，通过前面创建出的主体积块来完成上下模的创建；最后，进行模具的开模。

下面将介绍利用体积块法进行模具设计的过程。图 10.24 为模具零件的开模图。

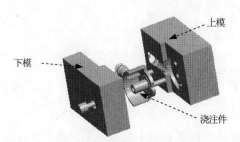

图 10.24 创建方法二

注意： 操作前，务必拭除内存中的所有文件，否则可能会使后面的操作紊乱。其操作方法是：选择下拉菜单 文件 ➡ 关闭(C) 命令，关闭所有窗口；选择下拉菜单 文件 ➡ 管理会话(M) ▶ ➡ 拭除未显示的(D) 从此会话中移除不在窗口中的所有对象。 命令，在"拭除未显示的"对话框中单击 确定 按钮。拭除内存中的所有文件。

Task1. 新建一个模具制造模型，进入模具模块

Step1. 将工作目录设置至 D:\creo3.6\work\ch10。

Step2. 新建一个模具型腔文件，命名为 handle-body_mold；选取 mmns_mfg_mold 模板。

Task2. 建立模具模型

Stage1. 引入参考模型

Step1. 单击 **模具** 功能选项卡 参考模型和工件 区域中的按钮 参考模型▼，然后在系统弹出的列表中选择 定位参考模型 命令，系统弹出"打开""布局"对话框和 ▼ CAV LAYOUT （型腔布置）菜单管理器。

Step2. 在"打开"对话框中选取三维零件模型 handle-body.prt 作为参考零件模型，并将其打开，系统弹出"创建参考模型"对话框。

Step3. 在"创建参考模型"对话框中选中 ⊙ 按参考合并 单选项，然后在 参考模型 文本框中接受默认的名称，再单击 确定 按钮。

Step4. 在"布局"对话框的 布局 区域中单击 ⊙ 单一 单选项，在"布局"对话框中单击

预览 按钮，结果如图 10.25 所示。

Step5. 调整模具坐标系。

（1）在"布局"对话框中的 参考模型起点与定向 区域中单击 ↖ 按钮，系统弹出"获得坐标系类型"菜单。

（2）定义坐标系类型。在"获得坐标系类型"菜单中选择 Dynamic（动态）命令，系统弹出"参考模型方向"对话框。

（3）旋转坐标系。在轴的区域中单击 Y 按钮，在"参考模型方向"对话框的 值 文本框中输入数值 90。

（4）在"参考模型方向"对话框中单击 确定 按钮；在"布局"对话框中单击 确定 按钮；系统弹出"警告"对话框，单击 确定 按钮。在 ▼ CAV LAYOUT（型腔布置）菜单中单击 Done/Return（完成/返回）命令，完成坐标系的调整。结果如图 10.26 所示。

图 10.25 调整模具坐标系前

图 10.26 调整模具坐标系后

Stage2. 创建坯料

自动创建图 10.27 所示的坯料，操作步骤如下。

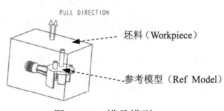

图 10.27 模具模型

Step1. 在模型树界面中选择"设置"按钮 ⬇ ➡ 树过滤器(F)... 命令。在系统弹出的"模型树项"对话框中选中 ✔特征 复选框，然后单击 确定 按钮。

Step2. 单击 模具 功能选项卡 参考模型和工件 区域中的按钮 工件 ，然后在系统弹出的列表中选择 自动工件 命令，系统弹出"自动工件"对话框。

Step3. 在模型树中选择 ✗ MOLD_DEF_CSYS ，然后在"自动工件"对话框的 偏移 区域中的 统一偏移 文本框中输入数值 5，并按回车键。

Step4. 单击 确定 按钮，完成坯料的创建。

Task3. 设置收缩率

Step1. 单击 **模具** 功能选项卡 修饰符 区域中 收缩 按钮后的"小三角"按钮，在系统弹出的菜单中单击 按尺寸收缩 按钮。

Step2. 系统弹出"按尺寸收缩"对话框，确认 公式 区域的 1+S 按钮被按下，在 收缩选项 区域选中 更改设计零件尺寸 复选框，在 收缩率 区域的 比率 栏中输入收缩率值 0.006，并按回车键，然后单击对话框中的 按钮。

Task4. 创建主体积块

Stage1. 创建一个基准平面

这里要创建的基准平面 ADTM1，将作为后面体积块的参考平面。ADTM1 位于坯料的中间位置。

Step1. 创建图 10.28 所示的基准点 APNT0。

① 在 **模具** 功能选项卡 基准 ▼ 区域单击创建"基准点"按钮 。

② 在图 10.28 中选取坯料的边线。

③ 在"基准点"对话框的下拉列表中选取 居中 选项。

④ 在"基准点"对话框中单击 确定 按钮。

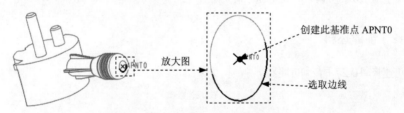

图 10.28 创建基准点 APNT0

Step2. 穿过基准点 APNT0，创建图 10.29 所示的基准平面 ADTM1。操作过程如下。

① 在 **模具** 功能选项卡 基准 ▼ 区域单击工具栏中的创建"基准平面"按钮 。

② 选取基准点 APNT0。

③ 按住 Ctrl 键，选取图 10.30 所示的工件上表面。

④ 在"基准平面"对话框中单击 确定 按钮。

图 10.29 创建基准平面 DTM1

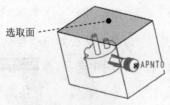

图 10.30 选取面

Stage2. 创建第一个体积块

Step1. 选择 **模具** 功能选项卡 分型面和模具体积块 ▼ 区域中的 模具体积块▼ ➡ 📇模具体积块 命令。

Step2. 拉伸主体积块。

（1）选择命令。单击 **编辑模具体积块** 功能选项卡 形状 ▼ 区域中的 拉伸 按钮，此时系统弹出"拉伸"操控板。

（2）定义草绘截面放置属性。在图形区右击，从系统弹出的菜单中选择 定义内部草绘... 命令；在系统 ➡ 选择一个平面或曲面以定义草绘平面. 的提示下，选取图 10.31 所示的坯料表面为草绘平面，接受默认的箭头方向为草绘视图方向，然后选取图 10.31 所示的坯料侧面为参考平面，方向为 右 。然后单击 草绘 按钮。

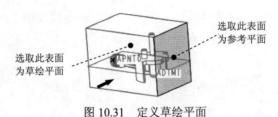

图 10.31 定义草绘平面

（3）绘制截面草图。进入草绘环境后，选取图 10.32 所示的坯料边线为参考；然后单击 关闭(C) 按钮，绘制图 10.32 所示的截面草图，完成截面的绘制后，单击"草绘"操控板中的"确定"按钮 ✔ 。

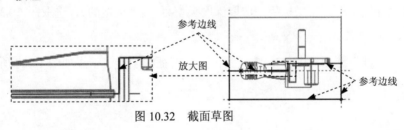

图 10.32 截面草图

（4）定义深度类型。在操控板中选择深度类型 ⊥ （到选定的），选取图 10.33 所示的面为拉伸终止面。

（5）在"拉伸"选项卡中单击 ✔ 按钮，完成特征的创建。

Step3. 在 **编辑模具体积块** 选项卡中单击"确定"按钮 ✔ ，完成体积块的创建。结果如图 10.34 所示。

图 10.33 拉伸终止面

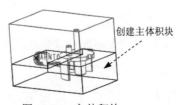

图 10.34 主体积块

Stage3．创建镶件体积块

Step1．选择命令。选择 **模具** 功能选项卡 分型面和模具体积块 ▼ 区域中的 模具体 积块 ▼ ➡

⬛模具体积块 命令。

Step2．创建拉伸镶件体积块一。

（1）选择命令。单击 **编辑模具体积块** 功能选项卡 形状 ▼ 区域中的 拉伸 按钮，此时系统弹出"拉伸"操控板。

（2）定义草绘截面放置属性。在图形区右击，从系统弹出的菜单中选择 定义内部草绘... 命令；在系统 ➡选择一个平面或曲面以定义草绘平面. 的提示下，选取图 10.35 所示的坯料表面为草绘平面，接受默认的箭头方向为草绘视图方向，然后选取图 10.35 所示的坯料顶面为参考平面，方向为 上 。然后单击 草绘 按钮。

（3）绘制截面草图。进入草绘环境后，利用"投影"命令绘制图 10.36 所示的截面草图；完成截面的绘制后，单击"草绘"操控板中的"确定"按钮 ✔ 。

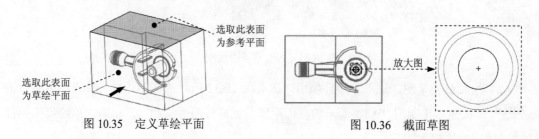

图 10.35　定义草绘平面　　　　　　　　图 10.36　截面草图

（4）定义深度类型。在操控板中选取深度类型 ⬛（到选定的），选取图 10.37 所示的面为拉伸终止面。

（5）在"拉伸"选项卡中单击 ✔ 按钮，完成特征的创建。结果如图 10.38 所示。

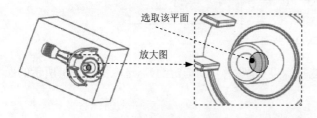
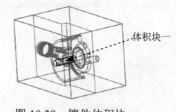

图 10.37　拉伸终止面　　　　　　　　　图 10.38　镶件体积块一

Step3．创建拉伸镶件体积块二。

（1）选择命令。单击 **编辑模具体积块** 功能选项卡 形状 ▼ 区域中的 拉伸 按钮，此时系统弹出"拉伸"操控板。

（2）定义草绘截面放置属性。在图形区右击，从系统弹出的菜单中选择 定义内部草绘... 命令；在系统 ➡选择一个平面或曲面以定义草绘平面. 的提示下，选取图 10.39 所示的坯料表面为草绘平面，接受默认的箭头方向为草绘视图方向，然后选取图 10.39 所示的坯料顶面为参考平面，方向

为 上 。然后单击 草绘 按钮。

（3）绘制截面草图。进入草绘环境后，绘制图 10.40 所示的截面草图，完成截面的绘制后，单击"草绘"操控板中的"确定"按钮 ✓ 。

图 10.39　定义草绘平面　　　　　　　　图 10.40　截面草图

（4）定义深度类型。在操控板中选取深度类型 ⌶ ，在深度文本框中输入深度值-5.0。

（5）在"拉伸"选项卡中单击 ✓ 按钮，完成特征的创建。

Step4. 在 **编辑模具体积块** 选项卡中单击"确定"按钮 ✓ ，完成体积块的创建。

说明：在进入体积块模式下创建的所有特征都是属于同一个体积块的，系统将自动将这些特征合并在一起。

Task5．分割新的模具体积块

Stage1．用主体积块分割上、下模

Step1. 选择 **模具** 功能选项卡 分型面和模具体积块 ▼ 区域中的 模具体积块 ▼ ➡ 体积块分割 命令（即用"分割"的方法构建体积块）。

Step2. 在系统弹出的 ▼ SPLIT VOLUME (分割体积块) 菜单中，依次选择 Two Volumes (两个体积块) ➡ All Wrkpcs (所有工件) ➡ Done (完成) 命令。此时系统弹出"分割"对话框和"选择"对话框。

Step3. 定义分割对象。选取 Task4 中图 10.34 所示的主体积块为分割对象，在"选择"对话框中单击 确定 按钮。

Step4. 在"分割"对话框中单击 确定 按钮。

Step5. 此时，系统弹出"属性"对话框，在该对话框中单击 着色 按钮，着色后的模型如图 10.41 所示；然后在对话框中输入名称 lower_vol，单击 确定 按钮。

Step6. 此时，系统弹出"属性"对话框，在该对话框中单击 着色 按钮，着色后的模型如图 10.42 所示；然后在对话框中输入名称 upper_vol，单击 确定 按钮。

Stage2．分割镶件

Step1. 选择 **模具** 功能选项卡 分型面和模具体积块 ▼ 区域中的 模具体积块 ▼ ➡ 体积块分割 命令（即用"分割"的方法构建体积块）。

图 10.41　着色后的下半部分体积块　　　图 10.42　着色后的上半部分体积块

Step2. 选择 ▼ SPLIT VOLUME (分割体积块) ➡ One Volume (一个体积块) ➡

Mold Volume (模具体积块) ➡ **Done (完成)** 命令，此时系统弹出"搜索工具"对话框。

Step3. 在系统弹出的"搜索工具"对话框中，单击列表中的 面组:F13(LOWER_VOL) 体积块，然后单击 `>>` 按钮，将其加入到 已选择 0 个项: 列表中，再单击 关闭 按钮。

Step4. 用"列表选取"的方法选取分型面。

（1）在系统 ➡为分割选定的模具体积块选择分型面. 的提示下，将鼠标指针移至模型中镶件的位置右击，从快捷菜单中选取 从列表中拾取 命令。

（2）在系统弹出的"从列表中拾取"对话框中，单击列表中的 面组:F10(MOLD_VOL_2)。

（3）单击"选择"对话框中的 确定 按钮，系统弹出 ▼ 岛列表 菜单。在"岛列表"菜单中选中 ✔ 岛2 复选框，选择 Done Sel (完成选择) 命令。

Step5. 单击"分割"信息对话框中的 确定 按钮。

Step6. 系统弹出"属性"对话框，然后在对话框中输入名称 insert-vol，单击 确定 按钮。

Task6. 抽取模具元件

Step1. 选择 模具 功能选项卡 元件 ▼ 区域中的 模具元件▼ ➡ 型腔镶块 命令，系统弹出"创建模具元件"对话框。

Step2. 在系统弹出的"创建模具元件"对话框中，选取体积块 UPPER_VOL 、 LOWER_VOL 和 INSERT_VOL，然后单击 确定 按钮。

Task7. 生成浇注件

将浇注件的名称命名为 molding。

Task8. 定义开模动作

Step1. 将参考零件、坯料和体积块在模型中遮蔽起来，将模型的显示状态切换到实体显示方式。

Step2. 开模步骤 1。移动上模，输入要移动的距离值-30，参见方法一。

Step3. 开模步骤 2。移动镶件，输入要移动的距离值-60，结果如图 10.43 所示。

Step4. 开模步骤 3。移动下模，参见方法一。

Step5. 保存设计结果。单击 **模具**功能选项卡中 操作 ▼ 区域的 重新生成 ▼ 按钮，在系统弹出的下拉菜单中单击 重新生成 按钮，选择下拉菜单 文件 ▼ ➡ 保存(S) 命令。

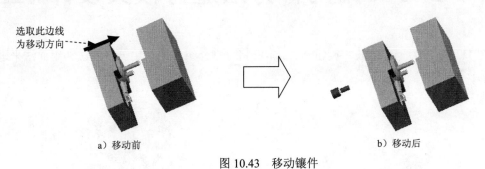

选取此边线
为移动方向

a）移动前　　　　　　　　　　　　　　b）移动后

图 10.43　移动镶件

实例 **11** 用两种方法进行模具设计（五）

图 11.1 所示为一个微波炉旋钮开关，本例将分别介绍如何利用分型面法和组件法来进行模具设计。

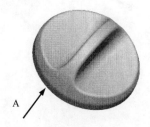 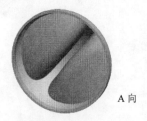

A   A 向

图 11.1 零件模型

11.1 创建方法一（分型面法）

方法简介：

下面以图 11.2 所示的模具为例，说明采用阴影法设计分型面的操作过程。图 11.2 为微波炉开关旋钮（MICRO-OVEN_SWITCH）的模具开模图。

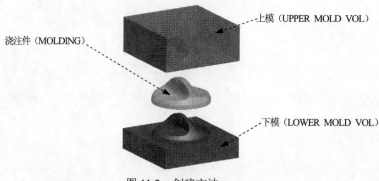

浇注件（MOLDING）   上模（UPPER MOLD VOL）

下模（LOWER MOLD VOL）

图 11.2 创建方法一

Task1. 新建一个模具制造模型文件

Step1. 将工作目录设置至 D:\creo3.6\work\ch11。

Step2. 新建一个模具型腔文件，命名为 micro-oven_switch_mold；选取 `mmns_mfg_mold` 模板。

Task2. 建立模具模型

Stage1. 引入参考模型

Step1. 单击 **模具** 功能选项卡 参考模型和工件 区域中的按钮 ▼ 参考模 型 ▼ ，然后在系统弹出的列表中选择 组装参考模型 命令，系统弹出"打开"对话框。

Step2. 在"打开"对话框中选取三维零件模型 micro-oven_switch.prt 作为参考零件模型，然后单击 打开 按钮。

Step3. 系统弹出"元件放置"操控板，在"约束"类型下拉列表中选择 默认 选项，将参考模型按默认放置，再在操控板中单击 ✓ 按钮。

Step4. 在"创建参考模型"对话框中选中 ◉ 按参考合并 单选项，然后在 参考模型 区域的 名称 文本框中接受系统给出的默认的参考模型名称，单击 确定 按钮。

Stage2. 创建坯料

手动创建图 11.3 所示的坯料，操作步骤如下。

Step1. 单击 **模具** 功能选项卡 参考模型和工件 区域中的按钮 工件 ▼ ，然后在系统弹出的列表中选择 创建工件 命令，系统弹出"创建元件"对话框。

Step2. 在系统弹出的"创建元件"对话框中，在 类型 区域选中 ◉ 零件 单选项，在 子类型 区域选中 ◉ 实体 单选项，在 名称 文本框中输入元件的名称 wp；单击 确定 按钮。

Step3. 在系统弹出的"创建选项"对话框中选中 ◉ 创建特征 单选项，然后单击 确定 按钮。

Step4. 创建坯料特征。

（1）选择命令。单击 **模具** 功能选项卡 形状 ▼ 区域中的 拉伸 按钮。

（2）创建实体拉伸特征。

① 选取拉伸类型。在出现的操控板中，确认"实体"类型按钮 □ 被按下。

② 定义草绘截面放置属性。在绘图区中右击，从系统弹出的快捷菜单中选择 定义内部草绘... 命令。选择 MAIN_PARTING_PLN 基准平面作为草绘平面，草绘平面的参考平面为 MOLD_RIGHT 基准平面，方位为 右 ，单击 草绘 按钮，至此系统进入截面草绘环境。

③ 绘制截面草图。进入截面草绘环境后，选取 MOLD_RIGHT 基准平面和 MOLD_FRONT 基准平面为草绘参考，截面草图如图 11.4 所示；完成特征截面的绘制后，单击"草绘"操控板中的"确定"按钮 ✓ 。

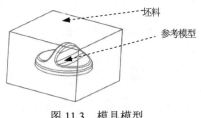

图 11.3 模具模型

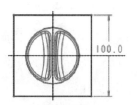

图 11.4 截面草图

④ 选取深度类型并输入深度值。在操控板中单击 选项 按钮，从系统弹出的界面中选取 侧 1 的深度类型 ⊥ 盲孔，再在深度文本框中输入深度值 45.0，并按回车键；然后选取 侧 2 的深度类型 ⊥ 盲孔，再在深度文本框中输入深度值 20.0，并按回车键。

⑤ 完成特征。在 拉伸 操控板中单击 ✔ 按钮，完成特征的创建。

Task3. 设置收缩率

将参考模型收缩率设置为 0.006。

Task4. 用阴影法创建分型面

下面将创建图 11.5 所示的分型面，以分离模具的上模型腔和下模型腔。

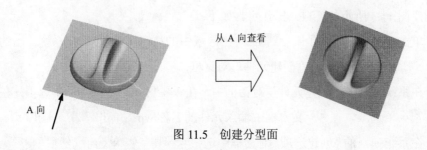

A 向

图 11.5　创建分型面

Step1. 单击 模具 功能选项卡 分型面和模具体积块 ▾ 区域中的"分型面"按钮 ⬠，系统弹出"分型面"功能选项卡。

Step2. 在系统弹出的"分型面"功能选项卡中的 控制 区域单击"属性"按钮 🖺，在"属性"对话框中输入分型面名称 MAIN_PT_SURF，单击 确定 按钮。

Step3. 单击 分型面 功能选项卡中的 曲面设计 ▾ 按钮，在系统弹出的快捷菜单中单击 阴影曲面 按钮，系统弹出"阴影曲面"对话框。

Step4. 定义光线投影的方向。如果用户已定义了模型的"拖动方向"，则默认的光线投影方向自动为"拖动方向"的相反方向；如果没有定义模型的"拖动方向"，则系统自动弹出图 11.6 所示的 ▾ GEN SEL DIR（一般选取方向）菜单，用户可进行下面的操作来定义光线投影的方向。

（1）在 ▾ GEN SEL DIR（一般选取方向）菜单中选择 Plane（平面）命令（系统默认选取该命令）。

（2）在系统 ⬦ 选择将垂直于此方向的平面. 的提示下，选取图 11.7 所示的坯料表面。

（3）选择 Okay（确定）命令，确认图 11.7 中的箭头方向为光线投影的方向。

Step5. 单击"阴影曲面"对话框中的 预览 按钮，预览所创建的分型面，然后单击 确定 按钮完成操作。

Step6. 在"分型面"选项卡中单击"确定"按钮 ✔，完成分型面的创建。

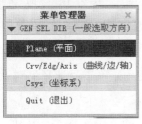

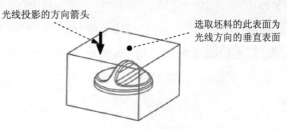

图 11.6　"选取方向"菜单　　　　图 11.7　定义光线投影的方向

Task5. 用分型面创建上下两个体积块

Step1. 选择 **模具** 功能选项卡 分型面和模具体积块 ▼ 区域中的按钮 模具体积块▼ ➡ 体积块分割 命令（即用"分割"的方法构建体积块）。

Step2. 在系统弹出的 ▼SPLIT VOLUME (分割体积块) 菜单中，选择 Two Volumes (两个体积块) ➡ All Wrkpcs (所有工件) ➡ Done (完成) 命令，此时系统弹出"分割"信息对话框和"选择"对话框。

Step3. 在系统 为分割工件选择分型面. 的提示下，选取 MAIN_PT_SURF 分型面，然后单击"选择"对话框中的 确定 按钮。

Step4. 单击"分割"信息对话框中的 确定 按钮。

Step5. 系统弹出"属性"对话框，在该对话框中单击 着色 按钮，着色后的体积块如图 11.8 所示。然后在对话框中输入名称 LOWER_MOLD_VOL，单击 确定 按钮。

Step6. 系统弹出"属性"对话框，在该对话框中单击 着色 按钮，着色后的体积块如图 11.9 所示。然后在对话框中输入名称 UPPER_MOLD_VOL，单击 确定 按钮。

图 11.8　着色后的下半部分体积块　　　　图 11.9　着色后的上半部分体积块

Task6. 抽取模具元件及生成浇注件

将浇注件的名称命名为 micro-oven_switch_molding。

Task7. 定义开模动作

Stage1. 遮蔽参考零件、坯料和分型面

Stage2. 开模步骤 1：移动上模

Step1. 选择 **模具** 功能选项卡 分析▾ 区域中的按钮 "模具开模" 命令 ⧉；在 ▼ `MOLD OPEN (模具开模)` 菜单中选择 `Define Step (定义步骤)` 命令；在 "定义间距" 菜单中选择 `Define Move (定义移动)` 命令；系统弹出 "选择" 对话框。

Step2. 在系统 ⇨为迁移号码1 选择构件. 的提示下，选取上模，并单击 "选择" 对话框中的 `确定` 按钮。

Step3. 在系统 ⇨通过选择边、轴或面选择分解方向. 的提示下，选取图 11.10 所示的边线，然后在 输入沿指定方向的位移 的提示下，输入上模的移动距离值 50，按回车键。

Step4. 在 ▼ `DEFINE STEP (定义步骤)` 菜单中选择 `Done (完成)` 命令。移出后的上模如图 11.10 所示。

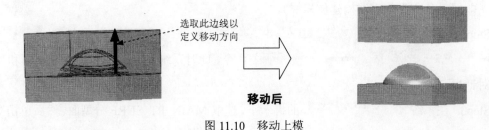

图 11.10　移动上模

Stage3. 开模步骤 2：移动下模

参考开模步骤 1 的操作方法，选取下模，选取图 11.11 所示的边线来定义移动方向，输入下模的移动距离值 -50，按回车键。选择 `Done (完成)` 命令，完成下模的开模动作。

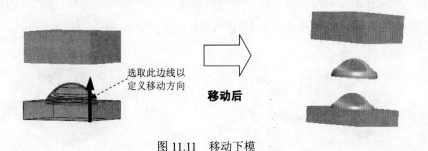

图 11.11　移动下模

11.2　创建方法二（组件法）

方法简介：

"组件法" 是以 Creo 3.0 基本的组装方法为基础，配合一些基本的绘图工具来拆模的。这种方法需要有想象力，如果能想象出上模和下模的样子，就会很容易做。但是相对地，这也会比较繁琐，因为所有的面都要复制，这些面是上下模的表面。下面将介绍利用组件法进行模具设计的过程，如图 11.12 所示。

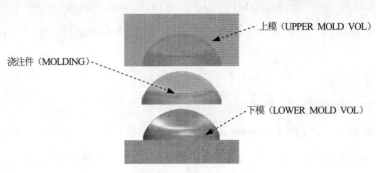

浇注件（MOLDING）

上模（UPPER MOLD VOL）

下模（LOWER MOLD VOL）

图 11.12 创建方法二

Task1. 新建一个模具组件模型文件

Step1. 将工作目录设置至 D:\creo3.6\work\ch11。

Step2. 选择下拉菜单 文件 ▼ ➡ 新建(N) 命令（或单击"新建"按钮 ）。在"新建"对话框中选中 类型 区域中的 ◉ 装配 单选项，选中 子类型 区域中的 ◉ 设计 单选项，在 名称 文本框中输入文件名 micro-oven_switch_mold；取消 ☑ 使用默认模板 复选框中的"√"号，单击该对话框中的 确定 按钮。

Step3. 在系统弹出的"新文件选项"对话框中的模板区域选取 mmns_asm_design 模板，然后在该对话框中单击 确定 按钮。

Task2. 建立模具模型

Stage1. 引入参考模型

Step1. 单击 模型 功能选项卡 元件 ▼ 区域中的 装配 按钮，在系统弹出的菜单中单击 组装 按钮。

Step2. 在"打开"对话框中选取三维零件模型 micro-oven_switch.prt 作为参考零件模型，然后单击 打开 按钮。

Step3. 系统弹出"元件放置"操控板，在"约束"类型下拉列表中选择 默认 选项，将参考模型按默认放置，再在操控板中单击 ✔ 按钮。参考件组装完成后，组件的基准平面与参考模型的基准平面对齐，如图 11.13 所示。

Stage2. 创建坯料

手动创建图 11.14 所示的坯料，操作步骤如下。

Step1. 选择命令。单击 模型 功能选项卡 元件 ▼ 区域中的"创建"按钮 。系统弹出"创建元件"对话框。

Step2. 在系统弹出的"创建元件"对话框中，选中 类型 区域中的 ◉ 零件 单选项，选中 子类型

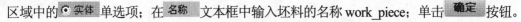

区域中的 ⊙ 实体 单选项；在 名称 文本框中输入坯料的名称 work_piece；单击 确定 按钮。

Step3. 在系统弹出的"创建选项"对话框中选中 ⊙ 创建特征 单选项，然后单击 确定 按钮。

Step4. 创建坯料特征。

（1）单击 模型 功能选项卡 形状 ▼ 区域中的 拉伸 按钮。

（2）在模型树界面中选择 ▽ ▼ ➡ 树过滤器(F)... 命令。在系统弹出的"模型树项"对话框中选中 ☑ 特征 复选框，然后单击 确定 按钮。此时，模型树中会显示出分型面特征。

（3）创建实体拉伸特征。

① 选取拉伸类型。在出现的操控板中，确认"实体"类型按钮 □ 被按下。

② 定义草绘截面放置属性。在绘图区中右击，从系统弹出的快捷菜单中选择 定义内部草绘... 命令。选择 ASM_TOP 基准平面作为草绘平面，草绘平面的参考平面为 ASM_RIGHT 基准平面，方位为 右，单击 草绘 按钮，至此系统进入截面草绘环境。

③ 绘制截面草图。进入截面草绘环境后，选取 ASM_RIGHT 基准平面和 ASM_FRONT 基准平面为草绘参考，截面草图如图 11.15 所示；完成特征截面的绘制后，单击"草绘"操控板中的"确定"按钮 ✔。

④ 选取深度类型并输入深度值。在操控板中单击 选项 按钮，从系统弹出的界面中选取 侧 1 的深度类型 Ⱶ 盲孔，再在深度文本框中输入深度值 45.0，并按回车键；然后选取 侧 2 的深度类型 Ⱶ 盲孔，再在深度文本框中输入深度值 20.0，并按回车键。

⑤ 完成特征。在 拉伸 操控板中单击 ✔ 按钮，完成特征的创建。

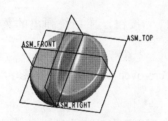

图 11.13　参考件组装完成后

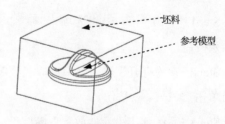

图 11.14　模具模型

Task3. 切出参考模型

Step1. 选择命令。单击 模型 功能选项卡中的 获取数据 ▼ 按钮，在系统弹出的菜单中单击 合并/继承 选项。

Step2. 在系统弹出的操控板中，确认"移除材料"按钮 ◢ 被按下。

Step3. 将模型调整到图 11.16 所示的视图方位。先将鼠标指针移至模型中的目标位置，即图 11.16 中的表面附近，右击，然后在系统弹出的快捷菜单中选择 从列表中拾取 命令。

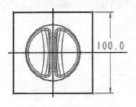

图 11.15 截面草图

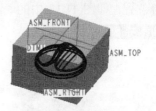

图 11.16 切出参考模型

Step4. 在系统弹出的对话框中选择 `MICRO-OVEN_SWITCH.PRT` 选项，此时图 11.16 中的参考模型会加亮。最后，在"从列表中拾取"对话框中单击 **确定(0)** 按钮。

Step5. 在"合并/继承"操控板中单击 ✔ 按钮，完成参考模型的切出。

Task4. 创建分型面

下面的操作是创建模具的分型曲面，其操作过程如下。

Step1. 在模型树中右击 ▶ ☐ `WORK_PIECE.PRT` 零件，在系统弹出的快捷菜单中选择 **打开** 命令。此时，Creo 3.0 会打开此文件，出现 WORK_PIECE.PRT 零件的模型树。

Step2. 通过曲面复制的方法，复制参考模型上的内表面。

（1）采用"种子面与边界面"的方法选取所需要的曲面。在屏幕右下方的"智能选取栏"中选择"几何"选项。

（2）将模型切换到线框模式下。在"模型显示"工具栏中单击"线框显示"按钮 ☐ **线框** 。

（3）选取"种子面"，操作方法如下。

① 将模型调整到图 11.17 所示的视图方位，先将鼠标指针移至模型中的目标位置，即图 11.17 中的内表面（种子面）附近，右击，然后在系统弹出的快捷菜单中选取 **从列表中拾取** 命令。

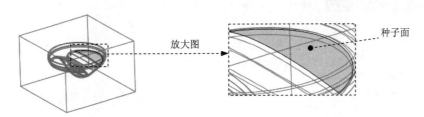

图 11.17 定义种子面

② 在系统弹出的对话框中选择 **曲面:F2(切出)** 选项，此时图 11.17 中的上表面会加亮，该表面就是所要选择的"种子面"。最后，在"从列表中拾取"对话框中单击 **确定(0)** 按钮。

注意：在系统弹出的对话框中有两个曲面 F2 切出选项，选取的结果要如图 11.17 所示。

（4）选取"边界面"，操作方法如下。

① 将模型调整到图 11.18 所示的视图方位，按住 Shift 键，先将鼠标指针移至模型中的

目标位置，即图 11.18 中的表面（边界面）附近，右击，然后在系统弹出的快捷菜单中选择 从列表中拾取 命令。

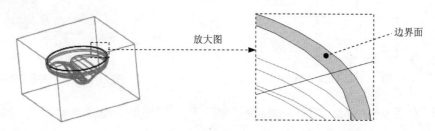

放大图

边界面

图 11.18　定义边界面

② 在"从列表中拾取"对话框中选择 曲面:F2(切出) 选项，此时图 11.18 中的端面会加亮，该端面就是所要选择的"边界面"；单击对话框的 确定(0) 按钮。选取完成后，整个模型内表面被加亮，如图 11.19 所示。

（5）单击 模型 功能选项卡 操作 ▾ 区域中的"复制"按钮 。

（6）单击 模型 功能选项卡 操作 ▾ 区域中的"粘贴" 按钮 ▾，系统弹出 曲面:复制 操控板。

（7）在系统弹出的 曲面:复制 操控板中单击 ✔ 按钮。

Step3. 创建拉伸曲面。

（1）单击 模型 功能选项卡 形状 ▾ 区域中的 拉伸 按钮，此时系统弹出"拉伸"操控板。

（2）在系统弹出的拉伸操控板中，确认"拉伸为曲面"按钮 被按下。

（3）定义草绘截面放置属性。在图形区右击，从系统弹出的菜单中选择 定义内部草绘... 命令；在系统 ➤ 选择一个平面或曲面以定义草绘平面. 的提示下，选取图 11.20 所示的坯料表面 1 为草绘平面，接受图 11.20 中默认的箭头方向为草绘视图方向，然后选取图 11.20 所示的坯料表面 2 为参考平面，方向为 右，然后单击 草绘 按钮。

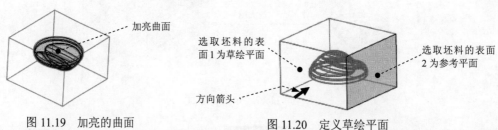

加亮曲面

选取坯料的表面 1 为草绘平面

选取坯料的表面 2 为参考平面

方向箭头

图 11.19　加亮的曲面　　　　图 11.20　定义草绘平面

（4）绘制截面草图。选取图 11.21 所示的坯料的边线和模型的下表面为草绘参考；绘制如该图所示的截面草图（截面草图为一条线段）；完成特征截面的绘制后，单击"草绘"操控板中的"确定"按钮 ✔。

（5）设置深度选项。

① 在操控板中选取深度类型 ⊥ （到选定的）。

② 将模型调整到图 11.22 所示的视图方位，选取图中所示的坯料表面（阴影面）为拉伸终止面。

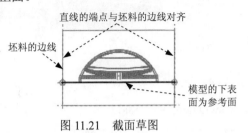

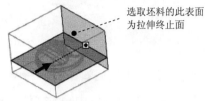

图 11.21 截面草图　　　　　　图 11.22 选取拉伸终止面

③ 完成特征。在 **拉伸** 操控板中单击 ✔ 按钮，完成特征的创建。

Step4. 将复制面组与 Step3 创建的拉伸曲面进行合并。

(1) 按住 Ctrl 键，在模型树中选择 📋复制 1 和 🗇拉伸 2 选项。

(2) 单击 **模型** 功能选项卡 编辑 ▾ 区域中的 🗇 按钮，此时系统弹出 "合并" 操控板。

(3) 在操控板中单击 选项 按钮，在 "选项" 界面中选中 ◉ 相交 单选项。

(4) 在 "合并" 操控板中单击 ✔ 按钮。

Task5. 创建模具体积块

下面的操作是创建模具体积块，其操作过程如下。

Step1. 在模型树中选择 🗇合并 1 选项。

Step2. 单击 **模型** 功能选项卡 编辑 ▾ 区域中的 🗇 按钮。在系统弹出的 "实体化" 操控板中，确认按钮 🗇 被按下。

Step3. 接受图 11.23 所示的系统默认的实体化箭头方向，在操控板中单击 ✔ 按钮，实体化后的面组如图 11.23 所示。

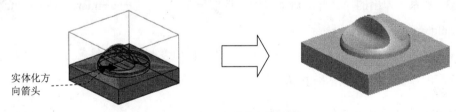

图 11.23 实体化创建下模

Step4. 选择下拉菜单 文件 ▾ ━━▶ 🖫另存为(A) ━━▶ 🖫**保存副本 (A)** 保存活动窗口中对象的副本。，在 "保存副本" 对话框中的 新名称 文本框中输入文件名 micro-oven_switch_lower_mold。单击 **确定** 按钮。

Step5. 右击模型树中的 🗇**实体化 1**，在系统弹出的快捷菜单中选择 **编辑定义** 命令。

Step6. 在 "实体化" 操控板中单击 % 按钮，改变实体化箭头的方向，在操控板中单击 ✔ 按钮，实体化后的面组如图 11.24 所示。

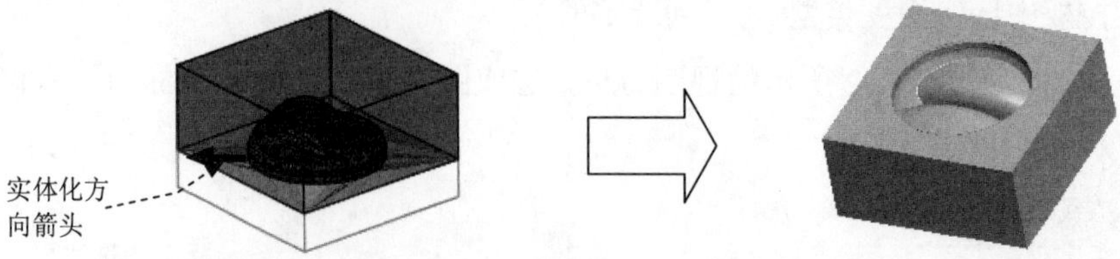

实体化方
向箭头

图 11.24 实体化创建上模

Step7. 选择下拉菜单 文件 ▼ ➡ 另存为 (A) ➡ 保存副本 (A) 保存活动窗口中对象的副本。，在"保存副本"
对话框中的 新名称 文本框中输入文件名 micro-oven_switch_upper_mold。单击 确定 按钮。

Step8. 在界面的左上角的工具条中单击 按钮，在系统弹出的列表中选中 ○ 1 MICRO-OVEN_SWITCH_MOLD.ASM 单选项。

Task6. 开模阶段

现在已经拥有以下三个必要的文件：

micro-oven_switch.prt.1（原始件当成品件）；

micro-oven_switch_upper_mold.prt.1（上模）；

micro-oven_switch_lower_mold.prt.1（下模）。

有了这三个文件就可以进行开模的模拟了，这就是为什么"组件法"可以应付所有造型的原因。而模拟开模的手法，其实就是将上面三个文件拿来组装而已。

Stage1. 引入上模的三维零件模型

Step1. 在模型树中右击 WORK PIECE.PRT，在系统弹出的快捷菜单中选择 隐藏 命令。

Step2. 单击 模型 功能选项卡 元件 ▼ 区域中的 装配 按钮，在系统弹出的菜单中单击 组装 按钮。

Step3. 从系统弹出的"打开"对话框中，选取三维零件模型——micro-oven_switch_upper_mold.prt，并将其打开。

Step4. 在"元件放置"操控板的"约束"类型下拉列表框中选择 默认，将参考模型按默认放置，再在操控板中单击 按钮。

Stage2. 引入下模的三维零件模型

Step1. 单击 模型 功能选项卡 元件 ▼ 区域中的 装配 按钮，在系统弹出的菜单中单击 组装 按钮。

Step2. 从系统弹出的"打开"对话框中，选取三维零件模型——micro-oven_switch_lower_mold.prt，并将其打开。

Step3. 在"元件放置"操控板的"约束"类型下拉列表框中选择 默认，将参考模型按默认放置，再在操控板中单击 ✓ 按钮。完成装配后的效果如图 11.25 所示。

Stage3. 设置分解视图

Step1. 单击 **视图** 功能选项卡 模型显示 ▼ 区域中的 编辑位置 按钮。系统弹出"分解工具"操控板。

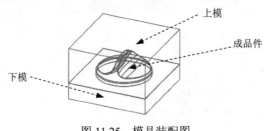

图 11.25 模具装配图

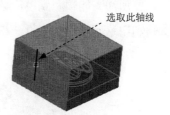

图 11.26 选取运动参考

Step2. 移动上模。在图形区选取上模，然后拖动图 11.26 所示的轴线，拖动到图 11.27 所示的位置。

Step3. 移动下模。在图形区选取下模，然后拖动图 11.26 所示的轴线，拖动到图 11.27 所示的位置。

图 11.27 分解视图

Step4. 在"分解工具"操控板中单击 ✓ 按钮，完成开模的模拟。

注意： 可以通过选择单击 **视图** 功能选项卡 模型显示 ▼ 区域中的 分解图 按钮命令来观看开模或合模模拟。

实例 **12** 用两种方法进行模具设计（六）

图 12.1 所示为一个抽油烟机接油盒（OIL-SHELL）的模型，该油壳的端面有一个突出的方块，要使油壳能顺利脱模，必须将漏洞填补或者借助滑块的帮助才能完成。本例将分别介绍如何利用这两种方法来设计模具。

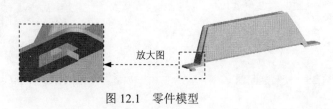

放大图

图 12.1　零件模型

12.1　创建方法一（不做滑块）

方法简介：

本例将介绍如何利用延伸曲面填补露洞的方法进行模具设计。图 12.2 为抽油烟机接油盒的模具开模图。

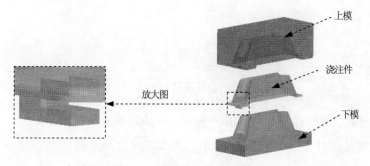

上模

浇注件

放大图

下模

图 12.2　创建方法一

Task1. 新建一个模具制造模型，进入模具模块

Step1. 将工作目录设置至 D:\creo3.6\work\ch12。

Step2. 新建一个模具型腔文件，命名为 oil-shell_mold；选取 `mmns_mfg_mold` 模板。

Task2. 建立模具模型

在开始设计一个模具前，应先创建一个"模具模型"，模具模型包括参考模型（Ref Model）和坯料（Workpiece），如图 12.3 所示。

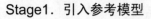

Stage1. 引入参考模型

Step1. 单击 **模具** 功能选项卡 参考模型和工件 区域中的按钮 参考模型▼，然后在系统弹出的列表中选择 组装参考模型 命令，系统弹出"打开"对话框。

Step2. 在"打开"对话框中选取三维零件模型 oil-shell.prt 作为参考零件模型，然后单击 打开 按钮。

Step3. 定义约束参考模型的放置位置。

（1）指定第一个约束。在操控板中单击 放置 按钮，在"放置"界面的"约束类型"下拉列表中选择 重合，选取参考件的 FRONT 基准平面为元件参考，选取装配体的 MAIN_PARTING_PLN 基准平面为组件参考。单击 反向 按钮。

（2）指定第二个约束。单击 新建约束 字符，在"约束类型"下拉列表中选择 重合，选取参考件的 TOP 基准平面为元件参考，选取装配体的 MOLD_FRONT 基准平面为组件参考。

（3）指定第三个约束。单击 新建约束 字符，在"约束类型"下拉列表中选择 重合，选取参考件的 RIGHT 基准平面为元件参考，选取装配体的 MOLD_RIGHT 基准平面为组件参考。

（4）约束定义完成，在操控板中单击 按钮，完成参考模型的放置；系统自动弹出"创建参考模型"对话框。

说明：在此进行参考模型的定位约束就是为了定义模具的开模方向。

Step4. 在"创建参考模型"对话框中选中 按参考合并 单选项，然后在 参考模型 区域的 名称 文本框中接受默认的名称（或输入参考模型的名称）。单击 确定 按钮，完成参考模型的命名。

Stage2. 创建坯料

Step1. 单击 **模具** 功能选项卡 参考模型和工件 区域中的按钮 工件，然后在系统弹出的列表中选择 创建工件 命令，系统弹出"创建元件"对话框。

Step2. 在系统弹出的"创建元件"对话框中，在 类型 区域选中 零件 单选项，在 子类型 区域选中 实体 单选项，在 名称 文本框中输入坯料的名称 wp，然后单击 确定 按钮。

Step3. 在系统弹出的"创建选项"对话框中选中 创建特征 单选项，然后单击 确定 按钮。

Step4. 创建坯料特征。

（1）选择命令。单击 **模具** 功能选项卡 形状▼ 区域中的 拉伸 按钮。

（2）创建实体拉伸特征。

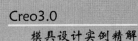

① 定义草绘截面放置属性。在绘图区中右击，从系统弹出的快捷菜单中选择 定义内部草绘... 命令。然后选择 MOLD_FRONT 基准平面作为草绘平面，草绘平面的参考平面为 MOLD_RIGHT 基准平面，方位为 右 ，单击 草绘 按钮。至此，系统进入截面草绘环境。

② 进入截面草绘环境后，选取 MOLD_RIGHT 基准平面和 MAIN_PARTING_PLN 基准平面为草绘参考，单击 关闭(C) 按钮，然后绘制图 12.4 所示的截面草图。完成截面草图的绘制后，单击"草绘"操控板中的"确定"按钮 ✔ 。

③ 选取深度类型并输入深度值。在操控板中选取深度类型 ⊟ （即"对称"），再在深度文本框中输入深度值 70.0，并按回车键。

④ 完成特征。在"拉伸"操控板中单击 ✔ 按钮，完成特征的创建。

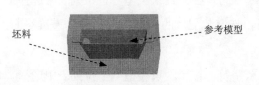

图 12.3 参考模型和坯料

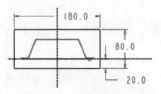

图 12.4 截面草图

Task3. 设置收缩率

将参考模型收缩率设置为 0.006。

Task4. 创建分型面

创建图 12.5 所示模具的分型曲面，其操作过程如下。

Step1. 单击 模具 功能选项卡 分型面和模具体积块 ▼ 区域中的"分型面"按钮 ▣ ，系统弹出"分型面"功能选项卡。

Step2. 在系统弹出的"分型面"功能选项卡中的 控制 区域单击"属性"按钮 ▣ ，在"属性"对话框中输入分型面名称 main_pt_surf，单击 确定 按钮。

Step3. 为了方便选取图元，将坯料遮蔽。在模型树中右击 WP.PRT，从系统弹出的快捷菜单中选择 遮蔽 命令。

Step4. 通过曲面复制的方法复制图 12.6 所示的参考模型上的外表面。在屏幕右下方的"智能选取栏"中选择"几何"选项。

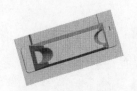

图 12.5 创建分型曲面

图 12.6 创建复制曲面

（1）采用"种子面与边界面"的方法选取所需要的曲面。

（2）下面先选取"种子面"，操作方法如下：将模型调整到合适方位，选取图 12.7 所示的上表面，该表面就是所要选择的"种子面"。

（3）然后选取"边界面"，操作方法如下：按住 Shift 键，图 12.8 所示的表面为边界面，此时图中所示的边界面会加亮。

图 12.7　定义种子面

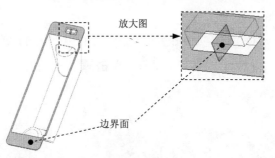

图 12.8　定义边界面

（4）依次选取所有的边界面后，松开 Shift 键，然后按住 Ctrl 键选取图 12.9 所示的两个曲面，松开 Ctrl 键，完成"边界面"的选取。操作完成后，整个模型上表面均被加亮，如图 12.10 所示。

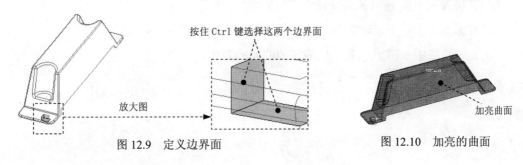

图 12.9　定义边界面　　　　　　　　　　图 12.10　加亮的曲面

（5）单击 **模具** 功能选项卡 操作 ▼ 区域中的"复制"按钮 。

（6）单击 **模具** 功能选项卡 操作 ▼ 区域中的"粘贴" 按钮 ，系统弹出 **曲面：复制** 操控板。

（7）在 **曲面：复制** 操控板中单击 按钮。

Step5. 创建延伸曲面 1，填补图 12.11 所示坯料的表面。

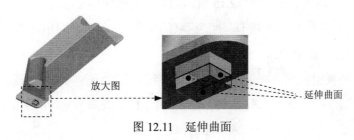

图 12.11　延伸曲面

（1）遮蔽参考件。

（2）为了方便选取复制边线，切换模型的显示状态到实线线框显示方式。

（3）如图 12.12 所示，首先选取第一段边线。

（4）单击 **分型面** 功能选项卡 编辑 ▾ 区域的 ⬛延伸按钮，此时出现 *延伸* 操控板。

（5）在操控板中单击 **参考** 按钮，在"参考"界面中单击 细节... 按钮，此时系统弹出 "链"对话框。

（6）按住 Ctrl 键，选取图 12.12 中所有的边线。

（7）在"链"对话框中单击 确定 按钮。

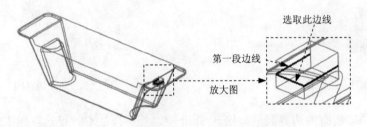

图 12.12　选取延伸边线

（8）选取延伸的终止面。

① 在操控板中按下 ⬛按钮（延伸类型为"至平面"）。

② 在系统的提示下，选取图 12.13 所示的坯料的表面为延伸的终止面。

③ 在操控板中单击 ✔按钮，完成延伸曲面的创建。

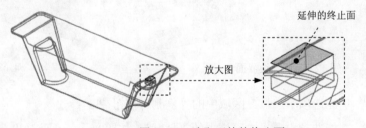

图 12.13　选取延伸的终止面

Step6. 将复制表面的边线延伸至图 12.14 所示的坯料的表面。

Step7. 创建延伸曲面 2。

（1）按住 Shift 键，选取图 12.15 所示的边线为延伸参考边线。

（2）单击 **分型面** 功能选项卡 编辑 ▾ 区域的 ⬛延伸按钮，此时出现 *延伸* 操控板。

（3）选取延伸的终止面。

① 在操控板中按下 ⬛按钮（延伸类型为至平面）。坯料取消遮蔽。

② 在系统的提示下，选取图 12.16 所示的坯料的表面为延伸的终止面。

③ 单击 ✔按钮，完成延伸曲面 2 的创建。

Step8. 创建延伸曲面 3。

（1）按住 Shift 键，选取图 12.17 所示的边线为延伸参考边线。

（2）单击 **分型面** 功能选项卡 编辑 ▾ 区域的 ▣延伸按钮，此时出现 *延伸* 操控板。

（3）选取延伸的终止面。

① 在操控板中按下 ▢按钮（延伸类型为至平面）。

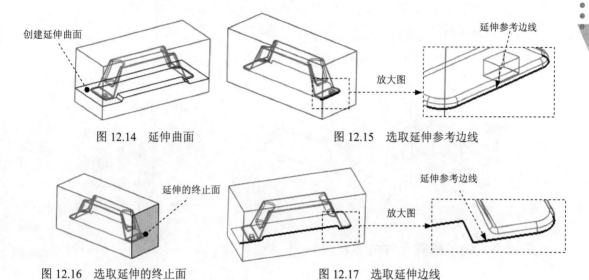

图 12.14　延伸曲面　　　　　　　图 12.15　选取延伸参考边线

图 12.16　选取延伸的终止面　　　　图 12.17　选取延伸边线

② 在系统的提示下，选取图 12.18 所示的坯料的表面为延伸的终止面。

③ 单击 ✔按钮，完成延伸曲面 3 的创建。

Step9. 创建延伸曲面 4。

（1）按住 Shift 键，选取图 12.19 所示的边线为延伸参考边线。

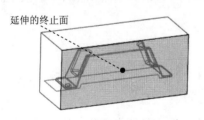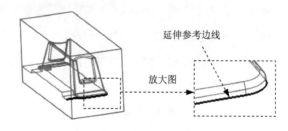

图 12.18　选取延伸的终止面　　　　图 12.19　选取延伸边线

（2）单击 **分型面** 功能选项卡 编辑 ▾ 区域的 ▣延伸按钮，此时出现 *延伸* 操控板。

（3）选取延伸的终止面。

① 在操控板中按下 ▢按钮（延伸类型为至平面）。

② 在系统的提示下，选取图 12.20 所示的坯料的表面为延伸的终止面。

③ 单击 ✔按钮，完成延伸曲面 4 的创建。

Step10. 创建延伸曲面 5。

（1）按住 Shift 键，选取图 12.21 所示的边线为延伸参考边线。

（2）单击 **分型面** 功能选项卡 编辑 ▾ 区域的 ☐延伸按钮，此时出现 *延伸* 操控板。

（3）选取延伸的终止面。

① 在操控板中按下 ☐ 按钮（延伸类型为至平面）。

② 在系统的提示下，选取图 12.22 所示的坯料的表面为延伸的终止面。

③ 单击 ✓ 按钮，完成延伸曲面 5 的创建。

Step11. 在"分型面"选项卡中单击"确定"按钮 ✓，完成分型面的创建。

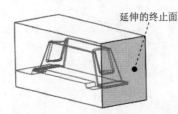
图 12.20　选取延伸的终止面

图 12.21　选取延伸边线

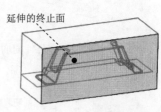
图 12.22　选取延伸的终止面

Task5. 构建模具元件的体积块

Step1. 选择 **模具** 功能选项卡 分型面和模具体积块 ▾ 区域中的 模具体积块 ▾ ➡ ▤ 体积块分割 命令（即用"分割"的方法构建体积块）。

Step2. 在系统弹出的 ▾ SPLIT VOLUME（分割体积块）菜单中，依次选择 Two Volumes（两个体积块） ➡ All Wrkpcs（所有工件） ➡ Done（完成）命令。此时系统弹出"分割"对话框和"选择"对话框。

Step3. 选取分型面。在系统 ▷为分割工件选择分型面▾ 的提示下，选取分型面 MAIN_PT_SURF，然后单击"选择"对话框中的 确定 按钮。

Step4. 单击"分割"信息对话框中的 确定 按钮。

Step5. 系统弹出"属性"对话框，在该对话框中单击 着色 按钮，着色后的体积块如图 12.23 所示。然后在对话框中输入名称 upper_vol，单击 确定 按钮。

Step6. 系统弹出"属性"对话框，在该对话框中单击 着色 按钮，着色后的体积块如图 12.24 所示。然后在对话框中输入名称 lower_vol，单击 确定 按钮。

图 12.23　着色后的上半部分体积块

图 12.24　着色后的下半部分体积块

Task6．抽取模具元件及生成浇注件

将浇注件的名称命名为 oil-shell_molding。

Task7．定义开模动作

Step1. 将参考零件、坯料和分型面在模型中遮蔽起来，将模型的显示状态切换到实体显示方式。

Step2. 开模步骤 1：移动上模。选取图 12.25 所示的边线为移动方向，然后在系统的提示下，输入要移动的距离值-100，按回车键，选择 **Done (完成)** 命令，完成上模的开模动作。

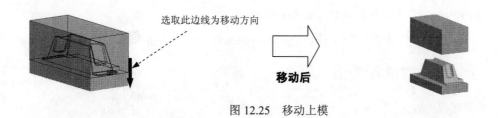

选取此边线为移动方向

移动后

图 12.25　移动上模

Step3. 开模步骤 2：移动下模。参考开模步骤 1 的操作方法选取下模，选取图 12.26 所示的边线为移动方向，输入要移动的距离值 100，按回车键，选择 **Done (完成)** 命令，完成下模的开模动作。

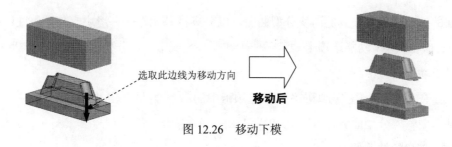

选取此边线为移动方向

移动后

图 12.26　移动下模

Step4. 保存设计结果。单击 **模具** 功能选项卡中 **操作 ▼** 区域的 **重新生成 ▼** 按钮，在系统弹出的下拉菜单中单击 **重新生成** 按钮，选择下拉菜单 **文件 ▼** ➡ **保存(S)** 命令。

12.2　创建方法二（做滑块）

方法简介：

　　下面将介绍利用创建滑块的方法进行模具设计的过程。图 12.27 为抽油烟机接油盒的模具开模图。

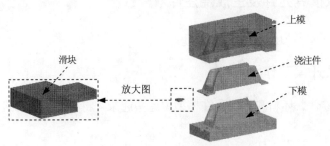

图 12.27　创建方法二

Task1. 新建一个模具制造模型，进入模具模块

Step1. 将工作目录设置至 D:\creo3.6\work\ch12。

Step2. 新建一个模具型腔文件，命名为 oil-shell_mold；选取 `mmns_mfg_mold` 模板。

Task2. 建立模具模型

步骤参见方法一。

Task3. 设置收缩率

将参考模型收缩率设置为 0.006。

Task4. 创建滑块分型面

下面的操作是创建模具的滑块分型曲面，以分离模具元件——滑块，其操作过程如下。

Step1. 单击 **模具** 功能选项卡 `分型面和模具体积块` ▼ 区域中的"分型面"按钮 。系统弹出 "分型面" 功能选项卡。

Step2. 在系统弹出的"分型面"功能选项卡中的 `控制` 区域单击"属性"按钮 ，在"属性"对话框中输入分型面名称 SLIDE_PT_SURF，单击 `确定` 按钮。

Step3. 创建拉伸曲面。

（1）单击 **分型面** 功能选项卡 `形状` ▼ 区域中的"拉伸"按钮 `拉伸`，此时系统弹出"拉伸"操控板。

（2）定义草绘截面放置属性。右击，从系统弹出的菜单中选择 `定义内部草绘...` 命令；在系统 `选择一个平面或曲面以定义草绘平面.` 的提示下，选取图 12.28 所示的坯料表面为草绘平面，然后选取图 12.28 所示的坯料表面为参考平面，方向为 `上`；单击 `草绘` 按钮，至此系统进入截面草绘环境。

（3）进入草绘环境后，选取图 12.29 所示的三条边线为草绘参考，绘制图 12.29 所示的截面草图。完成特征截面的绘制后，单击"草绘"操控板中的"确定"按钮 。

（4）设置深度选项。

① 在操控板中选取深度类型 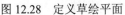（到选定的）。

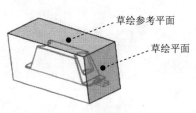

图 12.28 定义草绘平面

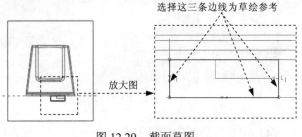

图 12.29 截面草图

② 调整视图方位，将鼠标移动到图 12.30 所示的加亮平面处右击，系统弹出一个快捷菜单，选择 从列表中拾取 命令，在系统弹出的对话框中选择 曲面:F1(外部合并):OIL-SHELL_MOLD_REF 选项。在"从列表中拾取"对话框中单击 确定(0) 按钮。

③ 在操控板中单击 选项 按钮，在"选项"界面中选中 ☑ 封闭端 复选框。

（5）在操控板中单击 ✔ 按钮，完成特征的创建。

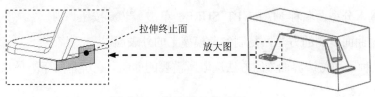

图 12.30 选取拉伸终止面

Step4. 通过曲面复制的方法，复制参考模型上的外表面。

（1）为了方便选取图元，将坯料遮蔽。

（2）利用"模型显示"工具栏切换模型的显示状态。在屏幕右下方的"智能选取栏"中选择"几何"选项。按住 Ctrl 键选取图 12.31 所示的加亮曲面，松开 Ctrl 键，完成复制曲面的选取。

（3）单击 模具 功能选项卡 操作 ▼ 区域中的"复制"按钮 ▣。

（4）单击 模具 功能选项卡 操作 ▼ 区域中的"粘贴"按钮 ▣ ▼，系统弹出 曲面：复制 操控板。

（5）在 曲面：复制 操控板中单击 ✔ 按钮。

Step5. 将复制面组与 Step3 中创建的拉伸曲面进行合并。

（1）按住 Ctrl 键，选取 Step3 中创建的拉伸曲面和复制面组。

（2）单击 分型面 功能选项卡 编辑 ▼ 区域中的 ▢合并 按钮，此时系统弹出"合并"操控板。

（3）在"合并"操控板中单击 ▨，合并方向如图 12.32 所示。在"合并"操控板中单击 ✔ 按钮。

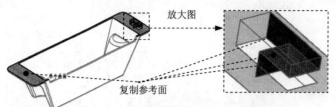

图 12.31　选取复制曲面

图 12.32　合并方向

（4）在"分型面"选项卡中单击"确定"按钮✔，完成分型面的创建。

Task5.　创建主分型面

创建图 12.33 所示模具的分型曲面，其操作过程如下。

Step1. 单击 **模具** 功能选项卡 分型面和模具体积块 ▼ 区域中的"分型面"按钮，系统弹出"分型面" 功能选项卡。

Step2. 在系统弹出的"分型面"功能选项卡中的 控制 区域单击"属性"按钮，在"属性"对话框中输入分型面名称 MAIN_PT_SURF，单击 确定 按钮。

Step3. 通过曲面复制的方法，复制参考模型上的外表面。

（1）采用"种子面与边界面"的方法选取所需的曲面。在屏幕右下方的"智能选取栏"中选择"几何"选项。

（2）　选择 **视图** 功能选项卡 模型显示 ▼ 区域中的"显示样式"按钮，按下 线框 按钮，将模型的显示状态切换到实线线框显示方式。

（3）选取图 12.34 所示的参考模型内表面为"种子面"。

图 12.33　创建分型曲面

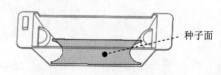

图 12.34　定义种子面

（4）按住 Shift 键依次选取图 12.35 所示的加亮曲面为"边界面"。选取完成后，整个模型内表面被加亮，如图 12.36 所示。

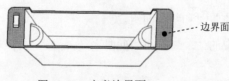

图 12.35　定义边界面

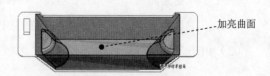

图 12.36　加亮的曲面

（5）单击 **模具** 功能选项卡 操作 ▼ 区域中的"复制"按钮。

（6）单击 **模具** 功能选项卡 操作▼ 区域中的"粘贴"按钮 📋▼，系统弹出 **曲面：复制** 操控板。

（7）在 **曲面：复制** 操控板中单击 ✔ 按钮。

Step4. 创建拉伸曲面（取消坯料的遮蔽）。

（1）单击 **分型面** 功能选项卡 形状▼ 区域中的"拉伸"按钮 🗇拉伸，此时系统弹出"拉伸"操控板。

（2）定义草绘截面放置属性。右击，从系统弹出的菜单中选择 定义内部草绘... 命令；在系统的提示下，选取图 12.37 所示的坯料表面为草绘平面，然后选取图 12.37 所示的坯料表面为参考平面，方向为 右 。单击 草绘 按钮，至此系统进入截面草绘环境。

（3）绘制截面草图。选取坯料边线为参考线，绘制图 12.38 所示的截面草图（截面草图为一条线段）；完成截面的绘制后，单击"草绘"操控板中的"确定"按钮 ✔。

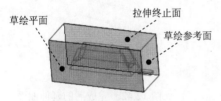

图 12.37 选取拉伸终止面

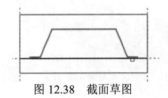

图 12.38 截面草图

（4）设置深度选项。

① 在操控板中选取深度类型 ⟂ （到选定的）。

② 调整视图方位，选取图 12.37 所示的坯料表面为拉伸终止面。

③ 在操控板中单击 ✔ 按钮，完成特征的创建。

Step5. 将复制面组 2 与 Step4 中创建的拉伸曲面进行合并，如图 12.39 所示。

（1）按住 Ctrl 键，选取复制面组 2 和 Step4 中创建的拉伸曲面。

（2）单击 **分型面** 功能选项卡 编辑▼ 区域中的 🗇合并 按钮，此时系统弹出"合并"操控板。

（3）在 **合并** 操控板中单击 ✔ 按钮。

Step6. 创建延伸曲面。

（1）遮蔽参考模型和坯料。

（2）按住 Shift 键，再选取图 12.40 所示的加亮边线。单击 **分型面** 功能选项卡 编辑▼区域的 ⊡延伸 按钮，此时出现 *延伸* 操控板。

（3）取消坯料的遮蔽。

（4）选取延伸的终止面。

① 在操控板中按下 ⬜ 按钮（延伸类型为至平面）。

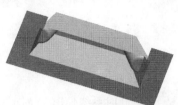

图 12.39　合并面组

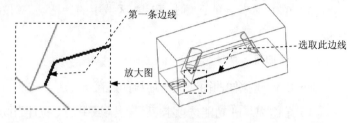

图 12.40　选取延伸边

② 在系统 [选择曲面延伸所至的平面·] 的提示下，选取图 12.41 所示的坯料的表面为延伸的终止面。

③ 单击 [✓] 按钮，完成后的延伸曲面如图 12.42 所示。

Step7. 在"分型面"选项卡中单击"确定"按钮 [✓]，完成分型面的创建。

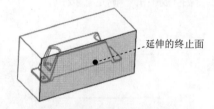

图 12.41　选取延伸的终止面

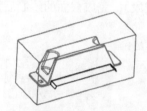

图 12.42　完成后的延伸曲面

Task6．构建模具元件的体积块

Step1. 选择 [模具] 功能选项卡 [分型面和模具体积块 ▼] 区域中的 [模具体积块 ▼] [➡] [体积块分割] 命令（即用"分割"的方法构建体积块）。

Step2. 在系统弹出的 [▼ SPLIT VOLUME (分割体积块)] 菜单中，依次选择 [Two Volumes (两个体积块)] [➡] [All Wrkpcs (所有工件)] [➡] [Done (完成)] 命令，此时系统弹出"分割"对话框和"选择"对话框。

Step3. 选取分型面。在系统 [为分割工件选择分型面·] 的提示下，选取分型面 MAIN_PT_SURF，然后单击"选择"对话框中的 [确定] 按钮。

Step4. 单击"分割"信息对话框中的 [确定] 按钮。

Step5. 系统弹出"属性"对话框，同时模型中的体积块的下半部分变亮，在该对话框中单击 [着色] 按钮，着色后的体积块如图 12.43 所示。然后在对话框中输入名称 LOWER_BODY_VOL，单击 [确定] 按钮。

Step6. 系统弹出"属性"对话框，同时模型中的体积块的上半部分变亮，在该对话框中单击 [着色] 按钮，着色后的体积块如图 12.44 所示。然后在对话框中输入名称 UPPER_MOLD_VOL，单击 [确定] 按钮。

Step7. 选择 [模具] 功能选项卡 [分型面和模具体积块 ▼] 区域中的 [模具体积块 ▼] [➡] [体积块分割] 命令

（即用"分割"的方法构建体积块）。

图 12.43 着色后的下半部分体积块

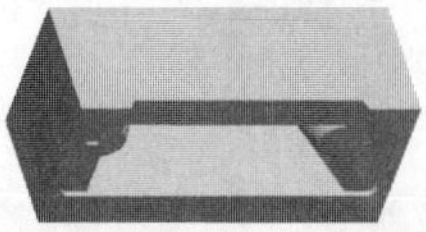

图 12.44 着色后的上半部分体积块

Step8. 在系统弹出的 ▼ SPLIT VOLUME (分割体积块) 菜单中，选择 Two Volumes (两个体积块)

━━▶ Mold Volume (模具体积块) ━━▶ Done (完成)命令，系统弹出的"搜索工具"对话框。

Step9. 在系统弹出的"搜索工具"对话框中，单击列表中的 面组:F15(LOWER_BODY_VOL) 体积

块，然后单击 >> 按钮，将其加入到 已选择 0 个项:列表中，再单击 关闭 按钮。

Step10. 用"列表选取"的方法选取分型面。

（1）在系统 ⇨为分割选定的模具体积块选择分型面.的提示下，先将鼠标指针移至模型中滑块分型面

的位置右击，从快捷菜单中选取 从列表中拾取 命令，系统弹出 "从列表中拾取"对话框。

（2）在系统弹出的 "从列表中拾取"对话框中，单击列表中的 面组:F7(SLIDE_PT_SURF) 分型

面，然后单击 确定(0) 按钮。

（3）然后单击"选择"对话框中的 确定 按钮。

Step11. 单击"分割"信息对话框中的 确定 按钮。

Step12. 系统弹出"属性"对话框，在该对话框中单击 着色 按钮，着色后的模型如图

12.45 所示。然后在对话框中输入名称 LOWER_MOLD_VOL，单击 确定 按钮。

Step13. 此时系统弹出"属性"对话框，在该对话框中单击 着色 按钮，着色后的模型

如图 12.46 所示。然后在对话框中输入名称 SLIDE_MOLD_VOL，单击 确定 按钮。

图 12.45 着色后的外面部分体积块

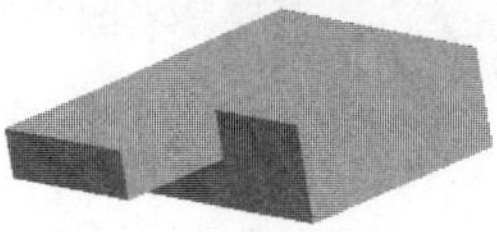

图 12.46 着色后的滑块体积块

Task7. 抽取模具元件及生成浇注件

将浇注件的名称命名为 oil-shell_molding。

Task8. 定义开模动作

Step1. 将参考零件、坯料和分型面在模型中遮蔽起来。

Step2. 开模步骤 1：移动滑块。选取图 12.47 所示的边线为移动方向，移动的距离值为

-60，并按回车键，选择 Done (完成)命令，完成滑块的开模动作。

Step3. 开模步骤 2：移动上模。参考开模步骤 1 的操作方法，选取上模，选取图 12.48 所示的边线为移动方向，输入要移动的距离值 70，选择 **Done (完成)** 命令，完成上模的开模动作。

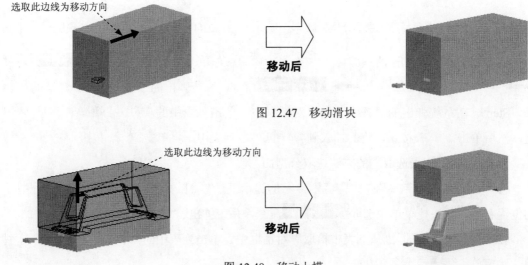

图 12.47 移动滑块

图 12.48 移动上模

Step4. 开模步骤 3：移动下模。选中下模，选取图 12.49 所示的边线为移动方向，输入要移动的距离值-70，选择 **Done (完成)** 命令，完成下模的开模动作。

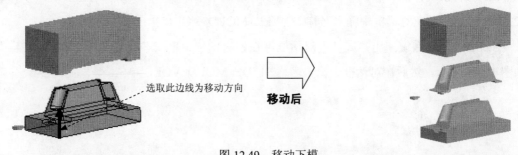

图 12.49 移动下模

Step5. 保存设计结果。单击 **模具** 功能选项卡中 **操作 ▾** 区域的 **重新生成 ▾** 按钮，在系统弹出的下拉菜单中单击 **重新生成** 按钮，选择下拉菜单 **文件 ▾** ➡ **保存(S)** 命令。

实例 **13** 带滑块的模具设计（一）

在图 13.1 所示的模具设计中，零件的侧面有缺口，这样在模具中必须设计滑块方能顺利脱模。另外，主分型面将采用"阴影法"来进行设计，通过对本实例的学习，读者会对"阴影法"设计分型面有进一步的认识。

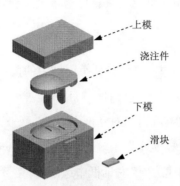

图 13.1　带滑块的模具设计

Task1．新建一个模具制造模型文件，进入模具模块

Step1. 将工作目录设置至 D:\creo3.6\work\ch13。

Step2. 新建一个模具型腔文件，命名为 cork_2_mold；选取 `mmns_mfg_mold` 模板。

Task2．建立模具模型

在开始设计一个模具前，应先创建一个"模具模型"，模具模型包括参考模型（Ref Model）和坯料（Workpiece），如图 13.2 所示。

Stage1．引入参考模型

Step1. 单击 **模具** 功能选项卡 `参考模型和工件` 区域中的按钮 `参考模型▾`，然后在系统弹出的列表中选择 `组装参考模型` 命令，系统弹出"打开"对话框。

Step2. 在"打开"对话框中选取三维零件模型 cork_2.prt 作为参考零件模型，然后单击 `打开` 按钮。

Step3. 定义约束参考模型的放置位置。

（1）指定第一个约束。在操控板中单击 `放置` 按钮，在"放置"界面的"约束类型"下拉列表中选择 `重合`，选取参考件的 RIGHT 基准平面为元件参考，选取装配体的 MAIN_PARTING_PLN 基准平面为组件参考，单击 `反向` 按钮。

（2）指定第二个约束。单击 `新建约束` 字符，在"约束类型"下拉列表中选择 `重合`，

选取参考件的TOP基准平面为元件参考,选取装配体的MOLD_RIGHT基准平面为组件参考。

(3)指定第三个约束。单击 →新建约束 字符,在"约束类型"下拉列表中选择 ⊥ 重合,选取参考件的 FRONT 基准平面为元件参考,选取装配体的 MOLD_FRONT 基准平面为组件参考。

(4)至此,约束定义完成,在操控板中单击 ✔ 按钮,系统自动弹出"创建参考模型"对话框,单击 确定 按钮,完成后的结果如图 13.3 所示。

说明:在此进行参考模型的定位约束就是为了定义模具的开模方向。

Stage2. 创建坯料

Step1. 单击 模具 功能选项卡 参考模型和工件 区域中的按钮 工件,然后在系统弹出的列表中选择 创建工件 命令,系统弹出"创建元件"对话框。

Step2. 在系统弹出的"创建元件"对话框中,在 类型 区域选中 ● 零件 单选项,在 子类型 区域选中 ● 实体 单选项,在 名称 文本框中输入坯料的名称 wp,然后单击 确定 按钮。

Step3. 在系统弹出的"创建选项"对话框中选中 ● 创建特征 单选项,然后单击 确定 按钮。

Step4. 创建坯料特征。

(1)选择命令。单击 模具 功能选项卡 形状 ▼ 区域中的 拉伸 按钮。

(2)创建实体拉伸特征。

① 选取拉伸类型。在出现的操控板中,确认"实体"类型按钮 □ 被按下。

② 定义草绘截面放置属性。在绘图区右击,从系统弹出的快捷菜单中选择 定义内部草绘... 命令。然后选择 MOLD_FRONT 基准平面作为草绘平面,草绘平面的参考平面为 MOLD_RIGHT 基准平面,方位为 右,单击 草绘 按钮,系统至此进入截面草绘环境。

③ 进入截面草绘环境后,选取 MAIN_PARTING_PLN 基准平面和 MOLD_RIGHT 基准平面为草绘参考,然后绘制图 13.4 所示的截面草图;完成特征截面的绘制后,单击"草绘"操控板中的"确定"按钮 ✔ 。

图 13.2　参考模型和坯料

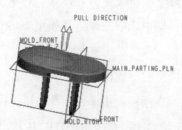

图 13.3　参考件组装完成后

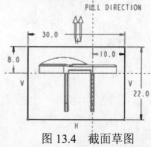

图 13.4　截面草图

④ 选取深度类型并输入深度值。在操控板中选取深度类型 🔲 (即"对称"),再在深度

文本框中输入深度值 22.0，并按回车键。

⑤ 单击 ✔ 按钮，完成特征的创建。

Task3. 设置收缩率

将参考模型收缩率设置为 0.006。

Task4. 建立浇道系统

在模具坯料中应创建浇道（Sprue）和浇口（Gate），这里省略。

Task5. 创建模具分型曲面

Stage1. 定义主分型面

下面将创建模具的主分型面，以分离模具的上模型腔和下模型腔，其操作过程如下。

Step1. 单击 **模具** 功能选项卡 分型面和模具体积块 ▾ 区域中的"分型面"按钮 🗂️。系统弹出
"分型面" 功能选项卡。

Step2. 在系统弹出的"分型面"功能选项卡中的 控制 区域单击"属性"按钮 🗗，在"属
性"对话框中输入分型面名称 main_ps，单击 确定 按钮。

Step3. 通过"阴影曲面"的方法创建主分型面。

（1）单击 **分型面** 功能选项卡中的 曲面设计 ▾ 按钮，在系统弹出的快捷菜单中单击 阴影曲面
按钮，系统弹出"阴影曲面"对话框。

（2）定义光线投影的方向。在"阴影曲面"对话框中双击 Direction（方向） 元素，系统弹
出 ▾ GEN SEL DIR（一般选取方向）菜单，用户可进行下面的操作来定义光线投影的方向。

① 在 ▾ GEN SEL DIR（一般选取方向）菜单中选择 Plane（平面）命令（系统默认选取该命令）。

② 在系统 ➡️选择将垂直于此方向的平面. 的提示下，选取图 13.5 所示的坯料表面。

③ 选择 Okay（确定）命令，确认图 13.5 中的箭头方向为光线投影的方向。

（3）在"阴影曲面"对话框中单击 确定 按钮。

Step4. 着色显示所创建的分型面。

（1）单击 **视图** 功能选项卡 可见性 区域中的"着色"按钮 🗨️。

（2）系统自动将刚创建的分型面 main_ps 着色，着色后的分型面如图 13.6 所示。

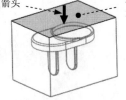
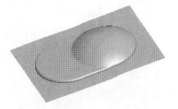

着色投影的方向箭头

选取坯料的此表面为
光线方向的垂直表面

图 13.5 定义光线投影的方向   图 13.6 着色显示分型面

（3）在 ▼CntVolSel (继续体积块选取) 菜单中选择 Done/Return (完成/返回) 命令。

Step5. 在"分型面"选项卡中单击"确定"按钮 ✔，完成主分型面的创建。

Stage2. 定义滑块分型曲面

下面创建模具的滑块分型面（图13.7），其操作过程如下。

Step1. 遮蔽坯料和分型曲面。

Step2. 单击 模具 功能选项卡 分型面和模具体积块 ▼ 区域中的"分型面"按钮 ▢ 按钮，系统弹出"分型面"选项卡。

Step3. 在系统弹出的"分型面"操控板中的 控制 区域单击"属性"按钮 ▣，在"属性"对话框中输入分型面名称 slide_ps，单击 确定 按钮。

Step4. 通过"拉伸"的方法建立图13.8所示的拉伸曲面。

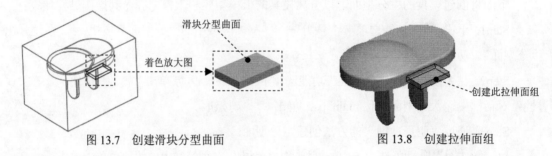

图13.7　创建滑块分型曲面　　　　　图13.8　创建拉伸面组

（1）单击 分型面 功能选项卡 形状 ▼ 区域中的 拉伸 按钮，此时系统弹出"拉伸"选项卡。

（2）定义草绘截面放置属性。右击，从系统弹出的菜单中选择 定义内部草绘... 命令；在系统 ➡选择一个平面或曲面以定义草绘平面. 的提示下，采用"列表选取"的方法，选取图13.9所示的内表面为草绘平面，接受图13.9中默认的箭头方向为草绘视图方向，然后选取图13.9所示的MAIN_PARTING_PLN 基准平面为参考平面，方向为 上 。单击 草绘 按钮，至此系统进入截面草绘环境。

（3）绘制截面草图。进入草绘环境后，用"投影"的方法绘制图13.10所示的封闭的截面草图。完成特征截面的绘制后，单击"草绘"操控板中的"确定"按钮 ✔ 。

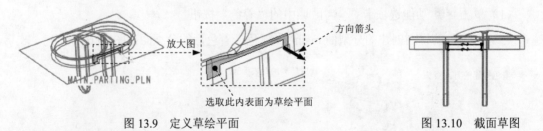

图13.9　定义草绘平面　　　　　　图13.10　截面草图

（4）设置拉伸属性。

① 在操控板中选取深度类型 ⊥（到选定的）。

② 遮蔽参考件和坏料。选择 视图 功能选项卡 可见性 区域中的"模具显示"按钮 🔲，系统弹出"遮蔽-取消遮蔽"对话框，选择 取消遮蔽 选项卡，在对话框中按下 🔲元件 按钮，选取 🔲 🔲 按钮，单击下方的 取消遮蔽 按钮，再单击 关闭 按钮。

③ 将模型调整到图 13.11 所示的视图方位，选取图 13.11 所示的平面为拉伸终止面。

④ 在操控板中单击 选项 按钮，在"选项"界面中选中 ✓ 封闭端 复选框。

（5）在操控板中单击 ✓ 按钮，完成特征的创建。

Step5. 将坏料和分型面取消遮蔽。

Step6. 着色显示所创建的分型面。

（1）单击 视图 功能选项卡 可见性 区域中的"着色"按钮 🔲。

（2）系统自动将刚创建的分型面 slide_ps 着色，着色后的滑块分型曲面如图 13.12 所示。

（3）在 ▼ CntVolSel（继续体积块选取）菜单中选择 Done/Return（完成/返回）命令。

Step7. 在"分型面"选项卡中单击"确定"按钮 ✓，完成分型面的创建。

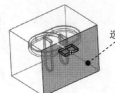
选择此表面为拉伸终止面

图 13.11 选择拉伸终止面

图 13.12 着色后的滑块分型曲面

Task6. 构建模具元件的体积块

Stage1. 用滑块分型面创建滑块元件的体积块

用前面创建的滑块分型面 slide_ps 来分离出滑块元件的体积块，该体积块将来会被抽取为模具的滑块元件。

Step1. 选择 模具 功能选项卡 分型面和模具体积块 ▼ 区域中的 模具体积块 ▼ ➡ 🔲 体积块分割 命令（即用"分割"的方法构建体积块）。

Step2. 在系统弹出的 ▼ SPLIT VOLUME（分割体积块）菜单中，依次选择 Two Volumes（两个体积块）➡ All Wrkpcs（所有工件）➡ Done（完成）命令。此时系统弹出"分割"对话框和"选择"对话框。

Step3. 用"列表选取"的方法选取分型面。

（1）在系统 ➡ 为分割工件选择分型面. 的提示下，在模型中滑块分型面的位置右击，从系统弹出的快捷菜单中选择 从列表中拾取 命令。

（2）在"从列表中拾取"对话框中选取 面组:F8(SLIDE_PS) 分型面，然后单击 确定(O) 按钮。

（3）单击"选择"对话框中的 确定 按钮。

Step4. 在"分割"信息对话框中单击 确定 按钮。

Step5. 系统弹出"属性"对话框,在该对话框中单击 着色 按钮,着色后的模型如图 13.13 所示。然后在对话框中输入名称 body_vol,单击 确定 按钮。

Step6. 系统弹出"属性"对话框,在该对话框中单击 着色 按钮,着色后的模型如图 13.14 所示,然后在对话框中输入名称 slide_vol,单击 确定 按钮。

图 13.13　着色后的体积块

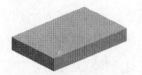

图 13.14　着色后的滑块体积块

Stage2. 用主分型面创建上、下两个体积腔

用前面创建的主分型面 main_ps 来将前面生成的体积块 body_vol 分成上、下两个体积腔（块）,这两个体积块将来会被抽取为模具的上、下模具型腔。

Step1. 选择 模具 功能选项卡 分型面和模具体积块 ▼ 区域中的 模具体积块 ▼ ➡ 🖥体积块分割 命令（即用"分割"的方法构建体积块）。

Step2. 在系统弹出的 ▼ SPLIT VOLUME (分割体积块) 菜单中, 选择 Two Volumes (两个体积块) ➡ Mold Volume (模具体积块) ➡ Done (完成) 命令。系统弹出"搜索工具"对话框。

Step3. 在系统弹出的"搜索工具"对话框中, 单击列表中的 面组:F10(BODY_VOL) 体积块,然后单击 > > 按钮,将其加入到 已选择 0 个项: 列表中,再单击 关闭 按钮。

Step4. 用"列表选取"的方法选取分型面。

（1）在系统 ➡为分割选定的模具体积块选择分型面. 的提示下,将鼠标指针移至模型中主分型面的位置右击,从快捷菜单中选取 从列表中拾取 命令。

（2）在系统弹出的"从列表中拾取"对话框中单击列表中的 面组:F7(MAIN_PS),然后单击 确定(0) 按钮。

（3）在"选择"对话框中单击 确定 按钮。

Step5. 在"分割"对话框中单击 确定 按钮。

Step6. 系统弹出"属性"对话框,在该对话框中单击 着色 按钮,着色后的模型如图 13.15 所示。然后在对话框中输入名称 upper_vol,单击 确定 按钮。

Step7. 系统弹出"属性"对话框,在该对话框中单击 着色 按钮,着色后的模型如图 13.16 所示。然后在对话框中输入名称 lower_vol,单击 确定 按钮。

Task7. 抽取模具元件及生成浇注件

将浇注件的名称命名为 molding。

图 13.15　着色后的上半部分体积块

图 13.16　着色后的下半部分体积块

Task8. 定义开模动作

Step1. 将参考零件、坯料和分型面在模型中遮蔽起来。

Step2. 开模步骤 1：移动滑块。输入要移动的距离值 30，结果如图 13.17 所示。

Step3. 开模步骤 2：移动上模。输入要移动的距离值 -60，结果如图 13.18 所示。

Step4. 开模步骤 3：移动浇注件。输入要移动的距离值 30，结果如图 13.19 所示。

选取此边线为移动方向

图 13.17　移动后的状态

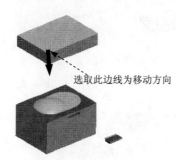

选取此边线为移动方向

图 13.18　移动后的状态

选取此边线为移动方向

图 13.19　移动后的状态

Step5. 保存设计结果。单击 **模具** 功能选项卡中 操作 ▾ 区域的 重新生成 ▾ 按钮，在系统弹出的下拉菜单中单击 重新生成 按钮，选择下拉菜单 文件 ▾ ➡ 保存(S) 命令。

实例 **14** 带滑块的模具设计（二）

在图 14.1 所示的模具中，设计元件的底座面有破孔，这样在模具中必须设计滑块，开模时，先将滑块移出，上、下模具才能顺利脱模。

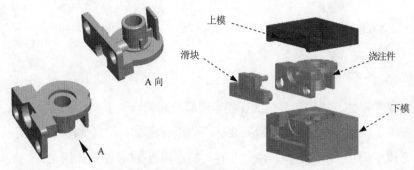

图 14.1 带滑块的模具设计

Task1. 新建一个模具制造模型文件

Step1. 将工作目录设置至 D:\creo3.6\work\ch14。

Step2. 新建一个模具型腔文件，命名为 handle-fork_mold；选取 mmns_mfg_mold 模板。

Task2. 建立模具模型

Stage1. 引入参考模型

Step1. 单击 **模具** 功能选项卡 参考模型和工件 区域中的按钮 参考模型▼ ，然后在系统弹出的列表中选择 定位参考模型 命令，系统弹出"打开""布局"对话框和"型腔布置"菜单管理器。

Step2. 从系统弹出的文件"打开"对话框中，选取三维零件模型——handle-fork.prt 作为参考零件模型，单击 打开 按钮，系统弹出"创建参考模型"对话框。

Step3. 在"创建参考模型"对话框中选中 ⊙ 按参考合并 单选项，然后在 参考模型 文本框中接受系统默认的名称，再单击 确定 按钮。

Step4. 在"布局"对话框的 布局 区域中单击 ⊙ 单一 单选项，在"布局"对话框中单击 预览 按钮，结果如图 14.2 所示。

Step5. 调整模具坐标系。

（1）在"布局"对话框的 参考模型起点与定向 区域中单击 ↖ 按钮，系统弹出"获得坐标系类型"菜单。

（2）定义坐标系类型。在"获得坐标系类型"菜单中选择 Dynamic (动态) 命令，系统弹出"元件"窗口和"参考模型方向"对话框。

（3）旋转坐标系。在"参考模型方向"对话框的 ^轴 区域中选择 ^Y 轴作为旋转轴，在 ^值 文本框中输入数值 90。

（4）在"参考模型方向"对话框中单击 确定 按钮；在"布局"对话框中单击 确定 按钮；在 ▼ CAV LAYOUT（型腔布置）菜单中单击 Done/Return（完成/返回）命令，完成坐标系的调整，结果如图 14.3 所示。

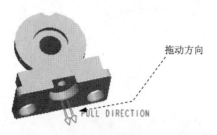

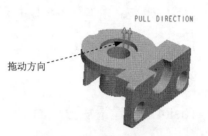

图 14.2 调整模具坐标系前   图 14.3 调整模具坐标系后

Stage2. 创建坯料

手动创建图 14.4 所示的坯料，操作步骤如下。

Step1. 单击 **模具** 功能选项卡 参考模型和工件 区域中的按钮 ^{工件}，然后在系统弹出的列表中选择 创建工件 命令，系统弹出"创建元件"对话框。

Step2. 在系统弹出的"创建元件"对话框中，在 类型 区域选中 零件 单选项，在 子类型 区域选中 实体 单选项，在 ^{名称} 文本框中输入坯料的名称 wp，然后单击 确定 按钮。

Step3. 在系统弹出的"创建选项"对话框中选中 创建特征 单选项，然后单击 确定 按钮。

Step4. 创建坯料特征。

（1）选择命令。单击 **模具** 功能选项卡 形状 ▼ 区域中的 拉伸 按钮。

（2）创建实体拉伸特征。

① 选取拉伸类型。在出现的操控板中，确认"实体"类型按钮 □ 被按下。

② 定义草绘截面放置属性。在绘图区中右击，从系统弹出的快捷菜单中选择 定义内部草绘... 命令。选择 MAIN_PARTING_PLN 基准平面作为草绘平面，草绘平面的参考平面为 MOLD_RIGHT 基准平面，方位为 下，单击 草绘 按钮，系统至此进入截面草绘环境。

③ 绘制截面草图。进入截面草绘环境后，选取 MOLD_FRONT 基准平面和 MOLD_RIGHT 基准平面为草绘参考，截面草图如图 14.5 所示；完成特征截面的绘制后，单击"草绘"操控板中的"确定"按钮 ✔。

④ 选取深度类型并输入深度值。在操控板中单击 选项 按钮，从系统弹出的界面中选取 ^{侧 1} 的深度类型 ⊥ 盲孔，再在深度文本框中输入深度值 5.0，并按回车键；然后选取 ^{侧 2} 的深度类型 ⊥ 盲孔，再在深度文本框中输入深度值 15.0，并按回车键。

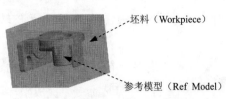

坯料（Workpiece）

参考模型（Ref Model）

图 14.4　模具模型

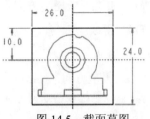

图 14.5　截面草图

⑤ 完成特征。在 **拉伸** 操控板中单击 ✓ 按钮，完成特征的创建。

Task3．设置收缩率

将参考模型收缩率设置为 0.006。

Task4．创建滑块分型面

下面的操作是创建图 14.6 所示的模具的滑块分型曲面，以分离模具元件——滑块，其操作过程如下。

Step1．单击 **模具** 功能选项卡 分型面和模具体积块 ▼ 区域中的"分型面"按钮 ，系统弹出"分型面"功能选项卡。

Step2．在系统弹出的"分型面"功能选项卡中的 控制 区域单击"属性"按钮 ，在"属性"对话框中输入分型面名称 ps_surf，单击 **确定** 按钮。

Step3．创建图 14.7 所示的拉伸面组 1。

（1）单击 **分型面** 功能选项卡 形状 ▼ 区域中的 拉伸 按钮，此时系统弹出"拉伸"操控板。

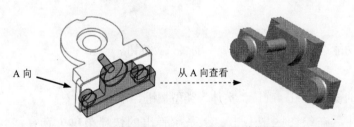

A 向

从 A 向查看

图 14.6　创建滑块分型曲面

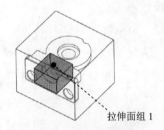

拉伸面组 1

图 14.7　创建拉伸面组 1

（2）定义草绘截面放置属性。在绘图区右击，从系统弹出的菜单中选择 定义内部草绘... 命令；在系统 选择一个平面或曲面以定义草绘平面. 的提示下，选取图 14.8 所示的坯料表面 1 为草绘平面，接受图 14.8 中默认的箭头方向为草绘视图方向，然后选取图 14.8 所示的坯料表面 2 为参考平面，方向为 上 。然后单击 草绘 按钮。

（3）进入草绘环境后，选取 MAIN_PARTING_PLN 基准平面和 MOLD_FRONT 基准平面为草绘参考，截面草图如图 14.9 所示。完成特征截面的绘制后，单击"草绘"操控板中的"确定"按钮 ✓ 。

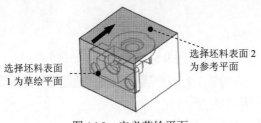

选择坯料表面 1 为草绘平面

选择坯料表面 2 为参考平面

图 14.8 定义草绘平面

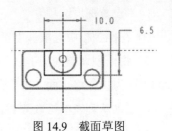

图 14.9 截面草图

（4）设置深度选项。

① 在操控板中选取深度类型 ⊥ （到选定的）。

② 将模型调整到图 14.10 所示的视图方位，将鼠标移动到图 14.10 所示的加亮平面处右击，从系统弹出的快捷菜单中选择 从列表中拾取 命令，在系统弹出的"从列表中拾取"对话框中选择 曲面:F1（外部合并）:HANDLE-FORK_MOLD_REF 选项。在"从列表中拾取"对话框中单击 确定(0) 按钮。

③ 在操控板中单击 选项 按钮，在"选项"界面中选中 ☑ 封闭端 复选框。

（5）在操控板中单击 ✓ 按钮，完成特征的创建。

Step4. 创建图 14.11 所示的拉伸面组 2。

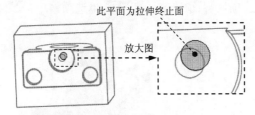

此平面为拉伸终止面

放大图

图 14.10 选取拉伸终止面

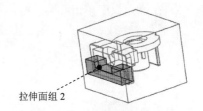

拉伸面组 2

图 14.11 创建拉伸面组 2

（1）单击 分型面 功能选项卡 形状 ▼ 区域中的 ⬚拉伸 按钮，此时系统弹出"拉伸"操控板。

（2）定义草绘截面放置属性。右击，从系统弹出的菜单中选择 定义内部草绘... 命令；在系统 ➡选择一个平面或曲面以定义草绘平面. 的提示下，选取图 14.12 所示的坯料表面 1 为草绘平面，接受图 14.12 中默认的箭头方向为草绘视图方向，然后选取图 14.12 所示的坯料表面 2 为参考平面，方向为 上 。然后单击 草绘 按钮。

（3）进入草绘环境后，选取 MAIN_PARTING_PLN 基准平面和 MOLD_FRONT 基准平面为草绘参考，单击"投影"按钮 ▢ ，然后绘制图 14.13 所示的截面草图。完成特征截面的绘制后，单击"草绘"操控板中的"确定"按钮 ✓ 。

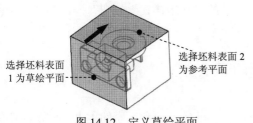

选择坯料表面 1 为草绘平面

选择坯料表面 2 为参考平面

图 14.12 定义草绘平面

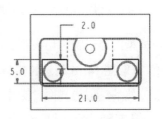

图 14.13 截面草图

（4）设置深度选项。

① 在操控板中选取深度类型 ⊥（到选定的）。

② 将模型调整到图 14.14 所示的视图方位，采用"列表选取"的方法，选择图 14.14 所示的平面为拉伸终止面，在"从列表中拾取"对话框中选择 曲面:F1（外部合并）:HANDLE-FORK_MOLD_REF 选项，在"从列表中拾取"对话框中单击 确定(0) 按钮。

③ 在操控板中单击 选项 按钮，在"选项"界面中选中 ☑ 封闭端 复选框。

（5）单击 ✔ 按钮，完成特征的创建。

Step5. 将拉伸面组 1 与拉伸面组 2 进行合并，如图 14.15 所示。

（1）遮蔽参考件和坯料。在模型树中右击 WP.PRT，从系统弹出的快捷菜单中选择 遮蔽 命令，用同样的方法遮蔽 HANDLE-FORK_MOLD_REF.PRT。

（2）按住 Ctrl 键，依次选取拉伸面组 1 与拉伸面组 2。

（3）单击 分型面 功能选项卡 编辑 ▾ 区域中的 🔲合并 按钮，系统弹出"合并"操控板。

（4）在"合并"操控板中单击 ✔ 和 ✔ 按钮，在模型中选取要合并的面组的箭头方向，如图 14.15 所示。

（5）在操控板中单击 选项 按钮，在"选项"界面中选中 ⦿ 相交 单选项。单击 ✔ 按钮。

图 14.14　选取拉伸终止面

图 14.15　合并面组

Step6. 通过曲面复制的方法，复制参考模型底座的下表面。

（1）将参考模型取消遮蔽。

（2）遮蔽滑块分型曲面。

（3）采用"种子面与边界面"的方法选取所需要的曲面。用户分别选取种子面和边界面后，系统则会自动选取从种子曲面开始向四周延伸直到边界曲面的所有曲面（其中包括种子曲面，但不包括边界曲面）。在屏幕右下方的"智能选取栏"中选择"几何"选项。

（4）下面先选取"种子面"（Seed Surface），操作方法如下。

① 选择 视图 功能选项卡 模型显示 ▾ 区域中的"显示样式"按钮 显示样式 ▾ ，按下 🔲 消隐 按钮，将模型的显示状态切换到实线线框显示方式。

② 选取图 14.16 所示的模型底面作为种子面。

（5）然后选取边界面，操作方法如下。

① 按住 Shift 键，选取图 14.17 中的 handle-forkd 的背面和底座的上表面以及底座的所有

侧面为边界面，此时图中所选的边界面会加亮。

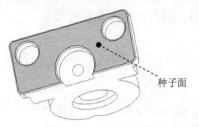

图 14.16　定义种子面

图 14.17　定义边界面

② 依次选取所有的边界面完毕（全部加亮）后，松开 Shift 键，完成"边界面"的选取。操作完成后，整个模型底座的小表面和里面的圆孔的内表面被加亮，如图 14.18 所示。

注意： 在选取"边界面"的过程中，要保证 Shift 键始终被按下，直至所有"边界面"均选取完毕，否则不能达到预期的效果。

（6）单击 **模具** 功能选项卡 操作 ▼ 区域中的"复制"按钮 。

（7）单击 **模具** 功能选项卡 操作 ▼ 区域中的"粘贴" 按钮 。系统弹出 **曲面：复制** 操控板。

（8）在系统弹出的 **曲面：复制** 操控板中单击 ✔ 按钮。

Step7. 将 Step5 合并的面组与复制面组进行合并，如图 14.19 所示。

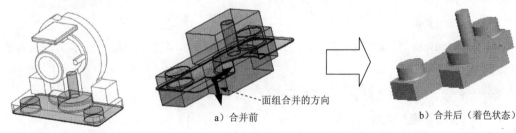

a）合并前　　面组合并的方向　　　　　b）合并后（着色状态）

图 14.18　加亮的曲面　　　　　　　　　图 14.19　合并面组

（1）遮蔽参考件。在模型树中右击 HANDLE-FORK_MOLD_REF.PRT，从系统弹出的快捷菜单中选择 遮蔽 命令。

（2）将滑块分型面取消遮蔽。在模型树中右击 拉伸 1 [PS_SURF - 分型面]，从系统弹出的快捷菜单中选择 取消遮蔽 命令。

（3）按住 Ctrl 键，选取合并面组和上一步创建的复制面组。

（4）单击 **分型面** 功能选项卡 编辑 ▼ 区域中的 合并 按钮，系统弹出"合并"操控板。

（5）在"合并"操控板中单击 ⤢ 和 ⤡ 按钮，在模型中调整要合并的面组的箭头方向，如图 14.19 所示。

（6）在操控板中单击 选项 按钮，在"选项"界面中选中 ⦿ 相交 单选项。

（7）在"合并"操控板中单击 ✔ 按钮。

（8）在"分型面"选项卡中单击"确定"按钮 ✔，完成分型面的创建。

Task5. 创建主分型面

下面的操作是创建图 14.20 所示的模具的主分型曲面，其操作过程如下。

Step1. 遮蔽滑块分型面，将参考件取消遮蔽。

Step2. 单击 **模具** 功能选项卡 分型面和模具体积块 ▼ 区域中的"分型面"按钮 ▢。系统弹出"分型面"功能选项卡。

Step3. 在系统弹出的"分型面"功能选项卡中的 控制 区域单击"属性"按钮 ▣，在"属性"对话框中输入分型面名称 main_pt_surf，单击 确定 按钮。

Step4. 通过曲面复制的方法，复制参考模型上的外表面，如图 14.21 所示。

（1）采用"种子面与边界面"的方法选取所需要的曲面。用户分别选取种子面和边界面后，系统会自动选取从种子曲面开始向四周延伸直到边界曲面的所有曲面（其中包括种子曲面，但不包括边界曲面）。在屏幕右下方的"智能选取栏"中选择"几何"选项。

（2）下面选取"种子面"，操作方法如下。

① 选择 **视图** 功能选项卡 模型显示 ▼ 区域中的"显示样式"按钮 显示样 式 ▼，按下 ▢ 消隐 按钮，将模型的显示状态切换到实线线框显示方式。

② 将模型调整到图 14.21 所示的视图方位，采用"从列表中选取"的方法选取图 14.21 所示的模型表面作为种子面。

（3）选取边界面，操作方法如下。

① 按住 Shift 键，选取图 14.22 中的 handle-fork 的背面和前面伸出圆柱的端面为边界面，此时选中的曲面会加亮。

② 依次选取所有的边界面（全部加亮）后，松开 Shift 键，然后按住 Ctrl 键选取图 14.23 所示的模型表面，操作完成后，模型上表面被加亮，如图 14.24 所示。

图 14.20　创建主分型曲面

图 14.21　定义种子面

图 14.22　定义边界面

图 14.23　加亮曲面（着色）

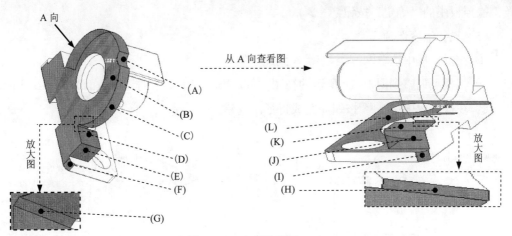

图 14.24 定义边界面

注意：在选取"边界面"的过程中，要保证 Shift 键始终被按下，直至所有"边界面"均选取完毕，否则不能达到预期的效果。

（4）单击 **模具** 功能选项卡 操作 ▼ 区域中的"复制"按钮 。

（5）单击 **模具** 功能选项卡 操作 ▼ 区域中的"粘贴" 按钮 ，系统弹出 **曲面：复制** 操控板。

（6）在系统弹出的 **曲面：复制** 操控板中单击 按钮。

Step5. 通过"拉伸"的方法，创建图 14.25 所示的拉伸曲面。

（1）将坯料取消遮蔽。在模型树中右击 WP.PRT，在系统弹出的快捷菜单中选择 取消遮蔽 命令。

（2）单击 **分型面** 功能选项卡 形状 ▼ 区域中的 拉伸 按钮，此时系统弹出"拉伸"选项卡。

（3）定义草绘截面放置属性。右击，从系统弹出的菜单中选择 定义内部草绘... 命令；在系统 ➡选择一个平面或曲面以定义草绘平面. 的提示下，选取图 14.26 所示的坯料表面 1 为草绘平面，接受图 14.26 中默认的箭头方向为草绘视图方向，然后选取图 14.26 所示的坯料表面 2 为参考平面，方向为 上 。单击 草绘 按钮，至此系统进入截面草绘环境。

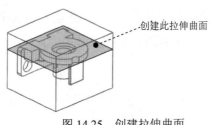

图 14.25 创建拉伸曲面

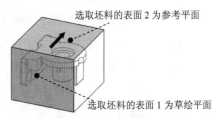

图 14.26 定义草绘平面

（4）绘制截面草图。

① 选取图 14.27 所示的边线为参考。

② 绘制图 14.27 所示的截面草图（截面草图为一条线段）；完成截面的绘制后，单击"草

绘"操控板中的"确定"按钮 ✔ 。

（5）设置深度选项。

① 在操控板中选取深度类型 ⊥ （到选定的）。

② 将模型调整到图 14.28 所示的视图方位，选取图中所示的坯料表面为拉伸终止面。

③ 在操控板中单击 ✔ 按钮。完成特征的创建。

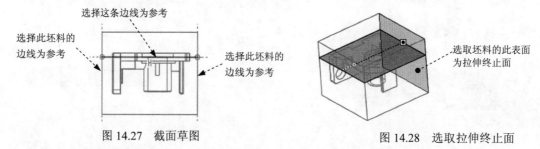

图 14.27　截面草图　　　　　　　　　　　　图 14.28　选取拉伸终止面

Step6. 将复制面组与拉伸面组进行合并，如图 14.29 所示。

图 14.29　合并面组

（1）遮蔽参考件和坯料。

（2）按住 Ctrl 键，选取复制面组和上一步创建的拉伸曲面。

（3）单击 分型面 功能选项卡 编辑 ▼ 区域中的 ⬗合并 按钮，系统弹出"合并"操控板。

（4）在"合并"操控板中单击 ⬘ ，在模型中选取要合并的面组的侧。

（5）在操控板中单击 选项 按钮，在"选项"界面中选中 ⦿ 相交 单选项。

（6）在"合并"操控板中单击 ✔ 按钮。

Step7. 将合并后的表面延伸至图 14.30 所示坯料的表面。

（1）为了方便选取复制边线，选择 视图 功能选项卡 模型显示 ▼ 区域中的"显示样式"按钮 显示样式 ▼ ，按下 ⬚ 线框 按钮，将模型的显示状态切换到实线线框显示方式。

（2）如图 14.31 所示，首先选取第一段边线。

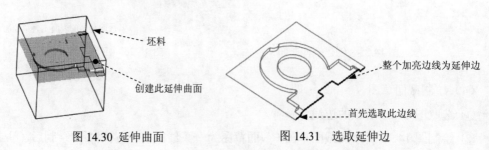

图 14.30　延伸曲面　　　　　　　　　　　　图 14.31　选取延伸边

注意：必须随着选取的第一条线段，依次选取图 14.31 中加亮的线段，线段之间不能间隔，否则无法选取加亮线段。

（3）单击 **分型面** 功能选项卡 编辑▼ 区域的 ⊡延伸 按钮，此时出现"曲面延伸：曲面延伸"操控板。

（4）在操控板中单击 参考 按钮，在"参考"界面中单击 细节... 按钮，此时系统弹出"链"对话框。

（5）按住 Ctrl 键，选取图 14.31 中所加亮的线段，单击 确定 按钮。

（6）将坯料的遮蔽取消。

（7）选取延伸的终止面。

① 在操控板中按下 ◻ 按钮（延伸类型为至平面）。

② 在系统 ⇨选择曲面延伸所至的平面 的提示下，选取图 14.32 所示的坯料的表面为延伸的终止面。

③ 在"曲面延伸：曲面延伸"操控板中单击 ✓ 按钮。完成后的延伸曲面如图 14.33 所示。

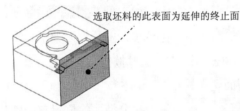

图 14.32　选取延伸的终止面

图 14.33　完成后的延伸曲面

Step8. 在"分型面"选项卡中单击"确定"按钮 ✓，完成分型面的创建。

Step9. 将分型面 PS_SURF 重新显示。

Task6. 构建模具元件的体积块

Stage1. 用滑块分型面创建滑块元件的体积块

用前面创建的滑块分型面 PS_SURF 来分离出滑块元件的体积块，该体积块将来会抽取为模具的滑块元件。

Step1. 选择 **模具** 功能选项卡 分型面和模具体积块▼ 区域中的 模具体积块▼ ➡ ⊟体积块分割 命令（即用"分割"的方法构建体积块）。

Step2. 在系统弹出的 ▼ SPLIT VOLUME（分割体积块）菜单中，依次选择 Two Volumes（两个体积块）➡ All Wrkpcs（所有工件）➡ Done（完成）命令。此时系统弹出"分割"对话框和"选择"对话框。

Step3. 用"列表选取"的方法选取分型面。

（1）在系统 为分割选定的模具体积块选择分型面. 的提示下，先将鼠标指针移至模型中滑块分型面的位置右击，从快捷菜单中选取 从列表中拾取 命令。

（2）在系统弹出的"从列表中拾取"对话框中单击列表中的 面组:F7(PS_SURF) ，然后单击 确定(O) 按钮。

（3）然后单击"选择"对话框中的 确定 按钮。

Step4. 单击"分割"信息对话框中的 确定 按钮。

Step5. 系统弹出"属性"对话框，然后在对话框中输入名称 body_vol，单击 确定 按钮。

Step6. 系统弹出"属性"对话框，然后在对话框中输入名称 slide_vol，单击 确定 按钮。

Stage2. 用主分型面创建上、下两个体积腔

用前面创建的主分型面 main_pt_surf 来将前面生成的体积块 body_vol 分成上、下两个体积腔（块），这两个体积块将来会被抽取为模具的上、下模具型腔。

Step1. 选择 模具 功能选项卡 分型面和模具体积块 ▼ 区域中的 模具体积块▼ ➡ 体积块分割 命令（即用"分割"的方法构建体积块）。

Step2. 在系统弹出的 ▼ SPLIT VOLUME (分割体积块) 菜单中，依次选择 Two Volumes (两个体积块) ➡ Mold Volume (模具体积块) ➡ Done (完成) 命令。在系统弹出的"搜索工具"对话框中选择 面组:F18(BODY_VOL1) ，单击 >> 按钮，单击 关闭 按钮。

Step3. 用"列表选取"的方法选取分型面。

（1）在系统 为分割工件选择分型面. 的提示下，在模型中滑块分型面的位置右击，从系统弹出的快捷菜单中选择 从列表中拾取 （从列表中拾取）命令。

（2）在"从列表中拾取"对话框中选取 面组:F12(MAIN_PT_SURF) 分型面，然后单击 确定(O) 按钮。

（3）然后单击"选择"对话框中的 确定 按钮。

Step4. 单击"分割"信息对话框中的 确定 按钮。

Step5. 系统弹出"属性"对话框，同时体积块的下半部分变亮，在该对话框中单击 着色 按钮，着色后的模型如图 14.34 所示。然后在对话框中输入名称 lower_vol，单击 确定 按钮。

Step6. 系统弹出"属性"对话框，同时体积块的上半部分变亮，在该对话框中单击 着色 按钮，着色后的模型如图 14.35 所示。然后在对话框中输入名称 upper_vol，单击 确定 按钮。

图 14.34　着色后的下半部分体积块

图 14.35　着色后的上半部分体积块

Task7. 抽取模具元件及生成浇注件

将浇注件的名称命名为 handle-fork_molding。

Task8. 定义开模动作

Step1. 将参考零件、坯料和分型面在模型中遮蔽起来。

Step2. 开模步骤 1：移动滑块。输入要移动的距离值-20，结果如图 14.36 所示。

图 14.36　移动滑块

Step3. 开模步骤 2：移动上模。输入要移动的距离值 20，结果如图 14.37 所示。

图 14.37　移动上模

Step4. 开模步骤 3：移动下模。输入要移动的距离值-30，结果如图 14.38 所示。

图 14.38　移动下模

Step5. 保存设计结果。单击 **模具** 功能选项卡中的 操作▼ 区域的 重新生成▼ 按钮，在系统弹出的下拉菜单中单击 重新生成 按钮，选择下拉菜单 文件▼ ➡ 保存(S) 命令。

实例 **15** 带滑块的模具设计（三）

本实例将介绍图 15.1 所示的三通管的模具设计。该模具的设计重点和难点在于分型面的设计，分型面设计得是否合理将直接影响到模具是否能够顺利地开模。通过对本实例的学习，读者会对"分型面法"有进一步的认识。

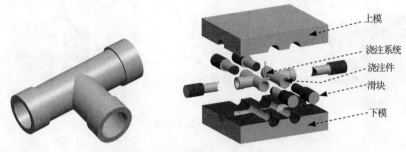

图 15.1 三通管的模具设计

Task1. 新建一个模具制造模型，进入模具模块

Step1. 将工作目录设置至 D:\creo3.6\work\ch15。

Step2. 新建一个模具型腔文件，命名为 pipeline_mold；选取 mmns_mfg_mold 模板。

Task2. 建立模具模型

在开始设计一个模具前，应先创建一个图 15.2 所示的"模具模型"，模具模型包括参考模型和坯料。

Stage1. 引入参考模型

Step1. 单击 **模具** 功能选项卡 参考模型和工件 区域中的按钮 参考模型▼，然后在系统弹出的列表中选择 ⌂ 组装参考模型 命令，系统弹出"打开"对话框。

Step2. 在"打开"对话框中选取三维零件模型 pipeline.prt 作为参考零件模型，然后单击 **打开** 按钮。

Step3. 定义约束参考模型的放置位置。

（1）指定第一个约束。在操控板中单击 放置 按钮，在"放置"界面的"约束类型"下拉列表中选择 ⊥ 重合，选取参考件的 FRONT 基准平面为元件参考，选取装配体的 MAIN_PARTING_PLN 基准平面为组件参考。

（2）指定第二个约束。单击 ➔ 新建约束 字符，在"约束类型"下拉列表中选择 ⊥ 重合，选取参考件的 TOP 基准平面为元件参考，选取装配体的 MOLD_FRONT 基准平面为组件参考。

（3）指定第三个约束。单击 **→新建约束** 字符，在"约束类型"下拉列表中选择 ![距离] **距离**，选取参考件的 RIGHT 基准平面为元件参考，选取装配体的 MOLD_RIGHT 基准平面为组件参考，偏移值设为 60。

（4）约束定义完成，在操控板中单击 ✔ 按钮，完成参考模型的放置；系统自动弹出"创建参考模型"对话框。

Step4. 在"创建参考模型"对话框中选中 ⊙ **按参考合并** 单选项，然后在 **参考模型** 区域的 **名称** 文本框中接受默认的名称（或输入参考模型的名称）。单击 **确定** 按钮，完成参考模型的命名。系统弹出"警告"对话框，单击 **确定** 按钮。

Step5. 创建镜像参考模型

（1）单击 **模具** 功能选项卡 **参考模型和工件** 区域的按钮 ![参考模型▼]，在系统弹出的菜单中单击 ![创建参考模型] **创建参考模型** 按钮，系统弹出"创建元件"对话框。

（2）在"创建元件"对话框中选中 **类型** 区域中的 ⊙ **零件** 单选项，选中 **子类型** 区域中的 ⊙ **镜像** 单选项，在 **名称** 文本框中输入坯料的名称 pipeline_mold_ref_02，然后再单击 **确定** 按钮，此时系统弹出"镜像零件"对话框。

（3）在系统弹出的"创建选项"对话框中选中 ⊙ **仅镜像几何** 单选项，在"镜像零件"对话框中的 **零件参考** 区域单击字符"选择项"，然后选取图 15.3 所示要镜像的参考零件，在"镜像零件"对话框中的 **平面参考** 区域单击字符"单击此处添加项"，选取图 15.3 所示的镜像平面参考，完成选取后单击 **确定** 按钮。

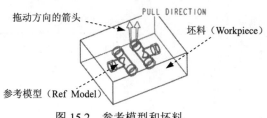

图 15.2　参考模型和坯料

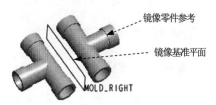

图 15.3　创建镜像参考模型

Stage2. 创建坯料

Step1. 单击 **模具** 功能选项卡 **参考模型和工件** 区域中的按钮 ![工件▼]，然后在系统弹出的列表中选择 ![创建工件] **创建工件** 命令，系统弹出"创建元件"对话框。

Step2. 在"创建元件"对话框中选中 **类型** 区域中的 ⊙ **零件** 单选项，选中 **子类型** 区域中的 ⊙ **实体** 单选项，在 **名称** 文本框中输入坯料的名称 wp，然后再单击 **确定** 按钮。

Step3. 在系统弹出的"创建选项"对话框中选中 ⊙ **创建特征** 单选项，然后再单击 **确定**

按钮。

Step4. 创建图 15.4 所示的坯料特征。

（1）选择命令。单击 **模具** 功能选项卡 形状 ▾ 区域中的 拉伸 按钮。

（2）创建实体拉伸特征。

① 定义草绘截面放置属性。在绘图区中右击，从系统弹出的快捷菜单中选择 定义内部草绘... 命令。然后选择 MAIN_PARTING_PLN 基准平面作为草绘平面，草绘平面的参考平面为 MOLD_RIGHT 基准平面，方位为 右，单击 草绘 按钮，系统至此进入截面草绘环境。

② 进入截面草绘环境后，选取 MOLD_RIGHT 基准平面和 MOLD_FRONT 基准平面为草绘参考，然后绘制图 15.5 所示的截面草图。完成截面草图的绘制后，单击"草绘"操控板中的"确定"按钮 ✔ 。

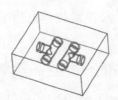

图 15.4 创建坯料

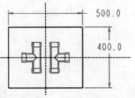

图 15.5 截面草图

③ 选取深度类型并输入深度值。在操控板中选取深度类型 ⊟（即"对称"），再在深度文本框中输入深度值 180.0，并按回车键。

Step5. 在 拉伸 操控板中单击 ✔ 按钮。完成特征的创建。

Task3. 设置收缩率

将参考模型收缩率设置为 0.006。

Task4. 创建浇注系统

Stage1. 创建浇道

创建图 15.6 所示的浇道，其操作过程如下。

Step1. 选择命令。单击 模型 功能选项卡 切口和曲面 ▾ 区域中的 旋转 按钮。

Step2. 此时出现旋转特征操控板。

（1）定义草绘截面放置属性。右击，从快捷菜单中选择 定义内部草绘... 命令。草绘平面为 MOLD_FRONT 基准平面，草绘平面的参考平面为 MOLD_RIGHT 基准平面，草绘平面的参考方位为 右。单击 草绘 按钮，系统至此进入截面草绘环境。

（2）进入截面草绘环境后，选取图 15.7 所示的坯料边线为草绘参考，绘制图 15.7 所示的截面草图。完成特征截面的绘制后，单击"草绘"操控板中的"确定"按钮 ✔ 。

（3）特征属性。旋转角度类型为 ⊥，旋转角度为 360。

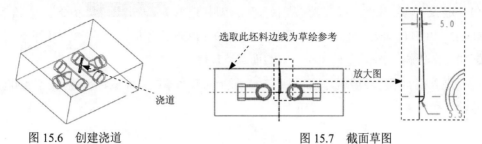

（4）单击操控板中的 ✓ 按钮，完成特征的创建。

选取此坯料边线为草绘参考

放大图

图 15.6　创建浇道

图 15.7　截面草图

Stage2. 创建图 15.8 所示的主流道

Step1. 单击 模具 功能选项卡 生产特征 ▼ 区域中的 ✕ 流道 按钮。系统弹出"流道"信息对话框，在系统弹出的 ▼ Shape (形状) 菜单中选择 Round (倒圆角) 命令。

Step2. 定义流道的直径。在系统 输入流道直径 的提示下，输入直径值 10，然后按回车键。

Step3. 在 ▼ FLOW PATH (流道) 菜单中选择 Sketch Path (草绘路径) 命令，在"设置草绘平面"菜单中选择 Setup New (新设置) 命令。

Step4. 选取草绘平面。执行命令后，在系统 ▷ 选择或创建一个草绘平面. 的提示下，选择 MAIN_PARTING_PLN 基准平面为草绘平面。在 ▼ DIRECTION (方向) 菜单中选择 Okay (确定) 命令，即接受系统默认的草绘的方向。在 ▼ SKET VIEW (草绘视图) 菜单中选择 Right (右) 命令，选取 MOLD_RIGHT 基准平面为参考平面。

Step5. 绘制截面草图。进入草绘环境后，绘制图 15.9 所示的截面草图(即一条中间线段)。完成特征截面的绘制后，单击"草绘"操控板中的"确定"按钮 ✓ 。

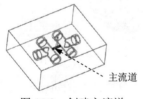

主流道

图 15.8　创建主流道

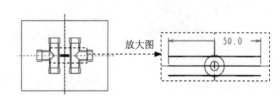

放大图

50.0

图 15.9　截面草图

Step6. 定义相交元件。在系统弹出的"相交元件"对话框中按下 自动添加 按钮，选中 ✓ 自动更新 复选框，然后单击 确定 按钮。

Step7. 单击"流道"信息对话框中的 预览 按钮，再单击"重画"按钮 🖸，预览所创建的"流道"特征，然后单击 确定 按钮完成操作。

Stage3. 浇口的设计

创建图 15.10 所示的浇口，其操作过程如下。

Step1. 选择命令。单击 模型 功能选项卡 切口和曲面 ▼ 区域中的 拉伸 按钮。

Step2. 创建拉伸特征。

（1）定义草绘属性。右击，从快捷菜单中选择 定义内部草绘... 命令。草绘平面为 MOLD_RIGHT，草绘平面的参考平面为 MOLD_FRONT 基准平面，草绘平面的参考方位为 左 。单击 草绘 按钮，至此系统进入截面草绘环境。

（2）进入截面草绘环境后，绘制图 15.11 所示的截面草图。完成特征截面的绘制后，单击"草绘"操控板中的"确定"按钮 ✔ 。

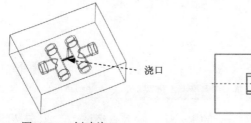

图 15.10 创建浇口

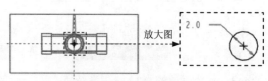

图 15.11 截面草图

（3）在"拉伸"操控板中单击 选项 按钮，在系统弹出的界面中选取双侧的深度选项均为 ⊥ 到选定项 ，然后选取图 15.12 所示的参考零件的表面为拉伸的终止面。

（4）单击操控板中的 ✔ 按钮，完成特征创建。

Task5. 创建主分型面

创建图 15.13 所示模具的主分型拉伸面，其操作过程如下。

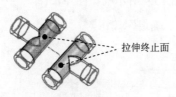

图 15.12 拉伸终止面

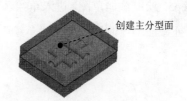

图 15.13 创建主分型面

Step1. 单击 模具 功能选项卡 分型面和模具体积块 ▾ 区域中的"分型面"按钮 ◻ ，系统弹出"分型面"功能选项卡。

Step2. 在系统弹出的"分型面"功能选项卡中的 控制 区域单击"属性"按钮 ▣ ，在"属性"对话框中输入分型面名称 main_ps，单击 确定 按钮。

Step3. 通过"拉伸"的方法创建主分型面。

（1）单击 分型面 功能选项卡 形状 ▾ 区域中的 ◻ 拉伸 按钮，此时系统弹出"拉伸"操控板。

（2）定义草绘截面放置属性。使用鼠标右击，从系统弹出的菜单中选择 定义内部草绘... 命令；在系统 ➡ 选择一个平面或曲面以定义草绘平面. 的提示下，选取图 15.14 所示的坯料前表面为草绘平面，接受默认选取的箭头方向和平面为草绘视图方向和参考平面，方向为 下 ；单击 草绘 按钮，系统至此进入截面草绘环境。

（3）绘制截面草图。选取图 15.15 所示的坯料的边线和 MAIN_PARTING_PLN 基准平面为草绘参考；绘制图 15.15 所示的截面草图（截面草图为一条线段），完成截面的绘制后，单击"草绘"操控板中的"确定"按钮 ✔ 。

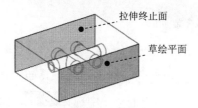

图 15.14　草绘平面和伸终止面

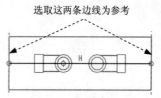

图 15.15　截面草图

（4）设置深度选项。

① 在操控板中选取深度类型 ⊥（到选定的）。

② 将模型调整到合适位置，选取图 15.14 所示的模型表面为拉伸终止面。

③ 在"拉伸"操控板中单击 ✔ 按钮，完成特征的创建。

Step4. 在"分型面"选项卡中单击"确定"按钮 ✔ ，完成分型面的创建。

Task6．创建滑块分型面

创建图 15.16 所示模具的滑块分型面，其操作过程如下。

Step1. 单击 **模具** 功能选项卡 分型面和模具体积块 ▼ 区域中的"分型面"按钮 🔲 ，系统弹出"分型面"功能选项卡。

Step2. 在系统弹出的"分型面"功能选项卡中的 控制 区域单击"属性"按钮 📝 ，在"属性"对话框中输入分型面名称 slide_ps，单击 确定 按钮。

Step3. 遮蔽坯料和主分型面，在屏幕右下方的"智能选取栏"中选择"几何"选项。

Step4. 通过曲面复制的方法复制图 15.17 所示参考模型上的表面。

图 15.16　创建滑块分型面

图 15.17　创建复制曲面

（1）按住 Ctrl 键选取图 15.18 所示的三个曲面。

（2）单击 **模具** 功能选项卡 操作 ▼ 区域中的"复制"按钮 📋 。

（3）单击 **模具** 功能选项卡 操作 ▼ 区域中的"粘贴" 按钮 📋 ▼ ，系统弹出"曲面：复制"操控板。

（4）在系统弹出的"曲面：复制"操控板中单击 ✔ 按钮。

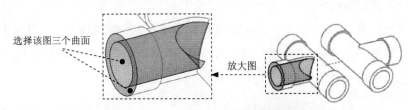

选择该图三个曲面

放大图

图 15.18　选取复制曲面

Step5. 通过"拉伸"的方法创建图 15.19 所示的曲面。

（1）单击 **分型面** 功能选项卡 形状 ▼ 区域中的 拉伸 按钮，此时系统弹出"拉伸"操控板。

（2）定义草绘截面放置属性。在图形区右击，从系统弹出的菜单中选择 定义内部草绘... 命令；选取 MOLD_FRONT 基准平面为草绘平面，MOLD_RIGHT 基准平面为参考平面，方向为 右；单击 草绘 按钮，系统至此进入截面草绘环境。

（3）绘制截面草图。接受系统默认的草绘参考；绘制图 15.20 所示的截面草图（使用投影命令）；完成截面的绘制后，单击"草绘"操控板中的"确定"按钮 ✓。

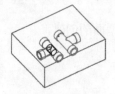

图 15.19　拉伸曲面

图 15.20　截面草图

（4）设置深度选项。

① 在操控板中选取深度类型 日 （对称），在深度文本框中输入深度值 60.0。

② 在操控板中单击 ✓ 按钮，完成拉伸特征的创建。

Step6. 将坯料撤销遮蔽。

Step7. 创建图 15.21 所示的合并曲面。

（1）按住 Ctrl 键，在模型树中选取复制面 1 与拉伸 3 的面。

（2）单击 **分型面** 功能选项卡 编辑 ▼ 区域中的 合并 按钮，系统"合并"操控板。

（3）在"合并"操控板中单击 ✓ 按钮，合并结果如图 15.21 所示。

Step8. 创建图 15.22 所示的延伸曲面。

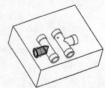

图 15.21　合并曲面

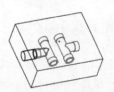

图 15.22　延伸曲面

（1）按住 Shift 键，选取图 15.23 所示的复制边线。

注意：选取延伸边线时，必须保证选取的是前面复制的曲面边线，否则将无法使用延伸命令。

（2）单击**分型面**功能选项卡 编辑 ▼ 区域的 延伸按钮，此时出现 *延伸* 操控板。

（3）选取延伸的终止面。在操控板中按下按钮 。选取图 15.23 所示的坯料的表面为延伸的终止面。

（4）单击 ✔ 按钮，完成延伸曲面的创建。

图 15.23　选取延伸边

Step9. 创建图 15.24 所示的镜像面组。

（1）用"列表选取"的方法选取要镜像的面组。先将鼠标指针移至模型中滑块分型面的位置右击，从快捷菜单中选取 从列表中拾取 命令。单击列表中的 面组:F12(SLIDE_PS) 面组，然后单击 确定(0) 按钮。

（2）单击**分型面**功能选项卡中的 编辑 ▼ 按钮，然后在下拉菜单中选择 镜像 命令。

（3）定义镜像中心平面。选择基准平面 MOLD_RIGHT 为镜像中心平面。

（4）在操控板中单击"完成"按钮 ✔ ，完成镜像特征的创建。

a）镜像前　　　　　　　　　　　　　　　　　　　　　b）镜像后

图 15.24　镜像面组

Step10. 创建图 15.25 所示的拉伸曲面。

（1）单击**分型面**功能选项卡 形状 ▼ 区域中的"拉伸"按钮 拉伸。此时系统弹出"拉伸"操控板。

（2）定义草绘截面放置属性。在图形区右击，从系统弹出的菜单中选择 定义内部草绘... 命令；选取 MOLD_FRONT 基准平面为草绘平面，MOLD_RIGHT 基准平面为参考平面，方向为 右 ；单击 草绘 按钮，至此系统进入截面草绘环境。

（3）绘制截面草图。接受系统默认参考；绘制图 15.26 所示的截面草图（使用投影命令）；完成截面的绘制后，单击"草绘"操控板中的"确定"按钮 ✔ 。

（4）设置深度选项。

① 在操控板中选取深度类型 （到选定的）。

② 将模型调整到合适位置，选取图 15.27 所示的模型表面为拉伸终止面。

③ 在操控板中单击 选项 按钮，在"选项"界面中选中 ☑ 封闭端 复选框。

（5）在操控板中单击 ✔ 按钮，完成特征的创建。

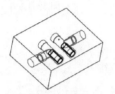 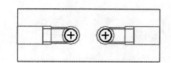 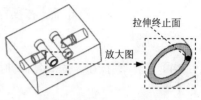

图 15.25　拉伸曲面　　　　图 15.26　截面草图　　　　图 15.27　拉伸终止面

Step11. 创建图 15.28 所示的拉伸曲面。

（1）单击 分型面 功能选项卡 形状 ▼ 区域中的"拉伸"按钮 ☐⃞拉伸 。此时系统弹出"拉伸"操控板。

（2）定义草绘截面放置属性。在图形区右击，从系统弹出的菜单中选择 定义内部草绘... 命令；选取图 15.28 所示的坯料前表面为草绘平面，MOLD_RIGHT 基准平面为参考平面，方向为 右 ；单击 草绘 按钮，系统至此进入截面草绘环境。

（3）绘制截面草图。选取 MAIN_PARTING_PLN 基准平面为参考平面，绘制图 15.29 所示的截面草图（使用投影命令）；完成截面的绘制后，单击"草绘"操控板中的"确定"按钮 ✔ 。

（4）设置深度选项。

① 在操控板中选取深度类型 ⊥ （到选定的）。

② 将模型调整到合适位置，选取图 15.27 所示的模型表面为拉伸终止面。

③ 在操控板中单击 选项 按钮，在"选项"界面中选中 ☑ 封闭端 复选框。

（5）在操控板中单击 ✔ 按钮，完成特征的创建。

Step12. 创建图 15.30 所示的合并曲面特征。

（1）按住 Ctrl 键，在模型树中选取拉伸 4 和拉伸 5 曲面。

（2）单击 分型面 功能选项卡 编辑 ▼ 区域中的 ⬭合并 按钮，此时系统弹出"合并"操控板。

（3）在"合并"操控板中单击 ✔ 按钮。

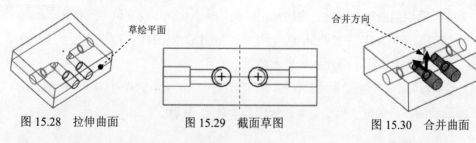

图 15.28　拉伸曲面　　　　图 15.29　截面草图　　　　图 15.30　合并曲面

Step13. 将面组进行图 15.31 所示的镜像。

（1）选取上一步创建的合并 2 面组为要镜像的面组。

（2）单击**分型面**功能选项卡中的 编辑 ▼ 按钮，然后在下拉菜单中选择 镜像 命令。

（3）定义镜像中心平面。选取基准平面 MOLD_FRONT 为镜像中心平面。

（4）在"镜像"操控板中单击 ✔ 按钮，完成镜像特征的创建。

Step14. 在"分型面"选项卡中单击"确定"按钮 ✔，完成分型面的创建。

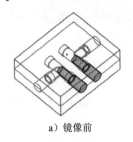 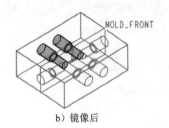

a）镜像前 b）镜像后

图 15.31　镜像面组

Task7. 构建模具元件的体积块

Stage1. 创建第一个滑块体积块

Step1. 选择 **模具** 功能选项卡 分型面和模具体积块 ▼ 区域中的 模具体积块 ▼ ➡ 体积块分割 命令（即用"分割"的方法构建体积块）。

Step2. 在系统弹出的 ▼ SPLIT VOLUME (分割体积块) 菜单中，依次选择 Two Volumes (两个体积块) ➡ All Wrkpcs (所有工件) ➡ Done (完成) 命令。此时系统弹出"分割"对话框和"选择"对话框。

Step3. 选取分型面。选取面组 面组:F17 (使用"列表选取"），然后单击"选择"对话框中的 确定 按钮，系统弹出 ▼ 岛列表 菜单。

Step4. 在"岛列表"菜单中选中 ☑ 岛2 和 ☑ 岛3 复选框，选择 Done Sel (完成选择) 命令。

Step5. 单击"分割"信息对话框中的 确定 按钮。

Step6. 系统弹出"属性"对话框，在该对话框中单击 着色 按钮，着色后的体积块如图 15.32 所示。然后在对话框中输入名称 SLIDE_VOL_01，单击 确定 按钮。

Step7. 系统弹出"属性"对话框，在该对话框中单击 着色 按钮，着色后的体积块如图 15.33 所示。然后在对话框中输入名称 BODY_VOL，单击 确定 按钮。

Stage2. 创建第二个滑块体积块

Step1. 选择 **模具** 功能选项卡 分型面和模具体积块 ▼ 区域中的 模具体积块 ▼ ➡ 体积块分割 命令（即用"分割"的方法构建体积块）。

Step2. 选择 ▼ SPLIT VOLUME (分割体积块) ➡ One Volume (一个体积块) ➡ Mold Volume (模具体积块) ➡ Done (完成) 命令，此时系统弹出"搜索工具"对话框。

Step3. 在系统弹出的"搜索工具"对话框中单击列表中的 面组:F23(BODY_VOL) 体积块，然后单击 >> 按钮，将其加入到 已选择 0 个项 列表中，再单击 关闭 按钮。

Step4. 选取分型面。选取面组 面组:F12(SLIDE_PS) （使用"列表选取"），然后单击"选择"对话框中的 确定 按钮，系统弹出 ▼ 岛列表 菜单。

Step5. 在"岛列表"菜单中选中 ☑ 岛2 复选框，选择 Done Sel（完成选择）命令。

Step6. 单击"分割"信息对话框中的 确定 按钮。

Step7. 系统弹出"属性"对话框，在该对话框中单击 着色 按钮，着色后的体积块如图 15.34 所示。然后在对话框中输入名称 SLIDE_VOL_02，单击 确定 按钮。

图 15.32　着色后的滑块

图 15.33　着色后的部分体积块

图 15.34　着色后的滑块

Stage3.　创建第三、第四个滑块体积块

参见 Stage2 完成第三、第四个滑块的创建。分别命名为 SLIDE_VOL_03、SLIDE_VOL_04。

Stage4.　创建上下模板

Step1. 选择 模具 功能选项卡 分型面和模具体积块 ▼ 区域中的 模具体积块 ▼ ➡ 🗄体积块分割 命令（即用"分割"的方法构建体积块）。

Step2. 选择 ▼ SPLIT VOLUME（分割体积块）➡ Two Volumes（两个体积块）➡ Mold Volume（模具体积块）➡ Done（完成）命令，此时系统弹出"搜索工具"对话框。

Step3. 在系统弹出的"搜索工具"对话框中单击列表中的 面组:F23(BODY_VOL) 体积块，然后单击 〉〉 按钮，将其加入到 已选择 0 个项:列表中，再单击 关闭 按钮。

Step4. 选取分型面。选取面组 面组:F11(MAIN_PS)（用"列表选取"），然后单击"选择"对话框中的 确定 按钮，系统弹出"分割"对话框。

说明：此时要将分型面显示出来。

Step5. 单击"分割"信息对话框中的 确定 按钮。

Step6. 系统弹出"属性"对话框，在该对话框中单击 着色 按钮，着色后的体积块如图 15.35 所示。然后在对话框中输入名称 LOWER_VOL，单击 确定 按钮。

Step7. 系统弹出"属性"对话框，在该对话框中单击 着色 按钮，着色后的体积块如图 15.36 所示。然后在对话框中输入名称 UPPER_VOL，单击 确定 按钮。

Task8.　抽取模具元件及生成浇注件

将浇注件的名称命名为 molding。

图 15.35 着色后的下半部分体积块

图 15.36 着色后的上半部分体积块

Task9. 定义开模动作

Step1. 将参考零件、坯料、所有体积快和分型面在模型中遮蔽起来。

Step2. 移动第一个滑块。

（1）选择 **模具** 功能选项卡 分析▼ 区域中的 ☰ 命令。系统弹出 ▼ MOLD OPEN (模具开模) 菜单管理器。

（2）在系统弹出的"菜单管理器"菜单中选择 Define Step (定义步骤) ➡ Define Move (定义移动) 命令。

（3）在系统 为迁移号码1 选择构件. 的提示下，在模型树上选取第一个滑块，在"选择"对话框中单击 确定 按钮。

（4）在系统 通过选择边、轴或面选择分解方向. 的提示下，选取图 15.37 所示的边线为移动方向，输入要移动的距离值 200，然后按回车键。

（5）在 ▼ DEFINE STEP (定义间距) 菜单中选择 Done (完成) 命令，移出后的状态如图 15.37 所示。

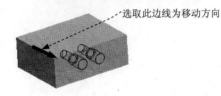
选取此边线为移动方向

移动后

图 15.37 移动滑块

Step3. 参见 Step2 移动其他滑块。

Step4. 移动上模。

（1）在系统弹出的"菜单管理器"菜单中选择 Define Step (定义步骤) ➡ Define Move (定义移动) 命令。

（2）在系统 为迁移号码1 选择构件. 的提示下，在模型中选取上模零件，然后在"选择"对话框中单击 确定 按钮。

（3）在系统 通过选择边、轴或面选择分解方向. 的提示下，选取图 15.38 所示的边线为移动方向，输入要移动的距离值 200，然后按回车键。

（4）在 ▼ DEFINE STEP (定义步骤) 菜单中选择 Done (完成) 命令，移出后的状态如图 15.38 所示。

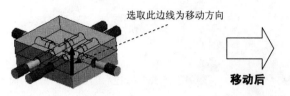

选取此边线为移动方向

移动后

图 15.38　移动上模

Step5. 移动下模。参考 Step4 的操作方法，在模型中选取下模，选取图 15.39 所示的边线为移动方向，输入要移动的距离值-200，然后按回车键，选择 **Done（完成）** 命令，完成下模的开模动作。在"模具开模"菜单中单击 **Done/Return（完成/返回）** 按钮。

选取此边线为移动方向

移动后

图 15.39　移动下模

Step6. 保存设计结果。单击 **模具** 功能选项卡中 操作 ▼ 区域的 重新生成 ▼ 按钮，在系统弹出的下拉菜单中单击 重新生成 按钮，选择下拉菜单 文件 ▼ ➡ 保存(S) 命令。

实例 16　带滑块的模具设计（四）

本实例介绍图 16.1 所示的塑料框的模具设计。该模具设计同时采用了体积块法和分型面法，其灵活性和适用性很强，希望读者通过对本实例的学习，能够灵活地运用各种方法来进行模具设计。

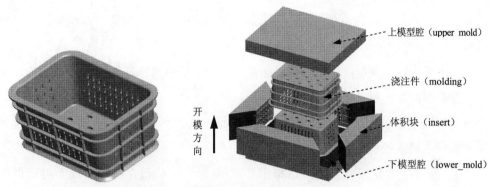

图 16.1　塑料筐的模具设计

Task1．新建一个模具制造模型文件，进入模具模块

Step1. 将工作目录设置至 D:\creo3.6\work\ch16。

Step2. 新建一个模具型腔文件，命名为 case_mold；选取 mmns_mfg_mold 模板。

Task2．建立模具模型

在开始设计一个模具前，应先创建一个"模具模型"，模具模型包括参考模型（Ref Model）和坯料（Workpiece），如图 16.2 所示。

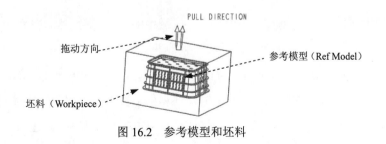

图 16.2　参考模型和坯料

Stage1．引入参考模型

Step1. 单击 **模具** 功能选项卡 参考模型和工件 区域中的按钮 参考模型▼，然后在系统弹出的列表中选择 定位参考模型 命令，系统弹出"打开""布局"对话框和 ▼ CAV LAYOUT （型腔布置）菜单管理器。

Step2. 从系统弹出的"打开"对话框中，选取三维零件模型——case.prt 作为参考零件模型，单击 打开 按钮，系统弹出"创建参考模型"对话框。

Step3. 在"创建参考模型"对话框中选中 ◉ 按参考合并 单选项，然后在 参考模型 文本框中接受默认的名称，再单击 确定 按钮。

Step4. 在"布局"对话框的 布局 区域中单击 ◉ 单一 单选项，在"布局"对话框中单击 预览 按钮，结果如图 16.3 所示。

Step5. 调整模具坐标系。

（1）在"布局"对话框的 参考模型起点与定向 区域中单击 ↖ 按钮，系统弹出"获得坐标系类型"菜单。

（2）定义坐标系类型。在"获得坐标系类型"菜单中选择 Dynamic (动态) 命令，系统弹出"元件"窗口和"参考模型方向"对话框。

（3）旋转坐标系。在"参考模型方向"对话框的 轴 区域中选择 X 轴作为旋转轴。在 值 文本框中输入数值-90。

（4）在"参考模型方向"对话框中单击 确定 按钮；在"布局"对话框中单击 确定 按钮；系统弹出"警告"对话框，单击 确定 按钮。在 ▼ CAV LAYOUT (型腔布置) 菜单中单击 Done/Return (完成/返回) 命令，完成坐标系的调整，结果如图 16.4 所示。

图 16.3　引入参考件　　　　　图 16.4　调整模具坐标系后

Stage2．创建坯料

Step1. 单击 模具 功能选项卡 参考模型和工件 区域中的按钮 工件 ，然后在系统弹出的列表中选择 创建工件 命令，系统弹出"创建元件"对话框。

Step2. 在系统弹出的"创建元件"对话框中，在 类型 区域选中 ◉ 零件 单选项，在 子类型 区域选中 ◉ 实体 单选项，在 名称 文本框中输入坯料的名称 wp，然后单击 确定 按钮。

Step3. 在系统弹出的"创建选项"对话框中选中 ◉ 创建特征 单选项，然后单击 确定 按钮。

Step4. 创建坯料特征。

（1）选择命令。单击 模具 功能选项卡 形状 ▼ 区域中的 拉伸 按钮。

（2）创建实体拉伸特征。

① 选取拉伸类型。在出现的操控板中，确认"实体"类型按钮 □ 被按下。

② 定义草绘截面放置属性。在绘图区中右击，从快捷菜单中选择 定义内部草绘... 命令。系统弹出"草绘"对话框，然后选择 MOLD_FRONT 基准平面作为草绘平面，接受系统默认的箭头方向为草绘视图方向，然后选取 MOLD_RIGHT 基准平面为参考平面，方位为 右，单击 草绘 按钮，至此系统进入截面草绘环境。

③ 进入截面草绘环境后，选取 MOLD_RIGHT 基准平面和 MAIN_PARTING_PLN 基准平面为草绘参考，然后绘制图 16.5 所示的截面草图。完成特征截面的绘制后，单击"草绘"操控板中的"确定"按钮 ✓。

④ 选取深度类型并输入深度值。在操控板中选取深度类型 日（即"对称"），再在深度文本框中输入深度值 800.0，并按回车键。

⑤ 完成特征。在"拉伸"操控板中单击 ✓ 按钮，完成特征的创建。

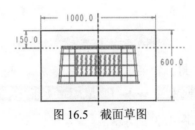

图 16.5 截面草图

Task3. 设置收缩率

将参考模型收缩率设置为 0.006。

Task4. 创建下模体积块

Step1. 选择 模具 功能选项卡 分型面和模具体积块 ▼ 区域中的 模具体积块 ▼ ➡ 模具体积块 命令。

Step2. 收集第一个体积块。

（1）选择命令。单击 编辑模具体积块 功能选项卡 体积块工具 ▼ 区域中的"收集体积块工具"按钮，此时系统弹出"聚合体积块"菜单管理器。

（2）定义选取步骤。在"聚合步骤"菜单中选择 ✓ Select（选择）、 ✓ Fill（填充） 和 ✓ Close（封闭）复选框，单击 Done（完成）命令，此时系统显示"聚合选择"菜单。

说明：为了方便在后面选取曲面，可以先将坯料遮蔽起来。

（3）定义聚合选择。

① 在"聚合选择"菜单中选择 Surfaces（曲面） ➡ Done（完成）命令，然后在图形区选取模型内壁所有面，如图 16.6 所示，在"选择"对话框中单击 确定 按钮，单击 Done Refs（完成参考）命令。

② 定义填充曲面。选取图 16.7 所示的模型内壁有破孔的五个面为填充面；单击

确定 ➡ **Done Refs (完成参考)** ➡ **Done/Return (完成/返回)** 命令,此时系统显示"封合"菜单。

③ 定义封合类型。在"封合"菜单中选中 ☑ **Cap Plane (顶平面)** ➡ ☑ **All Loops (全部环)** 复选框,单击 **Done (完成)** 命令,此时系统显示"封闭环"菜单。

说明:此处需要将前面的遮蔽坯料零件—☞ **WP** 去除遮蔽。

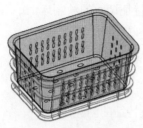

图 16.6 选取连续面

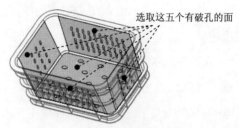

选取这五个有破孔的面

图 16.7 选取连续面

④ 定义封闭面。根据系统 ➡选择或创建一平面,盖住闭合的体积块. 的提示,选取图 16.8 所示的平面为封闭面,此时系统显示"封合"菜单。

⑤ 在菜单栏中单击 **Done (完成)** ➡ **Done/Return (完成/返回)** ➡ **Done (完成)** 命令,完成收集体积块的创建,结果如图 16.9 所示。

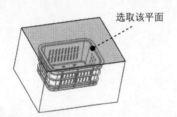

选取该平面

图 16.8 定义封闭环

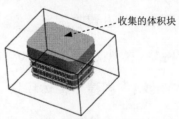

收集的体积块

图 16.9 收集第一个体积块

Step3. 拉伸体积块。

(1)选择命令。单击**编辑模具体积块**功能选项卡 形状 ▼ 区域中的 拉伸 按钮,此时系统弹出"拉伸"操控板。

(2)定义草绘截面放置属性。在图形区右击,从系统弹出的菜单中选择 定义内部草绘... 命令;在系统 ➡选择一个平面或曲面以定义草绘平面. 的提示下,选取图 16.10 所示的毛坯表面为草绘平面,接受默认的箭头方向为草绘视图方向,然后选取图 16.10 所示的毛坯侧面为参考平面,方向为 右 。然后单击 草绘 按钮。

(3)绘制截面草图。进入草绘环境后,选取图 16.11 所示的坯料边线为参考;绘制图 16.11 所示的截面草图(为一矩形),完成截面的绘制后,单击"草绘"操控板中的"确定"按钮 ✔ 。

(4)定义深度类型。在操控板中选取深度类型 ⊥ (到选定的),选取图 16.12 所示的面为拉伸终止面。

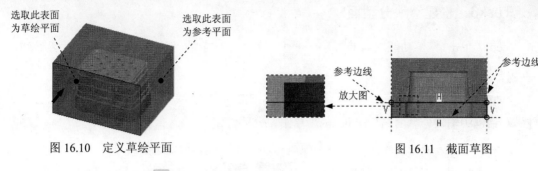

图 16.10　定义草绘平面　　　　　　　图 16.11　截面草图

（5）在操控板中单击 ✓ 按钮，完成特征的创建。

Step4. 在"编辑模具体积块"中单击 ✓ 按钮，完成体积块的创建。

说明：在进入体积块模式下创建的所有特征都是属于同一个体积块的，系统将自动将这些特征合并在一起。

图 16.12　拉伸终止面

Task5. 构建模具元件的体积块

Step1. 选择 **模具** 功能选项卡 分型面和模具体积块 ▼ 区域中的 模具体积块 ▼ ➡ 体积块分割 命令（即用"分割"的方法构建体积块）。

Step2. 在系统弹出的菜单中选择 ▼ SPLIT VOLUME (分割体积块) ➡ Two Volumes (两个体积块) ➡ All Wrkpcs (所有工件) ➡ Done (完成) 命令，此时系统弹出"分割"对话框和"选择"对话框。

Step3. 选取分型面。选取创建的下模体积块，然后单击"选择"对话框中的 确定 按钮。

Step4. 单击"分割"信息对话框中的 确定 按钮。

Step5. 系统弹出"属性"对话框，在该对话框中单击 着色 按钮，着色后的模型如图 16.13 所示。然后在对话框中输入名称 UPPER_VOL，单击 确定 按钮。

Step6. 系统弹出"属性"对话框，在该对话框中单击 着色 按钮，着色后的模型如图 16.14 所示。然后在对话框中输入名称 LOWER_VOL，单击 确定 按钮。

　　　　　　　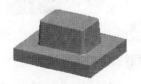

图 16.13　着色后的上半部分体积块　　　　图 16.14　着色后的下半部分体积块

Task6. 构建滑块分型面

Step1. 单击 **模具** 功能选项卡 分型面和模具体积块 ▼ 区域中的"分型面"按钮 🗐。系统弹出"分型面"功能选项卡。

Step2. 在系统弹出的"分型面"功能选项卡中的 控制 区域单击"属性"按钮 🖼,在"属性"对话框中输入分型面名称 slide_ps,单击 确定 按钮。

Step3. 为了方便选取图元,将参考模型、坯料和下模体积块遮蔽。

(1)在模型树界面中选择 🗊 ▼ ➡ 🗊 树过滤器(F)... 命令。

(2)在系统弹出的"模型树项"对话框中选中 ☑ 特征 复选框,然后单击 确定 按钮。

(3)在模型树中选中 ▶ 🗇 CASE_MOLD_REF.PRT 、 ▶ 🗇 WP.PRT 、 🗇 聚集 标识41 [MOLD_VOL_1 - 模具体积块] 和 🗇 分割 标识5259 [LOWER_VOL - 模具体积块] 并右击,从系统弹出的快捷菜单中选择 遮蔽 命令。

Step4. 通过拉伸的方法创建图 16.15 所示的拉伸曲面 1。

(1)单击 **分型面** 功能选项卡 形状 ▼ 区域中的 🗇 拉伸 按钮,此时系统弹出"拉伸"操控板。

(2)定义草绘截面放置属性。右击,从系统弹出的菜单中选择 定义内部草绘... 命令;在系统 ➡ 选择一个平面或曲面以定义草绘平面。 的提示下,选取图 16.16 所示的表面 1 为草绘平面,接受系统默认的草绘视图方向,然后选取图 16.16 所示的表面 2 为参考平面,方向为 上 。然后单击 草绘 按钮。

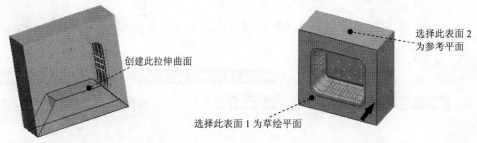

创建此拉伸曲面

选择此表面 2 为参考平面

选择此表面 1 为草绘平面

图 16.15 创建拉伸曲面 1　　　　　图 16.16 定义草绘平面

(3)进入草绘环境后,选取图 16.17 所示的点和圆弧边线为草绘参考,然后绘制截面草图,如图 16.17 所示。完成特征截面的绘制后,单击"草绘"操控板中的"确定"按钮 ✔ 。

(4)设置深度选项。

① 在操控板中选取深度类型 🚧 (到选定的)。

② 将模型调整到图 16.18 所示的视图方位,使用"从列表选取"的方法,在"从列表选取"对话框中选择 曲面:F9(参照零件切除) 元素,如图 16.18 所示。

③ 在操控板中单击 选项 按钮,在"选项"界面中选中 ☑ 封闭端 复选框。

(5)在"拉伸"操控板中单击 ✔ 按钮,完成特征的创建。

Step5. 参考 Step4 创建图 16.19 所示的拉伸曲面 2。

Step6. 参考 Step4 创建图 16.20 所示的拉伸曲面 3。

Step7. 参考 Step4 创建图 16.21 所示的拉伸曲面 4。

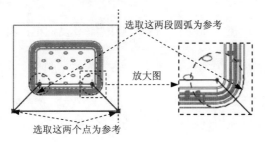

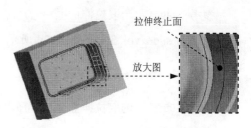

图 16.17　截面草图

图 16.18　定义拉伸终止面

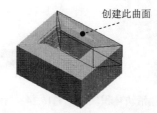

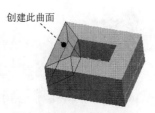

图 16.19　创建拉伸曲面 2　　　图 16.20　创建拉伸曲面 3　　　图 16.21　创建拉伸曲面 4

Step8. 在"分型面"选项卡中单击"确定"按钮，完成分型面的创建。

Task7．构建模具元件的体积块

Stage1．创建第一个滑块体积块

Step1. 选择命令。选择 **模具** 功能选项卡 分型面和模具体积块 ▼ 区域中的 模具体积块 ▼ ➡ 体积块分割 命令（即用"分割"的方法构建体积块）。

Step2. 在系统弹出的 ▼ SPLIT VOLUME（分割体积块） 菜单中，选择 One Volume（一个体积块）➡ Mold Volume（模具体积块）➡ Done（完成）命令。

Step3. 在系统弹出的"搜索工具"对话框中，单击列表中的 面组:F10(UPPER_VOL) 体积块，然后单击 ＞＞ 按钮，将其加入到 已选择 0 个项: 列表中，再单击 关闭 按钮。

Step4. 在模型中选取拉伸曲面 1 为分割对象，单击"选择"对话框中的 确定 按钮，在系统弹出的菜单管理器中的"岛列表"区域选中 ☑ 岛2 复选框，然后单击 Done Sel（完成选择）命令。

Step5. 单击"分割"对话框中的 确定 按钮。

Step6. 系统弹出"属性"对话框，在该对话框中单击 着色 按钮，着色后的模型如图 16.22 所示，然后在对话框中输入名称 slide_vol_1，单击 确定 按钮。

Stage2．创建第二个滑块体积块

参考 Stage1，选取拉伸曲面 2 为分割对象；在"岛列表"区域选中 ☑ 岛2 复选框；将体

积块命名为 slide_vol_2，如图 16.23 所示。

Stage3. 创建第三个滑块体积块

参考 Stage1，选取拉伸曲面 3 为分割对象；在"岛列表"区域选中 ☑ 岛2 复选框；将体积块命名为 slide_vol_3，如图 16.24 所示。

Stage4. 创建第四个滑块体积块

参考 Stage1，选取拉伸曲面 4 为分割对象；在"岛列表"区域选中 ☑ 岛2 复选框；将体积块命名为 slide_vol_4，如图 16.25 所示。

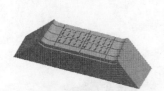   

图 16.22　滑块体积块 1　　图 16.23　滑块体积块 2　　图 16.24　滑块体积块 3　　图 16.25　滑块体积块 4

Task8. 抽取模具元件

Step1. 选择 模具 功能选项卡 元件 ▼ 区域中的 模具元件 ▼ ➡ 型腔镶块 命令。

Step2. 在系统弹出的"创建模具元件"对话框中，选取除 MOLD_VOL_1 以外的所有体积块，然后单击 确定 按钮。

Task9. 生成浇注件

将浇注件的名称命名为 molding。

Task10. 定义开模动作

Step1. 将分型面遮蔽。

Step2. 开模步骤 1：移动滑块 1。选取图 16.26 所示的边线为移动方向，输入要移动的距离值-200，移出后的模型如图 16.27 所示。

Step3. 参考 Step2，移动其他三个滑块，结果如图 16.28 所示。

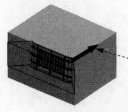  

选取此边线
为移动方向

图 16.26　选取移动方向　　　图 16.27　移动后的状态　　　图 16.28　移动后的状态

Step4. 开模步骤 2：移动上模。选取图 16.29 所示的边线为移动方向，输入要移动的距离值-1000，移出后的模型如图 16.30 所示。

选取此边线为移动方向

图 16.29 选取移动方向   图 16.30 移动后的状态

Step5. 开模步骤 3：移动浇注件。选取图 16.31 所示的边线为移动方向，输入要移动的距离值 500，移出后的模型如图 16.32 所示。在"模具开模"菜单中单击 Done/Return (完成/返回) 按钮。

选取此边线为移动方向

图 16.31 选取移动方向   图 16.32 移动后的状态

Step6. 保存设计结果。单击 模具 功能选项卡中 操作 ▼ 区域的 重新生成 ▼ 按钮，在系统弹出的下拉菜单中单击 重新生成 按钮，选择下拉菜单 文件 ▼ ➡ 保存(S) 命令。

实例 **17** 带滑块的模具设计（五）

本实例将介绍图 17.1 所示的一款电热壶主体的模具设计，其中包括滑块的设计和上、下模具的设计。通过对本实例的学习，读者能够熟练掌握带滑块模具的设计方法和技巧。下面介绍该模具的详细设计过程。

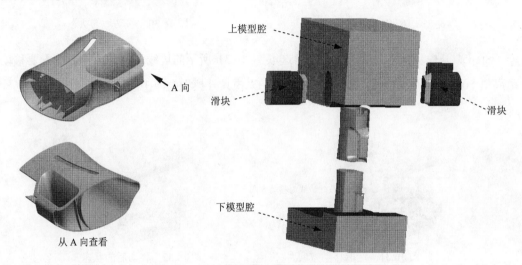

图 17.1 带滑块的模具设计

Task1. 新建一个模具制造模型文件，进入模具模块

Step1. 将工作目录设置至 D:\creo3.6\work\ch17。

Step2. 新建一个模具型腔文件，命名为 body_mold；选取 `mmns_mfg_mold` 模板。

Task2. 建立模具模型

在开始设计一个模具前，应先创建一个"模具模型"，模具模型包括图 17.2 所示的参考模型和坯料。

Stage1. 引入参考模型

Step1. 单击 **模具** 功能选项卡 `参考模型和工件` 区域中的按钮 `参考模型▼`，然后在系统弹出的列表中选择 `定位参考模型` 命令，系统弹出"打开""布局"对话框和 `▼ CAV LAYOUT (型腔布置)` 菜单管理器。

Step2. 从系统弹出的"打开"对话框中，选取三维零件模型电热壶主体——body.prt作为参考零件模型，并将其打开，系统弹出"创建参考模型"对话框。

Step3. 在"创建参考模型"对话框中选中 `● 按参考合并` 单选项，然后在 `参考模型` 文本框中接受默认的名称，再单击 确定 按钮。系统弹出"警告"对话框，单击 确定 按钮。

Step4. 在"布局"对话框的 布局 -区域中单击 ⊙ 单一 单选项。

Step5. 调整模具坐标系。

（1）在"布局"对话框的 参考模型起点与定向 区域中单击 ↖ 按钮，系统弹出"获得坐标系类型"菜单。

（2）定义坐标系类型。在"获得坐标系类型"菜单中选择 Dynamic（动态）命令，系统弹出"元件"窗口和"参考模型方向"对话框。

（3）旋转坐标系。在"参考模型方向"对话框的 轴 区域中选择 X 轴作为旋转轴；在 值 文本框中输入数值 180，按回车键。

（4）在"参考模型方向"对话框中单击 确定 按钮；在"布局"对话框中单击 确定 按钮；在 ▼ CAV LAYOUT（型腔布置）菜单中单击 Done/Return（完成/返回）命令，完成坐标系的调整，结果如图 17.2 所示。

Stage2. 创建坯料

Step1. 单击 模具 功能选项卡 参考模型和工件 区域中的按钮 工件 ，然后在系统弹出的列表中选择 创建工件 命令，系统弹出"创建元件"对话框。

Step2. 在系统弹出的"创建元件"对话框中，在 类型 区域选中 ⊙ 零件 单选项，在 子类型 区域选中 ⊙ 实体 单选项，在 名称 文本框中输入坯料的名称 wp，然后单击 确定 按钮。

Step3. 在系统弹出的"创建选项"对话框中，选中 ⊙ 创建特征 单选项，然后单击 确定 按钮。

Step4. 创建坯料特征。

（1）选择命令。单击 模具 功能选项卡 形状 ▼ 区域中的 拉伸 按钮。

（2）创建实体拉伸特征。

① 定义草绘截面放置属性。在绘图区中右击，选择快捷菜单中的 定义内部草绘... 命令。系统弹出"草绘"对话框，然后选择 MOLD_FRONT 基准平面作为草绘平面，草绘平面的参考平面为 MOLD_RIGHT 基准平面，方位为 右 ，单击 草绘 按钮，系统进入截面草绘环境。

② 进入截面草绘环境后，选取 MOLD_RIGHT 基准平面和 MAIN_PARTING_PLN 基准平面为草绘参考，然后绘制图 17.3 所示的截面草图；完成截面草图的绘制后，单击"草绘"操控板中的"确定"按钮 ✔ 。

③ 选取深度类型并输入深度值。在操控板中选取深度类型 ⊟ ，再在深度文本框中输入深度值 300.0，并按回车键。

④ 完成特征的创建。在"拉伸"操控板中单击 ✔ 按钮，完成特征的创建。

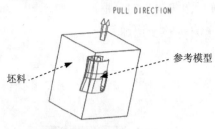

图 17.2　参考模型和坯料

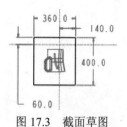

图 17.3　截面草图

Task3．设置收缩率

将参考模型收缩率设置为 0.006。

Task4．创建模具分型面

创建模具的分型面，下面介绍其操作过程。

Stage1．创建复制曲面

Step1. 单击 **模具** 功能选项卡 分型面和模具体积块 ▼ 区域中的"分型面"按钮🗔。系统弹出"分型面" 功能选项卡。

Step2. 在系统弹出的"分型面"功能选项卡中的 控制 区域单击"属性"按钮📖，在"属性"对话框中输入分型面名称 MAIN_PS，单击 确定 按钮。

Step3. 为了方便选取图元，将坯料遮蔽。

（1）在模型树界面中选择🕇 ▼ ➡ 树过滤器(F)... 命令。

（2）在系统弹出的"模型树项"对话框中选中☑ 特征 复选框，然后单击 确定 按钮。此时，模型树中会显示出分型面特征。

（3）将坯料遮蔽。

Step4. 通过曲面复制的方法，复制参考模型上的内表面。

（1）选取图 17.4 中的模型内表面为复制参考面（建议读者参考随书光盘中的视频录像选取）。

（2）单击 **模具** 功能选项卡 操作 ▼ 区域中的"复制"按钮📋。

（3）单击 **模具** 功能选项卡 操作 ▼ 区域中的"粘贴" 按钮📋 ▼。系统弹出 **曲面：复制** 操控板。

（4）填补复制曲面上的破孔。在操控板中单击 选项 按钮，在"选项"界面选中 ◉ 排除曲面并填充孔 单选项，在 填充孔/曲面 区域中单击"单击此处添加项"，在系统的提示下，选取图 17.5 所示的边线为参考边线。

（5）在"曲面：复制"操控板中单击✔按钮。

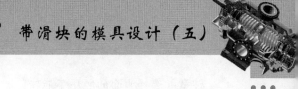

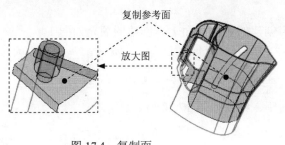

图 17.4　复制面

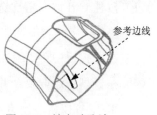

图 17.5　填充破孔边

Step5. 创建基准平面 ADTM1。单击 模具 功能选项卡 基准▼ 区域中的"平面"按钮 □；选取图 17.6 所示的模型边线为参考（选择一部分即可），定义约束类型为 穿过 ，单击"基准平面"对话框中的 确定 按钮。

Step6. 创建图 17.7 所示的交截 1。按住 Ctrl 键，在模型树中选取复制 1 和 ADTM1 特征，再单击 模型 功能选项卡 修饰符▼ 区域中的 相交 按钮，完成相交特征的创建。

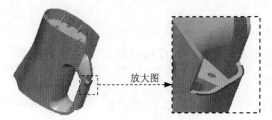

图 17.6　基准平面 ADTM1

图 17.7　交截 1

Step7. 创建图 17.8 所示的平整曲面。

（1）单击 分型面 操控板 曲面设计▼ 区域中的"填充"按钮 ▨，此时系统弹出 填充 操控板。

（2）在绘图区中右击，从系统弹出的快捷菜单中选择 定义内部草绘... 命令，选取 ADTM1 基准平面为草绘截面。草绘平面的参考平面为 MOLD_RIGHT 基准平面，方位为 左，单击 草绘 按钮，进入草绘环境，绘制图 17.9 所示的截面草图（使用"投影"命令绘制截面草图），完成后单击 ✓ 按钮。

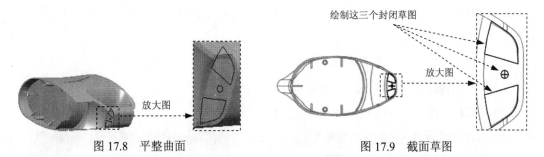

图 17.8　平整曲面　　　　　　　　　　图 17.9　截面草图

Step8. 将创建的复制曲面 1 与创建的填充曲面 1 进行合并（为了便于查看合并曲面，遮蔽参考模型）。

注意：选择曲面的顺序不能错。

（1）按住 Ctrl 键，依次选取上一步创建的复制曲面 1 与创建的填充曲面 1。

（2）单击 **分型面** 功能选项卡 编辑 ▼ 区域中的 合并 按钮，系统弹出"合并"操控板。

（3）在操控板中单击 选项 按钮，在"选项"界面中选中 ◉ 连接 单选项。

（4）在模型中选取要合并的面组的侧，结果如图 17.10 所示。

（5）单击 ∞ 按钮，预览合并后的面组；确认无误后，单击 ✔ 按钮。

a）合并前　　　　　　　　　　　　　　　　　　　　　b）合并后

图 17.10　合并特征

Step9. 创建图 17.11 所示的延伸曲面 1。

（1）选取图 17.12 所示的复制曲面的边线（为了方便选取复制边线和创建延伸特征，遮蔽参考模型并取消遮蔽坯料）。

（2）单击 **分型面** 功能选项卡 编辑 ▼ 区域的 ⊡ 延伸 按钮，此时出现 **曲面延伸：曲面延伸** 操控板。

（3）选取延伸的终止面。在操控板中按下 ⬚ 按钮，选取图 17.12 所示的坯料表面为延伸的终止面。

（4）单击 ✔ 按钮，完成延伸曲面的创建。

Step10. 创建图 17.13 所示的延伸曲面 2。

（1）选取图 17.14 所示的复制曲面的边线。

（2）单击 **分型面** 功能选项卡 编辑 ▼ 区域的 ⊡ 延伸 按钮，此时出现 **曲面延伸：曲面延伸** 操控板。

（3）选取延伸的终止面。在操控板中按下 ⬚ 按钮，选取图 17.14 所示的坯料表面为延伸的终止面。

（4）单击 ✔ 按钮，完成延伸曲面的创建。

Step11. 创建图 17.15 所示的延伸曲面 3。

（1）选取图 17.16 所示的复制曲面的边线。

（2）单击 **分型面** 功能选项卡 编辑 ▼ 区域的 ⊡ 延伸 按钮，此时出现 **曲面延伸：曲面延伸** 操控板。

（3）选取延伸的终止面。在操控板中按下 ⬚ 按钮，选取图 17.16 所示的坯料表面为延伸的终止面。

（4）单击 ☑ 按钮，完成延伸曲面的创建。

图 17.11　延伸曲面 1

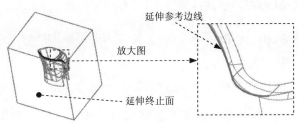

图 17.12　延伸参考边线

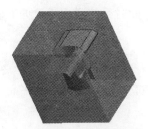

图 17.13　延伸曲面 2

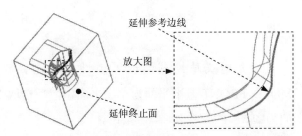

图 17.14　延伸参考边线

图 17.15　延伸曲面 3

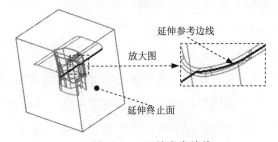

图 17.16　延伸参考边线

Step12. 创建图 17.17 所示的延伸曲面 4。

（1）选取图 17.18 所示的复制曲面的边线。

（2）单击 **分型面** 功能选项卡 编辑▼ 区域的 ➔ 延伸 按钮，此时出现 *延伸* 操控板。

（3）选取延伸的终止面。在操控板中按下 ▢ 按钮，选取图 17.18 所示的坯料表面为延伸的终止面。

图 17.17　延伸曲面 4

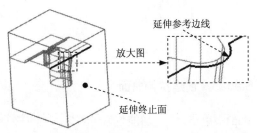

图 17.18　延伸参考边线

Creo3.0

模具设计实例精解

（4）单击 按钮，完成延伸曲面的创建。

（5）在"分型面"选项卡中单击"确定"按钮 ，完成分型面的创建。

Stage2．创建拉伸曲面

Step1. 单击 **模具** 功能选项卡 分型面和模具体积块 ▾ 区域中的"分型面"按钮 。系统弹出"分型面" 功能选项卡。

Step2. 在系统弹出的"分型面"功能选项卡中的 控制 区域单击"属性"按钮 ，在"属性"对话框中输入分型面名称 SLIDE_PS，单击 确定 按钮。

Step3. 通过拉伸的方法创建图 17.19 所示的曲面。

（1）单击 **分型面** 功能选项卡 形状 ▾ 区域中的 拉伸 按钮，此时系统弹出"拉伸"操控板。

（2）定义草绘截面放置属性。右击，选择菜单中的 定义内部草绘... 命令；选择 MOLD_FRONT 基准平面为草绘平面，然后选取 MOLD_RIGHT 基准平面为参考平面，方向为 右 。然后单击 草绘 按钮。

注意：此处需要将参考模型显示出来。

（3）进入草绘环境后，利用"投影"命令绘制图 17.20 所示的截面草图。单击"草绘"操控板中的"确定"按钮 。

（4）设置深度选项。

① 在操控板中选取深度类型 （到选定的）。

② 将模型调整到合适的视图方位，选取图 17.19 所示的坯料表面为拉伸终止面。

③ 在操控板中单击 选项 按钮，在"选项"界面中选中 封闭端 复选框。

（5）在操控板中单击 按钮，完成特征的创建。

（6）在"分型面"选项卡中单击"确定"按钮 ，完成分型面的创建。

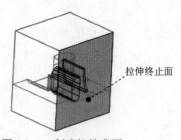

图 17.19 创建拉伸曲面

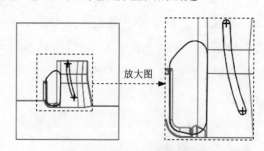

图 17.20 截面草图

Stage3．创建拉伸曲面

Step1. 单击 **模具** 功能选项卡 分型面和模具体积块 ▾ 区域中的"分型面"按钮 。系统弹出"分型面" 功能选项卡。

Step2. 在系统弹出的"分型面"功能选项卡中的 [控制] 区域单击"属性"按钮[图]，在"属性"对话框中输入分型面名称 SLIDE_PS_01，单击 [确定] 按钮。

Step3. 通过拉伸的方法创建图 17.21 所示的曲面。

（1）单击 **分型面** 功能选项卡 [形状 ▼] 区域中的[拉伸]按钮，此时系统弹出"拉伸"操控板。

（2）定义草绘截面放置属性。右击，选取菜单中的[定义内部草绘...]命令；选择 MOLD_FRONT 基准平面为草绘平面，然后选取 MOLD_RIGHT 基准平面为参考平面，方向为 [右]。然后单击 [草绘] 按钮。

（3）进入草绘环境后，利用"投影"命令绘制图 17.22 所示的截面草图。

（4）设置深度选项。

① 在操控板中选取深度类型[坴]（到选定的）。

② 将模型调整到合适的视图方位，选取图 17.21 所示的坯料表面为拉伸终止面。

③ 在操控板中单击[选项]按钮，在"选项"界面中选中[☑封闭端] 复选框。

（5）在操控板中单击[✓]按钮，完成特征的创建。

（6）在"分型面"选项卡中单击"确定"按钮[✓]，完成分型面的创建。

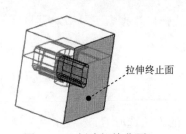

图 17.21　创建拉伸曲面

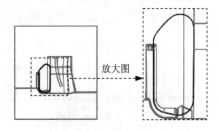

图 17.22　截面草图

Task5．构建模具元件的体积块

Stage1．用分型面创建上、下两个体积腔

Step1. 选择 **模具** 功能选项卡 [分型面和模具体积块 ▼] 区域中的[模具体积块 ▼] ➡ [体积块分割] 命令（即用"分割"的方法构建体积块）。

Step2. 在系统弹出的 [▼ SPLIT VOLUME（分割体积块）] 菜单中，依次选择[Two Volumes（两个体积块）] ➡ [All Wrkpcs（所有工件）] ➡ [Done（完成）] 命令。此时系统弹出"分割"对话框和"选择"对话框。

Step3. 选取分型面。

（1）选取分型面 [面组:F7(MAIN_PS)]（使用"列表选取"的方法选取），然后单击 [确定(0)] 按钮。

（2）在"选择"对话框中单击 [确定] 按钮。

Step4. 单击"分割"信息对话框中的 确定 按钮。

Step5. 系统弹出"属性"对话框，在该对话框中单击 着色 按钮，着色后的模型如图 17.23 所示。然后在对话框中输入名称 LOWER_MOLD，单击 确定 按钮。

Step6. 系统弹出"属性"对话框，在该对话框中单击 着色 按钮，着色后的模型如图 17.24 所示。然后在对话框中输入名称 UPPER_MOLD，单击 确定 按钮。

图 17.23　着色后的下半部分体积块　　　　　图 17.24　着色后的上半部分体积块

Stage2. 创建第一个滑块体积块

Step1. 选择 模具 功能选项卡 分型面和模具体积块 ▼ 区域中的 模具体积块 ▼ ➡ 体积块分割 命令（即用"分割"的方法构建体积块）。

Step2. 选择 ▼ SPLIT VOLUME (分割体积块) ➡ One Volume (一个体积块) ➡ Mold Volume (模具体积块) ➡ Done (完成) 命令，此时系统弹出"搜索工具"对话框。

Step3. 在系统弹出的"搜索工具"对话框中，单击列表中的 面组:F20(UPPER_MOLD) 体积块，然后单击 > > 按钮，将其加入到 已选择 0 个项 列表中，再单击 关闭 按钮。

Step4. 选取分型面。

（1）选取分型面 面组:F16(SLIDE_PS) （用"列表选取"的方法选取），然后在"选择"对话框中单击 确定 按钮。系统弹出 ▼ 岛列表 菜单。

（2）在"岛列表"菜单中选中 ☑ 岛2 与 ☑ 岛4 复选框，选择 Done Sel (完成选取) 命令。

Step5. 在"分割"对话框中单击 确定 按钮，系统弹出"属性"对话框。

Step6. 在"属性"对话框中单击 着色 按钮，着色后的模型如图 17.25 所示。然后在对话框中输入名称 SLIDE_VOL_1，单击 确定 按钮。

Stage3. 创建第二个滑块体积块

Step1. 选择 模具 功能选项卡 分型面和模具体积块 ▼ 区域中的 模具体积块 ▼ ➡ 体积块分割 命令（即用"分割"的方法构建体积块）。

Step2. 选择 ▼ SPLIT VOLUME (分割体积块) ➡ One Volume (一个体积块) ➡ Mold Volume (模具体积块) ➡ Done (完成) 命令，此时系统弹出"搜索工具"对话框。

Step3. 在系统弹出的"搜索工具"对话框中，单击列表中的 面组:F20(UPPER_MOLD) 体积块，然后单击 > > 按钮，将其加入到 已选择 0 个项 列表中，再单击 关闭 按钮。

Step4. 选取分型面。

（1）选取分型面 面组:F17(SLIDE_PS_01) （使用"列表选取"的方法选取），然后在"选择"对话框中单击 确定 按钮。系统弹出 ▼ 岛列表 菜单。

（2）在"岛列表"菜单中选中 ☑岛2 复选框，选择 Done Sel（完成选取）命令。

Step5. 在"分割"对话框中单击 确定 按钮，系统弹出"属性"对话框。

Step6. 在"属性"对话框中单击 着色 按钮，着色后的模型如图 17.26 所示。然后在对话框中输入名称 SLIDE_VOL_2，单击 确定 按钮。

图 17.25 着色后的体积块

图 17.26 着色后的体积块

Task6. 抽取模具元件及生成浇注件

将浇注件的名称命名为 MOLDING。

Task7. 定义开模动作

Stage1. 开模步骤 1：移动两滑块

Step1. 将参考零件、坯料和分型面在模型中遮蔽起来，将模型的显示状态切换到实体显示方式。

Step2. 移动两滑块。

（1）选择 模具 功能选项卡 分析 ▼ 区域中的 🔁 命令，系统弹出 ▼ MOLD OPEN（模具开模）菜单管理器。

（2）在系统弹出的"菜单管理器"菜单中选择 Define Step（定义步骤） ➡ Define Move（定义移动）命令。

（3）选取要移动的滑块 1。

（4）在系统的提示下，选取图 17.27 所示的边线为移动方向，然后在系统的提示下输入要移动的距离值-250，然后按回车键。

（5）在 ▼ DEFINE STEP（定义步骤）菜单中选择 Define Move（定义移动）命令。

（6）选取要移动的另一个滑块。

（7）在系统的提示下，选取图 17.27 所示的边线为移动方向，然后在系统的提示下输入要移动的距离值 250，然后按回车键。

（8）在 ▼ DEFINE STEP（定义步骤）菜单中选择 Done（完成）命令，移出后的状态如图 17.27b

所示。

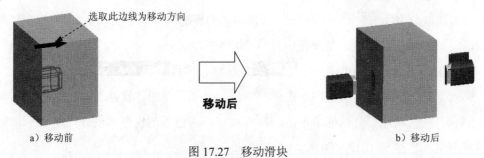

选取此边线为移动方向

移动后

a）移动前   b）移动后

图 17.27   移动滑块

Stage2. 开模步骤 2：移动上模

选取要移动的上模和两滑块，选取图 17.28a 所示的边线为移动方向，然后在系统的提示下输入要移动的距离值-500，然后按回车键。在 ▼ DEFINE STEP （定义步骤) 菜单中选择 Done （完成）命令，移出后的状态如图 17.28b 所示。

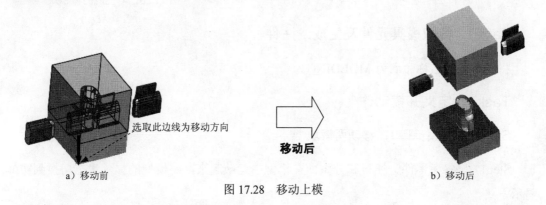

选取此边线为移动方向

移动后

a）移动前   b）移动后

图 17.28   移动上模

Stage3. 开模步骤 3：移动浇注件

Step1. 移动铸件。参考 Stage2 的操作方法选取铸件，选取图 17.29 所示的边线为移动方向，输入要移动的距离值-200，选择 Done （完成）命令，完成铸件的开模动作。

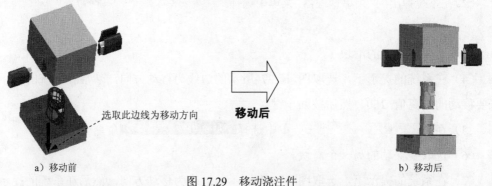

选取此边线为移动方向

移动后

a）移动前   b）移动后

图 17.29   移动浇注件

Step2. 保存设计结果。单击 模具 功能选项卡中 操作 ▼ 区域的 重新生成 ▼ 按钮，在系统弹出的下拉菜单中单击 重新生成 按钮，选择下拉菜单 文件 ▼ ➡ 保存(S) 命令。

实例 18 带镶块的模具设计（一）

本实例通过底部护垫的模具设计来介绍镶块体积块在模具设计中的应用。下面介绍计算机机箱底部护垫的模具设计，如图 18.1 所示。

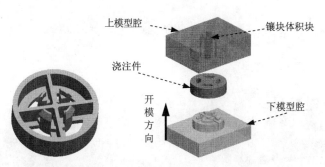

图 18.1　带镶块的模具设计

Task1．新建一个模具制造模型文件，进入模具模块

Step1. 将工作目录设置至 D:\creo3.6\work\ch18。

Step2. 新建一个模具型腔文件，命名为 foot_pad_mold；选取 mmns_mfg_mold 模板。

Task2．建立模具模型

在开始设计一个模具前，应先创建一个"模具模型"，模具模型包括参考模型和坯料，如图 18.2 所示。

Stage1．引入参考模型

Step1. 单击 **模具** 功能选项卡 参考模型和工件 区域中的按钮 参考模型▼，然后在系统弹出的列表中选择 定位参考模型 命令，系统弹出"打开""布局"对话框和 ▼ CAV LAYOUT （型腔布置）菜单管理器。

Step2. 从系统弹出的"打开"对话框中，选取三维零件模型底部护垫 foot_pad.prt 作为参考零件模型，单击 打开 按钮，系统弹出"创建参考模型"对话框。

Step3. 在"创建参考模型"对话框中选中 ◉ 按参考合并 单选项，然后在 参考模型 文本框中接受默认的名称，再单击 确定 按钮。

Step4. 在"布局"对话框的 布局 区域中单击 ◉ 单一 单选项，在"布局"对话框中单击 预览 按钮，单击 确定 按钮；单击 Done/Return （完成/返回）命令，结果如图 18.3 所示。

Stage2. 创建坯料

Step1. 单击 **模具** 功能选项卡 参考模型和工件 区域中的按钮 工件 ，然后在系统弹出的列表中选择 创建工件 命令，系统弹出"创建元件"对话框。

Step2. 在系统弹出的"创建元件"对话框中，在 类型 区域选中 ⦿ 零件 单选项，在 子类型 区域选中 ⦿ 实体 单选项，在 名称 文本框中输入坯料的名称 foot_pad_wp，然后单击 确定 按钮。

Step3. 在系统弹出的"创建选项"对话框中选中 ⦿ 创建特征 单选项，然后单击 确定 按钮。

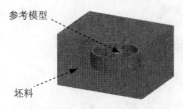

图 18.2　参考模型和坯料

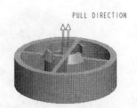

图 18.3　参考件组装完成后

Step4. 创建坯料特征。

（1）选择命令。单击 **模具** 功能选项卡 形状 ▾ 区域中的 拉伸 按钮。

（2）创建实体拉伸特征。

① 选取拉伸类型。在出现的操控板中，确认"实体"类型按钮 □ 被按下。

② 定义草绘截面放置属性。在绘图区中右击，从快捷菜单中选择 定义内部草绘... 命令。系统弹出"草绘"对话框，然后选择 MOLD_FRONT 基准平面作为草绘平面，接受系统默认的箭头方向为草绘视图方向，然后选取 MAIN_PARTING_PLN 基准平面为参考平面，方位为 上 ，单击 草绘 按钮，系统至此进入截面草绘环境。

③ 进入截面草绘环境后，选取 MOLD_RIGHT 基准平面和 MAIN_PARTING_PLN 基准平面为草绘参考，然后绘制图 18.4 所示的截面草图。完成特征截面的绘制后，单击"草绘"操控板中的"确定"按钮 ✔ 。

④ 选取深度类型并输入深度值：在操控板中选取深度类型 ⊟ （即"对称"），再在深度文本框中输入深度值 35.0，并按回车键。

⑤ 完成特征。在操控板中单击 ✔ 按钮，完成特征的创建。

Task3. 设置收缩率

将参考模型收缩率设置为 0.006。

Task4. 创建模具分型面

以下操作为创建 foot_pad.prt 模具的分型曲面，如图 18.5 所示。

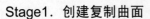

Stage1. 创建复制曲面

Step1. 单击 **模具** 功能选项卡 分型面和模具体积块 ▼ 区域中的"分型面"按钮，系统弹出"分型面" 功能选项卡。

Step2. 在系统弹出的"分型面"功能选项卡中的 控制 区域单击"属性"按钮，在"属性"对话框中输入分型面名称 PS，单击 确定 按钮。

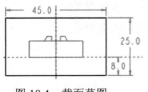

图 18.4　截面草图　　　　图 18.5　创建分型曲面

Step3. 为了方便选取图元，将坯料遮蔽。

Step4. 通过曲面复制的方法，复制参考模型上的外表面。

（1）在屏幕右下方的"智能选取栏"中选择"几何"选项。

（2）选取要复制的面组，操作方法如下。

① 选择 **视图** 功能选项卡 模型显示 ▼ 区域中的"显示样式"按钮，按下 线框 按钮，将模型的显示状态切换到实线线框显示方式。

② 将模型调整到图 18.6 所示的视图方位，采用"从列表中拾取"的方法选取图 18.6 所示的模型表面（A），按住 Ctrl 键，采用同样的方法选取模型表面（B）和模型表面（C）。

（3）单击 **模具** 功能选项卡 操作 ▼ 区域中的"复制"按钮。

（4）单击 **模具** 功能选项卡 操作 ▼ 区域中的"粘贴"按钮。系统弹出 **曲面：复制** 操控板。

（5）填补复制曲面上的破孔。在操控板中单击 选项 按钮，在"选项"界面选中 ⦿ 排除曲面并填充孔 单选项，选择图 18.6 中的模型表面（C）。

（6）单击操控板中的 ✔ 按钮。

Stage2. 创建拉伸曲面

Step1. 将坯料的遮蔽取消。

Step2. 通过拉伸的方法创建图 18.7 所示的曲面。

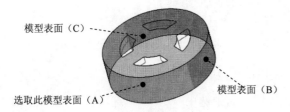

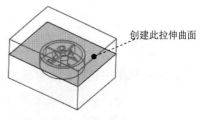

图 18.6　定义复制曲面　　　　图 18.7　创建拉伸曲面

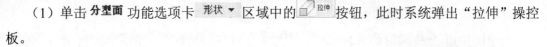
（1）单击 **分型面** 功能选项卡 形状 ▼ 区域中的 拉伸 按钮，此时系统弹出"拉伸"操控板。

（2）定义草绘截面放置属性。右击，从系统弹出的菜单中选择 定义内部草绘... 命令；选取图 18.8 所示的坯料表面 1 为草绘平面，接受默认的草绘视图方向，然后选取图 18.8 所示的坯料表面 2 为参考平面，方向为 上 。然后单击 草绘 按钮。

（3）进入草绘环境后，选取图 18.9 所示的坯料边线和模型边线为草绘参考，然后绘制截面草图（草图为一条直线），如图 18.9 所示。完成特征截面的绘制后，单击"草绘"操控板中的"确定"按钮 ✔ 。

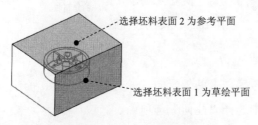

图 18.8　定义草绘平面

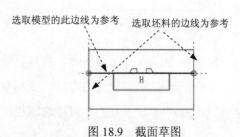

图 18.9　截面草图

（4）设置深度选项。

① 在操控板中选取深度类型 ⊥ （到选定的）。

② 将模型调整到图 18.10 所示的视图方位，选取图 18.10 所示的平面为拉伸终止面。

（5）在"拉伸"操控板中单击 ✔ 按钮，完成特征的创建。

Stage3．曲面合并

Step1．遮蔽坯料和参考零件。

Step2．将 Stage1 创建的复制曲面与 Stage2 创建的拉伸曲面进行合并。

（1）按住 Ctrl 键，选取 Stage1 创建的复制曲面和 Stage2 创建的拉伸曲面，如图 18.11 所示。

（2）单击 **分型面** 功能选项卡 编辑 ▼ 区域中的 合并 按钮，系统弹出"合并"操控板。

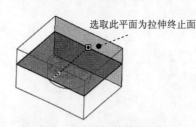

图 18.10　选取拉伸终止面

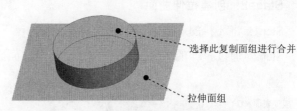

图 18.11　将复制面组与拉伸面组进行合并

（3）在模型中选取要合并的面组的侧，如图 18.12 所示。

（4）在操控板中单击 选项 按钮，在"选项"界面中选中 ⊙ 相交 单选项，单击 ✔ 按钮。

Step3．着色显示所创建的分型面。

（1）单击 视图 功能选项卡 可见性 区域中的"着色"按钮 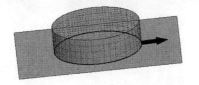。

（2）系统自动将刚创建的分型面 PS 着色，着色后的分型曲面如图 18.13 所示。

（3）在 ▼CntVolSel（继续体积块选取）菜单中选择 Done/Return（完成/返回）命令。

Step4. 在"分型面"选项卡中单击"确定"按钮 ✔，完成分型面的创建。

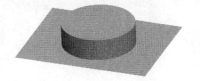

图 18.12　"合并面组"的侧　　　　　图 18.13　着色后的分型曲面

Task5. 创建模具体积块

Stage1. 定义镶块体积块 1

下面的操作是创建零件 foot_pad.prt 模具的镶块体积块 INSERT_01（图 18.14），其操作过程如下。

Step1. 为了使屏幕简洁，将分型面遮蔽起来，同时撤销对坯料、参考零件的遮蔽。

Step2. 选择命令。选择 模具 功能选项卡 分型面和模具体积块 ▼ 区域中的 模具体积块 ▼ ➡ 模具体积块 命令。

Step3. 在系统弹出的"编辑模具体积块"功能选项卡中的 控制 区域单击"属性"按钮 🖅，在"属性"对话框中输入分型面名称 INSERT_01，单击 确定 按钮。

Step4. 通过拉伸的方法创建图 18.15 所示的曲面。

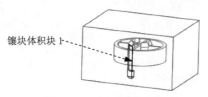
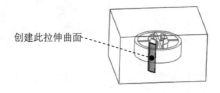

图 18.14　创建镶块体积块 1　　　　　图 18.15　创建拉伸曲面

（1）单击 编辑模具体积块 操控板 形状 ▼ 区域中的 拉伸 按钮，此时系统弹出"拉伸"操控板。

（2）选择 视图 功能选项卡 模型显示 ▼ 区域中的"显示样式"按钮 显示样式 ▼，按下 消隐 按钮，将模型的显示状态切换到实线线框显示方式。

（3）定义草绘截面放置属性。在绘图区空白处右击，从系统弹出的菜单中选择 定义内部草绘... 命令；选取图 18.16 所示的坯料表面 1 为草绘平面，接受图 18.16 中默认的箭头方向为草绘视图方向，然后选取图 18.16 所示的坯料表面 2 为参考平面，方向为 上。单击 草绘 按钮，进入草绘环境。

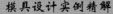
（4）进入草绘环境后，选取 MOLD_RIGHT 基准平面和 MAIN_FRONT 基准平面为草绘参考，利用"投影"命令绘制图 18.17 所示的截面草图（参考录像选取）。完成特征截面的绘制后，单击"草绘"操控板中的"确定"按钮 ✓ 。

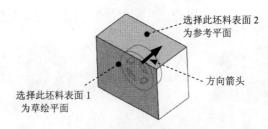

图 18.16　定义草绘平面

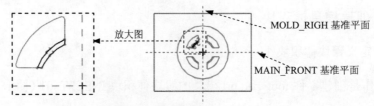

图 18.17　截面草图

（5）设置深度选项。

① 在操控板中选取深度类型 ⯊ （到选定的）。

② 调整视图方位，选择图 18.18 所示的平面为拉伸终止面。

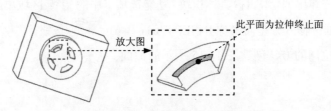

图 18.18　选取拉伸终止面

（6）在"拉伸"操控板中单击 ✓ 按钮，完成特征的创建。

Step5. 创建拉伸曲面。

（1）单击**编辑模具体积块**操控板 形状 ▼ 区域中的 拉伸 按钮，此时系统弹出"拉伸"操控板。

（2）定义草绘截面放置属性。右击，从系统弹出的菜单中选择 定义内部草绘… 命令；在系统弹出的"草绘"对话框中单击 使用先前的 按钮。

（3）进入草绘环境后，选取 MOLD_RIGHT 基准平面和 MAIN_FRONT 基准平面为草绘参考，利用"投影"命令绘制图 18.19 所示的截面草图。完成特征截面的绘制后，单击"草绘"操控板中的"确定"按钮 ✓ 。

（4）在操控板中选取深度类型 ⯊ （盲孔），单击反向按钮 ⁒ ，使拉伸方向为指向坯料方向，然后输入深度值 3.0，并按回车键。

（5）在"拉伸"操控板中单击 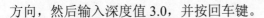 按钮，完成特征的创建。

Step6. 着色显示所创建的体积块。

（1）单击 **视图** 功能选项卡 **可见性** 区域中的"着色"按钮 。

（2）系统自动将刚创建的镶块体积块 INSERT_01 着色，着色后的镶块体积块如图 18.20 所示。

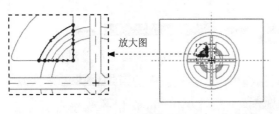

图 18.19　截面草图　　　　　　　　图 18.20　着色后的镶块体积块 1

（3）在 CntVolSel（继续体积块选取）菜单中选择 Done/Return（完成/返回）命令。

Step7. 在 **编辑模具体积块** 操控板中单击"确定"按钮 ，完成体积块的创建。

Stage2. 参考 Stage1，定义镶块体积块 2（INSERT_02）

Stage3. 参考 Stage1，定义镶块体积块 3（INSERT_03）

Stage4. 参考 Stage1，定义镶块体积块 4（INSERT_04）

Task6. 构建模具元件的体积块

Stage1. 创建第一个镶块体积腔

Step1. 选择 **模具** 功能选项卡 **分型面和模具体积块** 区域中的 **模具体积块** ➡ **体积块分割** 命令（即用"分割"的方法构建体积块）。

Step2. 选择 SPLIT VOLUME（分割体积块）➡ Two Volumes（两个体积块）➡ All Wrkpcs（所有工件）➡ Done（完成）命令。此时系统弹出"分割"对话框和"选择"对话框。

Step3. 用"列表选取"的方法选取体积块。

（1）在系统的提示下，将鼠标指针移至模型中一个镶块体积块的位置右击，从快捷菜单中选取 **从列表中拾取** 命令。

（2）在系统弹出的"从列表中拾取"对话框中，单击列表中的 面组:F10(INSERT_01) 体积块，然后单击 **确定(O)** 按钮。

（3）单击"选择"对话框中的 **确定** 按钮。

Step4. 单击"分割"信息对话框中的 **确定** 按钮。

Step5. 系统弹出"属性"对话框，然后在对话框中输入名称 INSERT_01_BODY，单击

确定 按钮。

Step6. 系统弹出"属性"对话框，然后在对话框中输入名称 INSERT_01_MOLD，单击 确定 按钮。

Stage2. 创建第二个镶块体积腔

Step1. 选择 模具 功能选项卡 分型面和模具体积块 ▾ 区域中的 模具体积块 ▾ ➡ 体积块分割 命令（即用"分割"的方法构建体积块）。

Step2. 选择 ▾ SPLIT VOLUME（分割体积块）➡ Two Volumes（两个体积块）➡ Mold Volume（模具体积块）➡ Done（完成）命令，此时系统弹出"搜索工具"对话框。

Step3. 在系统弹出的"搜索工具"对话框中，单击列表中的 面组:F19(INSERT_01_BODY) 体积块，然后单击 >> 按钮，将其加入到 已选择 0 个项:列表中，再单击 关闭 按钮。

Step4. 用"列表选取"的方法选取体积块。

（1）在系统的提示下，先将鼠标指针移至模型中第二个镶块体积块的位置右击，从快捷菜单中选取 从列表中拾取 命令。

（2）在系统弹出的"从列表中拾取"对话框中，单击列表中的 面组:F12(INSERT_02)，然后单击 确定(0) 按钮。

（3）在"选择"对话框中单击 确定 按钮。

Step5. 在"分割"对话框中单击 确定 按钮。

Step6. 系统弹出"属性"对话框，同时 INSERT_01_BODY 体积块中的大部分体积块变亮，然后在对话框中输入名称 INSERT_02_BODY，单击 确定 按钮。

Step7. 系统弹出"属性"对话框，同时 INSERT_01_BODY 体积块中的第二个镶块部分变亮，然后在对话框中输入名称 INSERT_02_MOLD，单击 确定 按钮。

Stage3. 创建第三个镶块体积腔

参考Stage2，将分割得到的两个体积块分别命名为INSERT_03_BODY 和INSERT_03_MOLD。

Stage4. 创建第四个镶块体积腔

参考Stage2，将分割得到的两个体积块分别命名为INSERT_04_BODY 和INSERT_04_MOLD。

Stage5. 用分型面创建上、下两个体积腔

用前面创建的主分型面 PS 来将前面生成的体积块 INSERT_04_BODY 分成上、下两个体积腔（块），这两个体积块将来会被抽取为模具的上、下模具型腔。

Step1. 取消分型面的遮蔽。

Step2. 选择 模具 功能选项卡 分型面和模具体积块 ▾ 区域中的 模具体积块 ▾ ➡ 体积块分割 命

令。

Step3. 在系统弹出的 ▼ SPLIT VOLUME (分割体积块) 菜单中，选择 Two Volumes (两个体积块) 、Mold Volume (模具体积块) 和 Done (完成) 命令。

Step4. 在系统弹出的"搜索工具"对话框中，单击列表中的 面组:F25(INSERT_04_BODY) 体积块，然后单击 >> 按钮，将其加入到 已选择 0 个项 列表中，再单击 关闭 按钮。

Step5. 用"列表选取"的方法选取分型面。

（1）在系统 ⇨ 为分割所选的模型量选取分型面。 的提示下，先将鼠标指针移至模型中主分型面的位置右击，从快捷菜单中选取 从列表中拾取 命令。

（2）在系统弹出的"从列表中拾取"对话框中，单击列表中的 面组:F7(PS) ，然后单击 确定(0) 按钮。

（3）单击"选择"对话框中的 确定 按钮。

Step6. 单击"分割"信息对话框中的 确定 按钮。

Step7. 系统弹出"属性"对话框，在该对话框中单击 着色 按钮，着色后的模型如图 18.21 所示，然后在对话框中输入名称 UPPER_MOLD，单击 确定 按钮。

Step8. 系统弹出"属性"对话框，同时 INSERT_04_BODY 体积块的下半部分变亮，在该对话框中单击 着色 按钮，着色后的模型如图 18.22 所示，然后在对话框中输入名称 LOWER_MOLD，单击 确定 按钮。

图 18.21 着色后的上半部分体积块

图 18.22 着色后的下半部分体积块

Task7. 抽取模具元件

Step1. 选择命令。选择 模具 功能选项卡 元件 ▼ 区域中的 模具元件 ▼ ➡ 型腔镶块 命令。

Step2. 在系统弹出的"创建模具元件"对话框中，选取除 INSERT_01、INSERT_02、INSERT_03 和 INSERT_04 以外的所有体积块，然后单击 确定 按钮。

Task8. 生成浇注件

将浇注件的名称命名为 MOLDING。

Task9. 定义开模动作

Stage1. 将参考零件、坯料和分型面在模型中遮蔽起来

Stage2．开模步骤 1：移动上模和镶块

Step1．选择 **模具** 功能选项卡 分析▼ 区域中的 🔁 命令。系统弹出
▼ MOLD OPEN（模具开模）菜单管理器。

Step2．在系统弹出的"菜单管理器"菜单中选择 Define Step（定义步骤）➡️ Define Move（定义移动）命令。此时系统弹出"选择"对话框。

Step3．选取要移动的模具元件。

（1）按住 Ctrl 键，在模型树中选取 INSERT_01_MOLD.PRT、INSERT_02_MOLD.PRT、INSERT_03_MOLD.PRT、INSERT_04_MOLD.PRT 和 UPPER_ MOLD.PRT。此时步骤 1 中要移动的元件模型被加亮。

（2）在"选择"对话框中单击 确定 按钮。

Step4．在系统 ➡️通过选择边、轴或面选择分解方向. 的提示下，选取图 18.23 所示的边线为移动方向，然后在系统 输入沿指定方向的位移 的提示下，输入要移动的距离值 50，并按回车键。

Step5．在 ▼ DEFINE STEP（定义步骤）菜单中选择 Done（完成）命令，移出后的模型如图 18.24 所示。

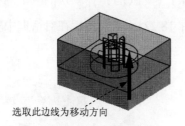

选取此边线为移动方向

图 18.23 选取移动方向

图 18.24 移动后的状态

Stage3．开模步骤 2：移动浇注件

Step1．在系统弹出的"菜单管理器"菜单中选择 Define Step（定义步骤）➡️ Define Move（定义移动）命令。此时系统弹出"选择"对话框。

Step2．用"列表选取"的方法选取要移动的模具元件 MOLDING.PRT （浇注件），在"从列表中拾取"对话框中单击 确定(O) 按钮，在"选择"对话框中单击 确定 按钮。

Step3．在系统 ➡️通过选择边、轴或面选择分解方向. 的提示下，选取图 18.25 所示的边线为移动方向，输入要移动的距离值-25，并按回车键。

Step4．在 ▼ DEFINE STEP（定义步骤）菜单中选择 Done（完成）命令，移出后的模型如图 18.26 所示。在"模具开模"菜单中单击 Done/Return（完成/返回）按钮。

Step5．保存设计结果。单击 **模具** 功能选项卡中 操作▼ 区域的 重新生 成▼ 按钮，在系统弹出的下拉菜单中单击 🔄重新生成 按钮，选择下拉菜单 文件▼ ➡️ 💾保存(S)命令。

选取此边线为移动方向

图 18.25　选取移动方向

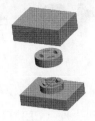

图 18.26　移动后的状态

实例 **19** 带镶块的模具设计（二）

本实例通过打火机上座的模具设计来介绍镶块体积块在模具设计中的应用。下面介绍图 19.1 所示打火机上座（CLIPER.PRT）的模具设计过程。

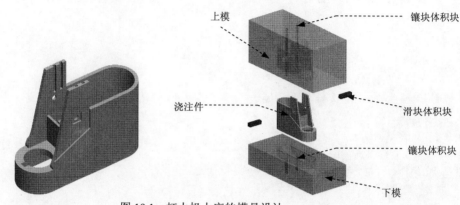

上模 —— 镶块体积块

浇注件 —— —— 滑块体积块

—— 镶块体积块

下模

图 19.1 打火机上座的模具设计

Task1. 新建一个模具制造模型文件，进入模具模块

Step1. 将工作目录设置至 D:\creo3.6\work\ch19。

Step2. 新建一个模具型腔文件，命名为 CLIPER_MOLD；选取 mmns_mfg_mold 模板。

Task2. 建立模具模型

在开始设计一个模具前，应先创建一个"模具模型"，模具模型包括图 19.2 所示参考模型和坯料。

Stage1. 引入参考模型

Step1. 单击 **模具** 功能选项卡 参考模型和工件 区域的按钮 参考模型▼ ，在系统弹出的菜单中单击 组装参考模型 按钮。

Step2. 在系统弹出的"打开"对话框中，选取三维零件模型 cliper.prt 作为参考零件模型，并将其选中。单击 打开 按钮。

Step3. 系统弹出"元件放置"操控板，在"约束"类型下拉列表中选择 默认 选项，将参考模型按默认放置，再在操控板中单击 ✔ 按钮。

Step4. 此时系统弹出"创建参考模型"对话框，选中 ● 按参考合并 单选项，然后在 参考模型 区域的 名称 文本框中接受系统给出的默认的参考模型名称 CLIPER_MOLD_REF（也可以输入其他字符作为参考模型名称），再单击 确定 按钮，系统弹出"警告"对话框，单击 确定按钮。

参考件组装完成后，模具的基准平面与参考模型的基准平面对齐，如图 19.3 所示。

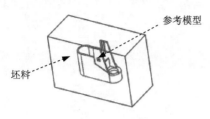
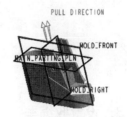

图 19.2 参考模型和坯料　　　　　　图 19.3 参考件组装完成后

Stage2. 创建坯料

Step1. 单击 **模具** 功能选项卡 参考模型和工件 区域的"工件"按钮 下的 工件 按钮，在系统弹出的菜单中单击 创建工件 按钮。

Step2. 系统弹出"创建元件"对话框，在 类型 区域选中 零件 单选项，在 子类型 区域选中 实体 单选项，在 名称 文本框中输入坯料的名称 cliper_wp，然后单击 确定 按钮。

Step3. 在系统弹出的"创建选项"对话框中，选中 创建特征 单选项，然后单击 确定 按钮。

Step4. 创建坯料特征。

（1）选择命令。单击 **模具** 功能选项卡 形状 ▼ 区域中的 拉伸 按钮。

（2）定义草绘截面放置属性。在绘图区中右击，从快捷菜单中选择 定义内部草绘... 命令，系统弹出"草绘"对话框，然后选择 MOLD_ FRONT 基准平面作为草绘平面，接受图 19.4 中默认的箭头方向为草绘视图方向，然后选取图 19.4 所示的模型表面为参考平面，方向为 上 ，单击 草绘 按钮，系统至此进入截面草绘环境。

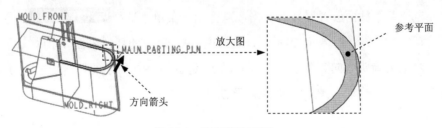

图 19.4 定义草绘平面

（3）进入截面草绘环境后，系统弹出"参考"对话框，选取 MOLD_RIGHT 和 MAIN_PARTING_PLN 基准平面为草绘参考，然后单击 关闭(C) 按钮，绘制图 19.5 所示的截面草图。完成绘制后，单击"草绘"操控板中的"确定"按钮 ✓ 。

（4）选取深度类型并输入深度值。在操控板中选择深度类型 （对称），在深度文本框中输入深度值 15.0，并按回车键。

（5）完成特征。在操控板中单击 ✓ 按钮，则完成拉伸特征的创建。

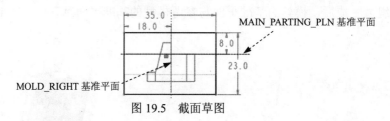

图 19.5　截面草图

Task3．设置收缩率

将参考模型收缩率设置为 0.006。

Task4．创建模具体积块

Stage1．定义滑块体积块 1

下面的操作是创建零件 CLIPER.PRT 模具的滑块体积块 SLIDE_01。其操作过程如下。

Step1．选择命令。选择 模具 功能选项卡 分型面和模具体积块 ▼ 区域中的 模具体积块 ▼ ➡ 模具体积块 命令。系统弹出"编辑模具体积块"功能选项卡。

Step2．在系统弹出的"编辑模具体积块"功能选项卡中的 控制 区域单击"属性"按钮 ，在"属性"对话框中输入体积块名称 SLIDE_01，单击 确定 按钮。

Step3．通过拉伸的方法创建图 19.6 所示的曲面。

（1）单击 编辑模具体积块 操控板 形状 ▼ 区域中的 拉伸 按钮，此时系统弹出"拉伸"操控板。

（2）选择 视图 功能选项卡 模型显示 ▼ 区域中的"显示样式"按钮 ，按下 消隐 按钮，将模型的显示状态切换到实线线框显示方式。

（3）定义草绘截面放置属性。右击，从弹出的菜单中选择 定义内部草绘... 命令；在系统 选择一个平面或曲面以定义草绘平面. 的提示下，选取图 19.7 所示的坯料表面 1 为草绘平面，接受图 19.7 中默认的箭头方向为草绘视图方向，然后选取图 19.7 所示的坯料表面 2 为参考平面，方向为 上 ，单击 草绘 按钮，此时进入草绘环境。

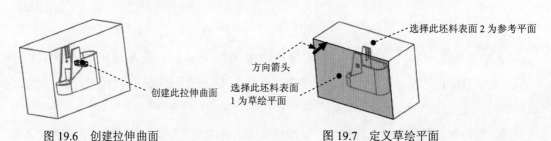

图 19.6　创建拉伸曲面　　　　　　图 19.7　定义草绘平面

（4）进入草绘环境后，选取 MOLD_RIGHT 基准平面和 MAIN_PARTING_PLN 基准平面为草绘参考，利用"使用边"命令绘制图 19.8 所示的截面草图。完成特征截面的绘制后，单击"草绘"操控板中的"确定"按钮 ✓ 。

（5）设置深度选项。

① 在操控板中选取深度类型 ⊥ （到选定的）。

② 将模型调整到图 19.9 所示的视图方位，采用"列表选取"的方法，选择图 19.9 所示的平面为拉伸终止面。

（6）在"拉伸"操控板中单击 ✓ 按钮，完成特征的创建。

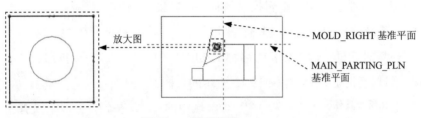

图 19.8　截面草图

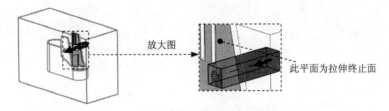

图 19.9　选取拉伸终止面

Step4. 单击 **编辑模具体积块** 操控板 **体积块工具 ▾** 区域中的 **⊕ 修剪到几何 ▾** 按钮，单击后面的小三角按钮 **▾** ，在系统弹出的菜单中单击 **� 参考零件切除** 按钮。

Step5. 着色显示所创建的体积块。

（1）单击 **视图** 功能选项卡 **可见性** 区域中的"着色"按钮 **🖼** 。

（2）系统自动将创建的滑块体积块 SLIDE_01 着色，着色后的滑块体积块如图 19.10 所示。

（3）在 **▼ CntVolSel （继续体积块选取）** 菜单中选择 **Done/Return （完成/返回）** 命令。

Step6. 在"编辑模具体积块"选项卡中单击"确定"按钮 **✓** ，完成滑块体积块的创建。

Stage2. 参考 Stage1，在零件的另一侧定义滑块体积块 2（SLIDE_02）

Stage3. 定义镶块体积块 1（INSERT_01）

下面的操作是创建零件 CLIPER.PRT 模具的镶块体积块 INSERT_01（图 19.11）。其操作过程如下。

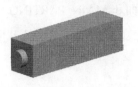

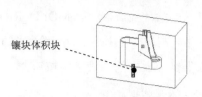

镶块体积块

图 19.10　着色后的滑块体积块　　　　图 19.11　创建镶块体积块

Step1. 为了使屏幕简洁，将 Stage1、Stage2 创建的滑块体积块 SLIDE_01、SLIDE_02 遮蔽起来，同时遮蔽坯料 CLIPER_WP。

Step2. 选择命令。选择 **模具** 功能选项卡 分型面和模具体积块 ▼ 区域中的 模具体积块 ▼ ➡️ ⑤模具体积块 命令。系统弹出 "编辑模具体积块" 功能选项卡。

Step3. 在系统弹出的 "编辑模具体积块" 功能选项卡中的 控制 区域单击 "属性" 按钮 🗐 , 在 "属性" 对话框中输入体积块名称 INSERT_01, 单击 确定 按钮。

Step4. 通过拉伸的方法创建图 19.12 所示的曲面。

（1）单击 编辑模具体积块 操控板 形状 ▼ 区域中的 🗍拉伸 按钮, 此时系统弹出 "拉伸" 操控板。

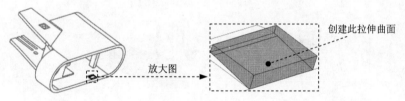

放大图 ➡️

创建此拉伸曲面

图 19.12　创建拉伸曲面

（2）定义草绘截面放置属性。右击, 从弹出的菜单中选择 定义内部草绘... 命令; 在系统 ⇨选择一个平面或曲面以定义草绘平面. 的提示下, 选取图 19.13 所示的模型表面为草绘平面, 接受图 19.13 中默认的箭头方向为草绘视图方向, 然后选取图 19.13 所示的模型表面为参考平面, 方向为 右 , 单击 草绘 按钮, 此时进入草绘环境。

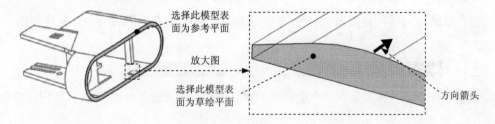

选择此模型表面为参考平面

放大图

选择此模型表面为草绘平面

方向箭头

图 19.13　定义草绘平面

（3）选择 **视图** 功能选项卡 模型显示 ▼ 区域中的 "显示样式" 按钮 🗍 , 按下 隐藏线 按钮, 将模型的显示状态切换到虚线线框显示方式。

（4）进入草绘环境后, 选取 MOLD_FRONT 基准平面和 MAIN_PARTING_PLN 基准平面为草绘参考, 利用 "使用边" 命令绘制图 19.14 所示的截面草图; 完成特征截面的绘制后，单击"草绘"操控板中的"确定"按钮 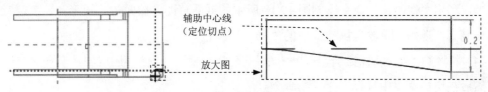。

图 19.14 截面草图

（5）设置深度选项。

① 在操控板中选取深度类型 ⊥（到选定的）。

② 将模型调整到图 19.15 所示的视图方位，选择图 19.15 所示的平面为拉伸终止面。

（6）在"拉伸"操控板中单击 ✔ 按钮，完成特征的创建。

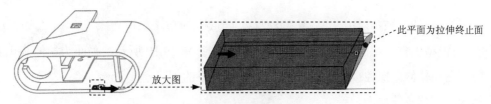

图 19.15 选取拉伸终止面

Step5. 通过拉伸的方法创建图 19.16 所示的曲面。

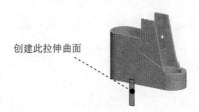

图 19.16 创建拉伸曲面

（1）单击 编辑模具体积块 操控板 形状 ▼ 区域中的 拉伸 按钮，此时系统弹出"拉伸"操控板。

（2）定义草绘截面放置属性。右击，从弹出的菜单中选择 定义内部草绘... 命令；在系统
选择一个平面或曲面以定义草绘平面. 的提示下，选取图 19.17 所示的模型表面为草绘平面，然后选取图 19.17 所示的模型表面为参考平面，方向为 右，然后单击 反向 按钮，单击 草绘 按钮，此时进入草绘环境。

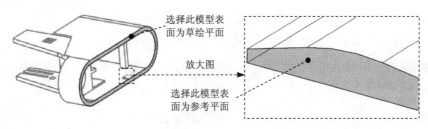

图 19.17 定义草绘平面

（3）进入草绘环境后，选取 MOLD_RIGHT 基准平面和 MOLD_FRONT 基准平面为草绘参考，利用"使用边"命令绘制图 19.18 所示的截面草图（截面为一矩形）。完成特征截面的绘制后，单击"草绘"操控板中的"确定"按钮 ✓ 。

（4）将坯料的遮蔽取消。单击 **编辑模具体积块** 操控板，在模型树中右击 ◻CLIPER_WP.PRT 选项，然后在快捷菜单中选择 取消遮蔽 命令。

（5）设置深度选项。

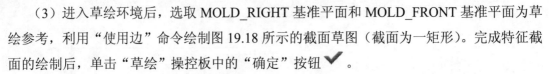

图 19.18　截面草图

① 在"拉伸"操控板中选取深度类型 ⊥（到选定的）。

② 将模型调整到图 19.19 所示的视图方位，选择图 19.19 所示的平面为拉伸终止面。

（6）在"拉伸"操控板中单击 ✓ 按钮，完成特征的创建。

Step6. 创建拉伸曲面。

（1）单击 **编辑模具体积块** 操控板 形状 ▾ 区域中的 拉伸 按钮，此时系统弹出"拉伸"操控板。

（2）定义草绘截面放置属性。右击，从弹出的菜单中选择 定义内部草绘... 命令；在系统 ◆选择一个平面或曲面以定义草绘平面. 的提示下，选取图 19.20 所示的坯料表面 1 为草绘平面，接受图 19.20 中默认的箭头方向为草绘视图方向，然后选取图 19.20 所示的坯料表面 2 为参考平面，方向为 上，单击 草绘 按钮，此时进入草绘环境。

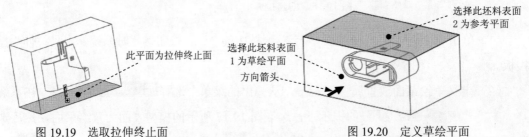

图 19.19　选取拉伸终止面　　　　　图 19.20　定义草绘平面

（3）进入草绘环境后，选取 MOLD_RIGHT 基准平面和 MOLD_FRONT 基准平面为草绘参考，利用"使用边"命令绘制图 19.21 所示的截面草图（截面为一矩形）。完成特征截面的绘制后，单击"草绘"操控板中的"确定"按钮 ✓ 。

（4）在操控板中选取深度类型 ⊥，拉伸方向为指向坯料内部，然后输入深度值 1.0，并按回车键。

（5）在"拉伸"操控板中单击 ✓ 按钮，完成特征的创建。

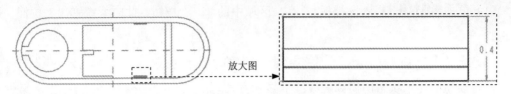

图 19.21　截面草图

Step7. 着色显示所创建的体积块。

（1）单击 **视图** 功能选项卡 可见性 区域中的"着色"按钮 。

（2）系统自动将刚创建的镶块体积块 INSERT_01 着色，着色后的镶块体积块如图 19.22 所示。

（3）在 ▼CntVolSel（继续体积块选取）菜单中选择 Done/Return（完成/返回）命令。

Step8. 在"编辑模具体积块"选项卡中单击"确定"按钮 ，完成镶块体积块的创建。

Stage4．参考 Stage3，定义镶块体积块 2（INSERT_02）

Stage5．定义镶块体积块 3（INSERT_03）

下面的操作是创建零件 CLIPER.PRT 模具的镶块体积块 INSERT_03（图 19.23）。其操作过程如下。

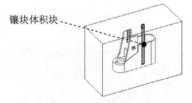

图 19.22　着色后的镶块体积块　　　　图 19.23　创建镶块体积块

Step1. 为了使屏幕简洁，遮蔽坯料 CLIPER_WP。

Step2. 选择命令。选择 **模具** 功能选项卡 分型面和模具体积块 ▼ 区域中的 模具体积块 ▼ ➡️ 模具体积块 命令。系统弹出"编辑模具体积块"功能选项卡。

Step3. 在系统弹出的"编辑模具体积块"功能选项卡中的 控制 区域单击"属性"按钮 ，在"属性"对话框中输入体积块名称 INSERT_03，单击 确定 按钮。

Step4. 通过拉伸的方法创建图 19.24 所示的曲面。

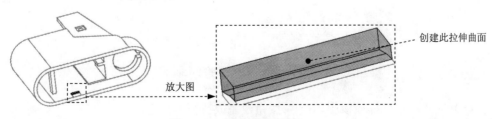

图 19.24　创建拉伸曲面

（1）单击 **编辑模具体积块** 操控板 形状 ▾ 区域中的 拉伸 按钮，此时系统弹出"拉伸"操控板。

（2）选择 视图 功能选项卡 模型显示 ▾ 区域中的"显示样式"按钮，按下 隐藏线 按钮，将模型的显示状态切换到虚线线框显示方式。

（3）定义草绘截面放置属性。右击，从弹出的菜单中选择 定义内部草绘... 命令；在系统 选择一个平面或曲面以定义草绘平面. 的提示下，选取图 19.25 所示的模型表面为草绘平面，接受图 19.25 中默认的箭头方向为草绘视图方向，然后选取图 19.25 所示的模型表面为参考平面，方向为 右，单击 草绘 按钮，此时进入草绘环境。

（4）进入草绘环境后，选取 MOLD_FRONT 基准平面和 MAIN_PARTING_PLN 基准平面为草绘参考，绘制图 19.26 所示的截面草图。完成特征截面的绘制后，单击"草绘"操控板中的"确定"按钮 。

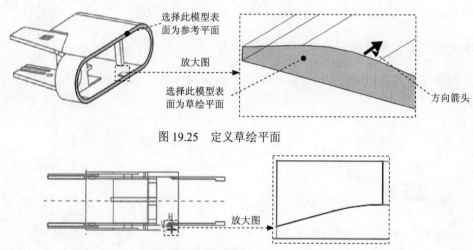

图 19.25　定义草绘平面

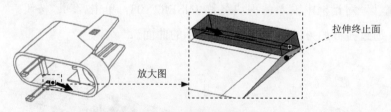

图 19.26　截面草图

（5）设置深度选项。

① 在操控板中选取深度类型 （到选定的）。

② 将模型调整到图 19.27 所示的视图方位，选择图 19.27 所示的平面为拉伸终止面。

图 19.27　选取拉伸终止面

（6）在"拉伸"操控板中单击 按钮，完成特征的创建。

Step5. 通过拉伸的方法创建图 19.28 所示的曲面。

（1）为了使屏幕简洁，将 Stage3、Stage4 创建的镶块体积块 INSERT_01、INSERT_02 遮蔽起来，同时将坯料的遮蔽取消。

（2）单击**编辑模具体积块**操控板 形状 ▼ 区域中的 拉伸 按钮，此时系统弹出"拉伸"操控板。

（3）定义草绘截面放置属性。右击，从弹出的菜单中选择 定义内部草绘... 命令；在系统 选择一个平面或曲面以定义草绘平面. 的提示下，选取图 19.29 所示的坯料表面 1 为草绘平面，接受图 19.29 中默认的箭头方向为草绘视图方向，然后选取图 19.29 所示的坯料表面 2 为参考平面，方向为 上 ，单击 草绘 按钮，此时进入草绘环境。

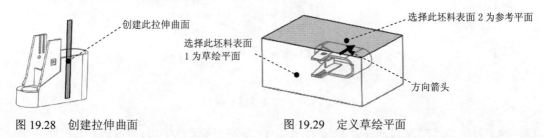

图 19.28　创建拉伸曲面　　　　　图 19.29　定义草绘平面

（4）进入草绘环境后，选取 MOLD_RIGHT 基准平面和 MOLD_FRONT 基准平面为草绘参考，利用"使用边"命令绘制图 19.30 所示的截面草图。完成特征截面的绘制后，单击"草绘"操控板中的"确定"按钮 ✓ 。

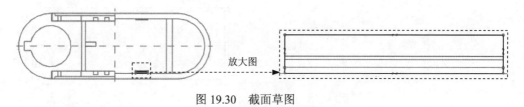

图 19.30　截面草图

（5）设置深度选项。

① 在操控板中选取深度类型 ⊥ （到选定的）。

② 将模型调整到图 19.31 所示的视图方位，采用"列表选取"的方法，选择图 19.31 所示的平面为拉伸终止面。

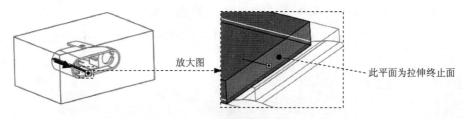

图 19.31　选取拉伸终止面

（6）在"拉伸"操控板中单击 ✓ 按钮，完成特征的创建。

Step6. 创建拉伸曲面。

（1）单击**编辑模具体积块**操控板 形状▼ 区域中的 ◻拉伸 按钮，此时系统弹出"拉伸"操控板。

（2）定义草绘截面放置属性。右击，从弹出的菜单中选择 定义内部草绘... 命令；在系统 ⇨选择一个平面或曲面以定义草绘平面. 的提示下，选取图 19.32 所示的坯料表面 1 为草绘平面，接受图 19.32 中默认的箭头方向为草绘视图方向，然后选取图 19.32 所示的坯料表面 2 为参考平面，方向为 上 ，单击 草绘 按钮，此时进入草绘环境。

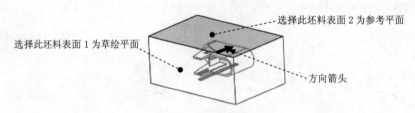

选择此坯料表面 2 为参考平面

选择此坯料表面 1 为草绘平面

方向箭头

图 19.32　定义草绘平面

（3）进入草绘环境后，选取 MOLD_RIGHT 基准平面和 MOLD_FRONT 基准平面为草绘参考，利用"使用边"命令绘制图 19.33 所示的截面草图。完成特征截面的绘制后，单击"草绘"操控板中的"确定"按钮 ✔ 。

说明：此时应将体积块 INSERT_01 显示出来。

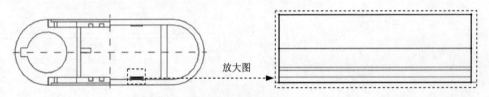

放大图

图 19.33　截面草图

（4）在操控板中选取深度类型 ⊔ （盲孔），拉伸方向为指向坯料内部，然后输入深度值 1.5，并按回车键。

（5）在"拉伸"操控板中单击 ✔ 按钮，完成特征的创建。

Step7. 着色显示所创建的体积块。

（1）单击**视图**功能选项卡 可见性 区域中的"着色"按钮 ▱ 。

（2）系统自动将刚创建的镶块体积块 INSERT_03 着色，着色后的镶块体积块如图 19.34 所示。

图 19.34　着色后的镶块体积块

（3）在 ▼ CntVolSel（继续体积块选取）菜单中选择 Done/Return（完成/返回）命令。

Step6. 在"编辑模具体积块"选项卡中单击"确定"按钮 ✔，完成镶块体积块的创建。

Stage6. 参考 Stage5，定义镶块体积块 4（INSERT_04）

Task5. 创建模具分型面

以下操作是创建 CLIPER.PRT 模具的分型曲面（图 19.35），其操作过程如下。

Step1. 单击 模具 功能选项卡 分型面和模具体积块 ▼ 区域中的"分型面"按钮 。系统弹出"分型面"功能选项卡。

Step2. 在系统弹出的"分型面"功能选项卡中的 控制 区域单击"属性"按钮 ，在"属性"对话框中输入分型面名称 PS，单击 确定 按钮。

Step3. 为了使屏幕简洁，将 Stage5、Stage6 创建的镶块体积块 INSERT_03、INSERT_04 遮蔽起来。

Step4. 通过拉伸的方法创建分型面。

（1）单击 分型面 功能选项卡 形状 ▼ 区域中的 拉伸 按钮，此时系统弹出"拉伸"操控板。

（2）定义草绘截面放置属性。右击，从弹出的菜单中选择 定义内部草绘... 命令；在系统 选择一个平面或曲面以定义草绘平面. 的提示下，选择图 19.36 所示的坯料表面 1 为草绘平面，接受图 19.36 中默认的箭头方向为草绘视图方向，然后选取图 19.36 所示的坯料表面 2 为参考平面，方向为 上，单击 草绘 按钮，此时进入草绘环境。

图 19.35　创建分型曲面

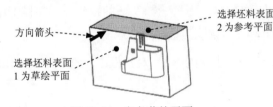

图 19.36　定义草绘平面

（3）进入草绘环境后，选取图 19.37 所示的坯料边线和模型边线为草绘参考，然后绘制截面草图（即一条直线），如图 19.37 所示。完成特征截面的绘制后，单击"草绘"操控板中的"确定"按钮 ✔。

（4）设置深度选项。

① 在操控板中选取深度类型 （到选定的）。

② 将模型调整到图 19.38 所示的视图方位，选择图 19.38 所示的平面为拉伸终止面。

（5）在"拉伸"操控板中单击 ✔ 按钮，完成特征的创建。

Step5. 着色显示所创建的分型面。

（1）单击 视图 功能选项卡 可见性 区域中的"着色"按钮 。

（2）在 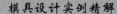▼ CntVolSel（继续体积块选取）菜单中选择 Done/Return（完成/返回）命令。

Step6. 在"分型面"选项卡中单击"确定"按钮✔，完成分型面的创建。

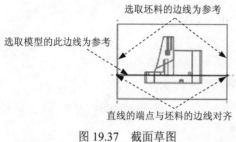

图 19.37 截面草图

图 19.38 选取拉伸终止面

Task6. 构建模具元件的体积块

Stage1. 创建第一个滑块体积腔

Step1. 将体积块的遮蔽取消。

Step2. 选择命令。选择 **模具** 功能选项卡 分型面和模具体积块 ▼ 区域中的 模具体积块 ▼ ➡ 体积块分割 命令（即用"分割"的方法构建体积块）。

Step3. 在系统弹出的 ▼ SPLIT VOLUME（分割体积块）菜单中，依次选择 Two Volumes（两个体积块） ➡ All Wrkpcs（所有工件）➡ Done（完成）命令，此时系统弹出"分割"对话框和"选择"对话框。

Step4. 用"列表选取"的方法选取体积块。

（1）在系统 ➡为分割工件选择分型面. 的提示下，在模型中滑块体积块的位置右击，从弹出的快捷菜单中选择 从列表中拾取 命令。

（2）在"从列表中拾取"对话框中，选取 面组:F7(SLIDE_01) 体积块，然后单击 确定(0) 按钮。

（3）在"选择"对话框中单击 确定 按钮。

Step5. 在"分割"对话框中单击 确定 按钮。

Step6. 系统弹出"属性"对话框，单击 着色 按钮，坯料中的大部分体积块变亮，然后在对话框中输入名称 SLIDE_01_BODY，单击 确定 按钮。

Step7. 系统弹出"属性"对话框，单击 着色 按钮，坯料中的滑块部分变亮，然后在对话框中输入名称 SLIDE_01_MOLD，单击 确定 按钮。

Stage2. 创建第二个滑块体积腔

Step1. 选择命令。选择 **模具** 功能选项卡 分型面和模具体积块 ▼ 区域中的 模具体积块 ▼ ➡ 体积块分割 命令。

Step2. 在系统弹出的 ▼ SPLIT VOLUME（分割体积块）菜单中，选择 Two Volumes（两个体积块）、

`Mold Volume (模具体积块)` 和 `Done (完成)` 命令。

Step3. 在系统弹出的"搜索工具"对话框中，单击列表中的 `面组:F25(SLIDE_01_BODY)` 体积块，然后单击 `>>` 按钮，将其加入到 `已选择 0 个项` 列表中，再单击 `关闭` 按钮。

Step4. 用"列表选取"的方法选取体积块。

（1）在系统 `为分割选定的模具体积块选择分型面.` 的提示下，先将鼠标指针移至模型中第二个滑块体积块的位置右击，从快捷菜单中选取 `从列表中拾取` 命令。

（2）在系统弹出的"从列表中拾取"对话框中单击列表中的 `面组:F9(SLIDE_02)`，然后单击 `确定(O)` 按钮。

（3）在"选择"对话框中单击 `确定` 按钮。

Step5. 在"分割"对话框中单击 `确定` 按钮。

Step6. 系统弹出"属性"对话框，单击 `着色` 按钮，同时 SLIDE_01_BODY 体积块中的大部分体积块变亮，然后在对话框中输入名称 SLIDE_02_BODY，单击 `确定` 按钮。

Step7. 系统弹出"属性"对话框，单击 `着色` 按钮，同时 SLIDE_01_BODY 体积块中的第二个滑块部分变亮，然后在对话框中输入名称 SLIDE_02_MOLD，单击 `确定` 按钮。

Stage3. 创建第一个镶块体积腔

Step1. 选择命令。选择 `模具` 功能选项卡 `分型面和模具体积块 ▼` 区域中的 `模具体积块 ▼` ➡ `体积块分割` 命令。

Step2. 在系统弹出的 `▼ SPLIT VOLUME (分割体积块)` 菜单中，选择 `Two Volumes (两个体积块)`、`Mold Volume (模具体积块)` 和 `Done (完成)` 命令。

Step3. 在系统弹出的"搜索工具"对话框中，单击列表中的 `面组:F27(SLIDE_02_BODY)` 体积块，然后单击 `>>` 按钮，将其加入到 `已选择 0 个项` 列表中，再单击 `关闭` 按钮。

Step4. 用"列表选取"的方法选取体积块。

（1）在系统 `为分割选定的模具体积块选择分型面.` 的提示下，先将鼠标指针移至模型中第一个镶块体积块的位置右击，从快捷菜单中选取 `从列表中拾取` 命令。

（2）在系统弹出的"从列表中拾取"对话框中单击列表中的 `面组:F11(INSERT_01)`，然后单击 `确定(O)` 按钮。

（3）在"选择"对话框中单击 `确定` 按钮。

Step5. 在"分割"对话框中单击 `确定` 按钮。

Step6. 系统弹出"属性"对话框，单击 `着色` 按钮，同时 SLIDE_02_BODY 中的大部分体积块变亮，然后在对话框中输入名称 INSERT_01_BODY，单击 `确定` 按钮。

Step7. 系统弹出"属性"对话框，单击 `着色` 按钮，同时 SLIDE_02_BODY 中的第一个镶块部分变亮，然后在对话框中输入名称 INSERT_01_MOLD，单击 `确定` 按钮。

Creo3.0

模具设计实例精解

Stage4．创建第二个镶块体积腔

参考 Stage3,将分割得到的两个体积块分别命名为 INSERT_02_BODY 和 INSERT_02_MOLD。

Stage5．创建第三个镶块体积腔

参考 Stage3,将分割得到的两个体积块分别命名为 INSERT_03_BODY 和 INSERT_03_MOLD。

Stage6．创建第四个镶块体积腔

参考 Stage3,将分割得到的两个体积块分别命名为 INSERT_04_BODY 和 INSERT_04_MOLD。

Stage7．用分型面创建上、下两个体积腔

用前面创建的主分型面 PS 来将前面生成的体积块 INSERT_04_BODY 分成上、下两个体积腔（块），这两个体积块将来会被抽取为模具的上、下模具型腔。

Step1. 选择命令。选择 模具 功能选项卡 分型面和模具体积块 ▾ 区域中的 模具体积块 ▾ ➡ 体积块分割 命令。

Step2. 在系统弹出的 ▾ SPLIT VOLUME （分割体积块） 菜单中，选择 Two Volumes （两个体积块）、 Mold Volume （模具体积块） 和 Done （完成） 命令。

Step3 在系统弹出的"搜索工具"对话框中，单击列表中的 面组:F35(INSERT_04_BODY) 体积块，然后单击 >> 按钮，将其加入到 已选择 0 个项: 列表中，再单击 关闭 按钮。

Step4. 用"列表选取"的方法选取分型面。

（1）在系统 ➡ 为分割选定的模具体积块选择分型面. 的提示下，先将鼠标指针移至模型中分型面的位置右击，从快捷菜单中选取 从列表中拾取 命令。

（2）在系统弹出的"从列表中拾取"对话框中单击列表中的 面组:F23(PS) ，然后单击 确定(0) 按钮。

（3）在"选择"对话框中单击 确定 按钮。

Step5. 单击"分割"信息对话框中的 确定 按钮。

Step6. 系统弹出"属性"对话框，同时 INSERT_04_BODY 体积块的下半部分变亮，在该对话框中单击 着色 按钮，然后在对话框中输入名称 LOWER_MOLD，单击 确定 按钮。

Step7. 系统弹出"属性"对话框，同时 INSERT_04_BODY 体积块的上半部分变亮，在该对话框中单击 着色 按钮，然后在对话框中输入名称 UPPER_MOLD，单击 确定 按钮。

Task7．抽取模具元件

Step1. 单击 模具 功能选项卡 元件 ▾ 区域中的 模具元件 ▾ 按钮，在系统弹出的下拉菜单中单击

型腔镶块 按钮。

Step2. 在系统弹出的"创建模具元件"对话框中，选取 SLIDE_01、SLIDE_02、INSERT_01、INSERT_02、INSERT_03、INSERT_04 以外的所有体积块，然后单击 确定 按钮。

Task8. 生成浇注件

将浇注件的名称命名为 MOLDING。

Task9. 定义开模动作

Stage1. 将参考零件、坯料、体积块和分型面在模型中遮蔽起来

Stage2. 开模步骤 1：移动滑块

Step1. 移动滑块 1，选取图 19.39 所示的边线为移动方向，输入要移动的距离值 15。

Step2. 移动滑块 2，选取图 19.40 所示的边线为移动方向，输入要移动的距离值-15，结果如图 19.41 所示。

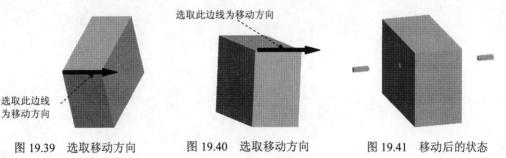

图 19.39　选取移动方向　　　图 19.40　选取移动方向　　　图 19.41　移动后的状态

Stage3. 开模步骤 2：移动上模和镶块 INSERT_03、INSERT_04

Step1. 按住 Ctrl 键，在模型树中选取 INSERT_03_MOLD.PRT、INSERT_04_MOLD.PRT 和 UPPER_ MOLD.PRT。此时步骤 2 中要移动的元件模型被加亮。

Step2. 选取如图 19.42 所示的边线为移动方向，输入要移动的距离值-20，结果如图 19.43 所示。

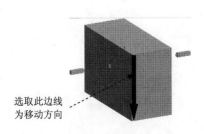 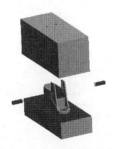

图 19.42　选取移动方向　　　　　图 19.43　移动后的状态

Stage4. 开模步骤 3：移动下模和镶块 INSERT_01、INSERT_02

Step1. 按住 Ctrl 键，在模型树中选取 INSERT_01_MOLD.PRT、INSERT_02_MOLD.PRT 和 LOWER_ MOLD.PRT。此时步骤 3 中要移动的元件模型被加亮。

Step2. 选取图 19.44 所示的边线为移动方向，输入要移动的距离值 20，结果如图 19.45 所示。

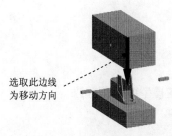
选取此边线
为移动方向

图 19.44　选取移动方向

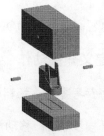

图 19.45　移动后的状态

Step3. 保存设计结果。单击 **模具** 功能选项卡中 操作 ▼ 区域的 重新生成 ▼ 按钮，在系统弹出的下拉菜单中单击 🔄 重新生成 按钮，选择下拉菜单 文件 ▼ ➡ 🖫 保存⑤ 命令。

实例 **20** 带破孔的模具设计（一）

在图 20.1 所示的模具中，设计模型中有一破孔，这样在模具设计时必须将这一破孔填补，上、下模具才能顺利脱模。下面介绍该模具的主要设计过程。

图 20.1 带破孔的模具设计

Task1. 新建一个模具制造模型文件

Step1. 将工作目录设置至 D:\creo3.6\work\ch20。

Step2. 新建一个模具型腔文件，命名为 housing_mold；选取 `mmns_mfg_mold` 模板。

Task2. 建立模具模型

Stage1. 引入参考模型

Step1. 单击 **模具** 功能选项卡 `参考模型和工件` 区域中的按钮 `参考模型▼`，然后在系统弹出的列表中选择 `定位参考模型` 命令，系统弹出"打开""布局"对话框和 `▼ CAV LAYOUT （型腔布置）` 菜单管理器。

Step2. 从系统弹出的文件"打开"对话框中，选取三维零件模型 housing.prt 作为参考零件模型，并将其打开，系统弹出"创建参考模型"对话框和"布局"对话框。

Step3. 在"创建参考模型"对话框中选中 ⦿ `按参考合并` 单选项，然后在 `参考模型` 文本框中接受默认的名称，再单击 `确定` 按钮。

Step4. 在"布局"对话框的 `布局` 区域中单击 ⦿ `单一` 单选项。

Step5. 调整模具坐标系。

（1）在"布局"对话框的 `参考模型起点与定向` 区域中单击 `箭头` 按钮，系统弹出"获得坐标系类型"菜单。

（2）定义坐标系类型。在"获得坐标系类型"菜单中选择 `Dynamic （动态）` 命令，系统弹出"元件"窗口和"参考模型方向"对话框。

（3）旋转坐标系。在"参考模型方向"对话框的 轴 区域中选择 X 轴作为旋转轴。在 值 文本框中输入数值−90，按回车键。

（4）在"参考模型方向"对话框中单击 确定 ；在"布局"对话框中单击 确定 按钮；系统弹出"警告"对话框，单击 确定 按钮。在 ▼ CAV LAYOUT （型腔布置）菜单中单击 Done/Return （完成/返回）命令，完成坐标系的调整。

Stage2. 创建坯料

创建图 20.2 所示的手动坯料，操作步骤如下。

Step1. 单击 模具 功能选项卡 参考模型和工件 区域的"工件"按钮 下的 工件 按钮，在系统弹出的菜单中单击 创建工件 按钮。

Step2. 系统弹出"创建元件"对话框，在 类型 区域选中 ⦿ 零件 单选项，在 子类型 区域选中 ⦿ 实体 单选项，在 名称 文本框中输入坯料的名称 wp，然后单击 确定 按钮。

Step3. 在系统弹出的"创建选项"对话框中选中 ⦿ 创建特征 单选项，然后单击 确定 按钮。

Step4. 创建坯料特征。

（1）选择命令。单击 模具 功能选项卡 形状 ▼ 区域中的 拉伸 按钮。

（2）创建实体拉伸特征。

① 选取拉伸类型。在出现的"拉伸"操控板中，确认"实体"类型按钮 被按下。

② 定义草绘截面放置属性。在绘图区中右击，从弹出的快捷菜单中选择 定义内部草绘... 命令。选择 MAIN_PARTING_PLN 基准平面作为草绘平面，草绘平面的参考平面为 MOLD_FRONT 基准平面，方向为 右 ；单击 草绘 按钮，系统至此进入截面草绘环境。

③ 绘制截面草图。进入截面草绘环境后，选取 MOLD_RIGHT 和 MOLD_FRONT 基准平面为草绘参考，截面草图如图 20.3 所示；完成特征截面的绘制后，单击"草绘"操控板中的"确定"按钮 。

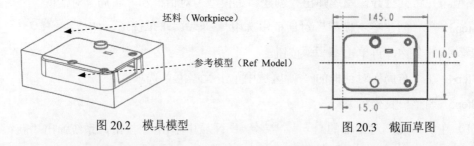

图 20.2　模具模型　　　　　　　　　图 20.3　截面草图

④ 选取深度类型并输入深度值。在操控板中单击 选项 按钮，从系统弹出的界面中选取 侧1 的深度类型 盲孔 ，再在深度文本框中输入深度值 12.0，并按回车键；然后选取 侧2 的深度类型 盲孔 ，再在深度文本框中输入深度值 35.0，并按回车键。

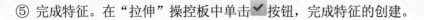
⑤ 完成特征。在"拉伸"操控板中单击 按钮，完成特征的创建。

Task3. 设置收缩率

将参考模型收缩率设置为 0.006。

Task4. 创建模具分型曲面

下面的操作是创建零件 housing.prt 模具的主分型曲面，如图 20.4 所示。

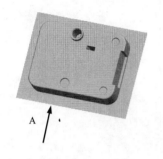

A 向

图 20.4 创建分型曲面

Step1. 单击 **模具** 功能选项卡 分型面和模具体积块 ▼ 区域中的"分型面"按钮 。系统弹出 "分型面"功能选项卡。

Step2. 在系统弹出的"分型面"功能选项卡中的 控制 区域单击"属性"按钮 ，在"属 性"对话框中输入分型面名称 main_pt_surf，单击 确定 按钮。

Step3. 通过曲面"复制"的方法，复制参考模型 housing 的外表面，如图 20.5 所示（为 了方便选取图元，将坯料遮蔽）。

（1）采用"种子面与边界面"的方法选取所需要的曲面。用户分别选取种子面和边界 面后，系统则会自动选取从种子曲面开始向四周延伸直到边界曲面的所有曲面（其中包括 种子曲面，但不包括边界曲面）。在屏幕右下方的"智能选取栏"中选择"几何"选项。

（2）下面先选取"种子面"（Seed Surface），操作方法如下。

① 将模型调整到图 20.6 所示的视图方向，先将鼠标指针移至模型中的目标位置，即 图 20.6 中的上表面（种子面）附近，右击，然后在弹出的快捷菜单中选取 从列表中拾取 命 令。

② 选择 曲面:F1(外部合并):HOUSING_MOLD_REF 选项，此时图 20.6 中的上表面会加亮，该面就是 所要选择的"种子面"。最后，在"从列表中拾取"对话框中单击 确定(0) 按钮。

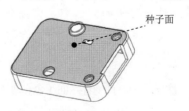

种子面

图 20.5 创建复制曲面　　　　　　图 20.6 定义种子面

（3）然后选取"边界面"（boundary surface），操作方法如下。

① 选择 **视图** 功能选项卡 模型显示 ▾ 区域中的"显示样式"按钮 显示样式 ▾，按下 消隐 按钮，将模型的显示状态切换到实线线框显示方式。

② 按住 Shift 键，选取图 20.7 中的 housing 的 A~P 为边界面，此时图中所示的边界曲面会加亮。

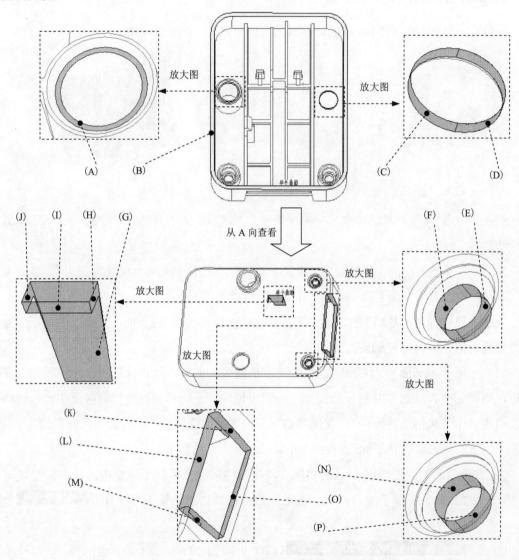

图 20.7 定义边界面

注意：对一些曲面的选取，需要把模型放大后才方便选中所需要的曲面。选取曲面时需要有耐心，逐一选取图 20.7 所示的加亮曲面，在选取过程中要一直按住 Shift 键，直到选取结束。

③ 依次选取所有的边界面（全部加亮）后，松开 Shift 键，然后按住 Ctrl 键选取图 20.8 所示的 A~K 曲面，松开 Ctrl 键，完成"边界面"的选取。操作完成后，整个模型上表面均

被加亮，如图 20.9 所示。

（4）单击 **模具** 功能选项卡 操作 ▾ 区域中的 复制 按钮。

（5）单击 **模具** 功能选项卡 操作 ▾ 区域中的 粘贴 按钮。此时系统弹出 **曲面：复制** 操控板。

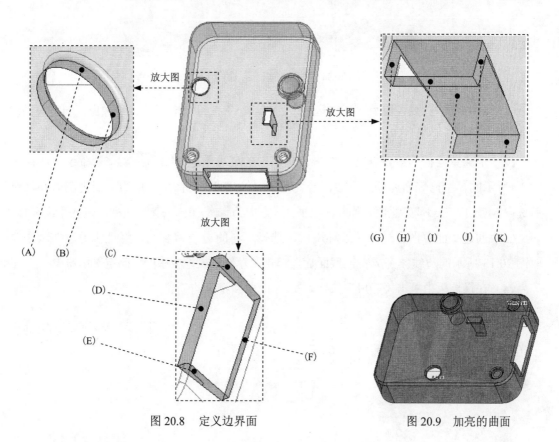

图 20.8 定义边界面

图 20.9 加亮的曲面

（6）填补复制曲面上的破孔。在操控板中单击 选项 按钮，在系统弹出的"选项"界面中选中 ⊙ 排除曲面并填充孔 单选项，在 填充孔/曲面 文本框中单击"选择项"字符，按住 Ctrl 键，分别选择图 20.10 中的曲面 1 和曲面 2。

（7）单击操控板中的"完成"按钮 ✓。

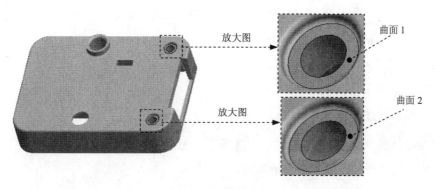

图 20.10 填补破孔

Step4. 创建图 20.11 所示的（填充）曲面 1。

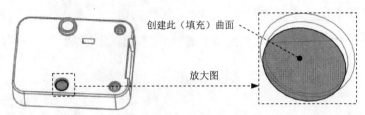

图 20.11　创建（填充）曲面 1

（1）单击 **分型面** 操控板 曲面设计 ▾ 区域中的"填充"按钮 ▨，此时系统弹出"填充"操控板。

（2）定义草绘截面放置属性。右击，从弹出的菜单中选择 定义内部草绘... 命令；选择图 20.12 所示的模型内表面为草绘平面，接受图 20.12 中默认的箭头方向为草绘视图方向，然后选取 MOLD_FRONT 基准平面为参考平面，方向为 右 ，单击 草绘 按钮，进入草绘环境。

（3）创建截面草图。进入草绘环境后，选择坯料的边线为参考，用"使用边"命令选取图 20.13 所示的边线。完成特征截面后，单击"草绘"操控板中的"确定"按钮 ✔ 。

（4）在操控板中单击"完成"按钮 ✔ ，完成曲面特征的创建。

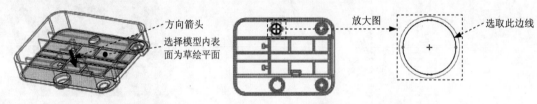

图 20.12　定义草绘平面　　　　　　　　　　　图 20.13　截面草图

Step5. 将复制面组与 Step4 中创建的填充曲面 1 合并为合并 1，如图 20.14 所示。

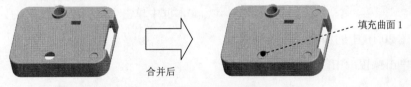

图 20.14　将复制面组与填充曲面 1 合并在一起

（1）按住 Ctrl 键，选取复制面组和 Step4 中创建的填充曲面 1。

注意：可以在 Creo 软件左边的模型树中选取，也可以在模型中使用"从列表中选取"的方法来选中所需要的曲面。

（2）单击 **分型面** 操控板中 编辑 ▾ 区域的 合并 按钮，此时系统弹出"合并"操控板。

（3）在操控板中单击 选项 按钮，在"选项"界面中选中 ⦿ 相交 单选项。

（4）在"合并"操控板中单击 ✔ 按钮。

说明：观察合并结果时，可将参考模型遮蔽。

Step6. 创建图 20.15 所示的（填充）曲面 2。

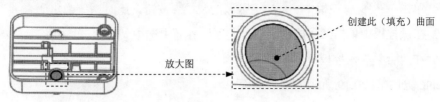

图 20.15　创建（填充）曲面 2

（1）单击 **分型面** 操控板 曲面设计 ▼ 区域中的"填充"按钮 ▨，此时系统弹出"填充"操控板。

（2）定义草绘截面放置属性。右击，从弹出的菜单中选择 定义内部草绘... 命令；选择图 20.16 所示的模型表面为草绘平面，接受图 20.16 中默认的箭头方向为草绘视图方向，然后选取图 20.16 所示的 MOLD_FRONT 基准平面为参考平面，方向为 右 ，单击 草绘 按钮，进入草绘环境。

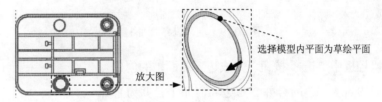

图 20.16　定义草绘平面

（3）创建截面草图。进入草绘环境后，选择坯料的边线为参考，用"使用边"的命令选取图 20.17 所示的边线。完成特征截面后，单击"草绘"操控板中的"确定"按钮 ✔ 。

（4）在操控板中单击"完成"按钮 ✔，完成曲面特征的创建。

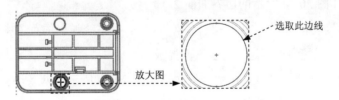

图 20.17　截面草图

Step7. 将 Step5 创建的合并 1 与填充曲面 2 合并为合并 2，如图 20.18 所示。

图 20.18　将复制面组与填充曲面 2 合并在一起

（1）按住 Ctrl 键，选取合并面组 1 和填充曲面 2。

（2）单击 **分型面** 操控板中 编辑 ▾ 区域的 合并 按钮，此时系统弹出"合并"操控板。

（3）在操控板中单击 选项 按钮，在"选项"界面中选中 ⦿ 相交 单选项。

（4）在"合并"操控板中单击 ✓ 按钮。

Step8. 创建图 20.19 所示的边界曲面 1。

（1）单击 **模型** 功能选项卡中的 切口和曲面 ▾ 按钮，在系统弹出的菜单中依次单击 曲面 ▸

➡ 边界混合，系统弹出"边界混合"操控板。

（2）定义边界曲线。按住 Ctrl 键，依次选取图 20.19 所示的两条边界曲线。

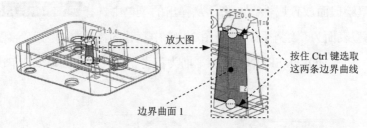

图 20.19　定义边界曲面 1

（3）在操控板中单击 ✓ 按钮，完成边界曲面 1 的创建。

Step9. 将 Step7 创建的合并 2 与边界曲面 1 合并为合并 3。

（1）按住 Ctrl 键，选取合并面组 2 和边界曲面 1。

（2）单击 **分型面** 操控板中 编辑 ▾ 区域的 合并 按钮，此时系统弹出"合并"操控板。

（3）在操控板中单击 选项 按钮，在"选项"界面中选中 ⦿ 相交 单选项。

（4）在"合并"操控板中单击 ✓ 按钮。

Step10. 创建图 20.20 所示的边界曲面 2。

（1）单击 **模型** 功能选项卡中的 切口和曲面 ▾ 按钮，在系统弹出的菜单中依次单击 曲面 ▸

➡ 边界混合，系统弹出"边界混合"操控板。

（2）定义边界曲线。按住 Ctrl 键，依次选取图 20.20 所示的两条边界曲线。

（3）在操控板中单击 ✓ 按钮，完成边界曲面 2 的创建。

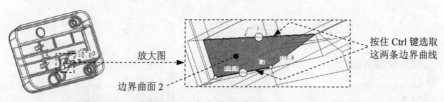

图 20.20　定义边界曲面 2

Step11. 将 Step9 创建的合并 3 与边界曲面 2 合并为合并 4。

（1）按住 Ctrl 键，选取合并面组 3 和边界曲面 2。

（2）单击 **分型面** 操控板中 编辑 ▼ 区域的 ☐合并 按钮，此时系统弹出"合并"操控板。

（3）在操控板中单击 选项 按钮，在"选项"界面中选中 ⦿ 相交 单选项。

（4）在"合并"操控板中单击 ✔ 按钮。

Step12. 创建图 20.21 所示的边界曲面 3。

（1）单击 **模型** 功能选项卡中的 切口和曲面 ▼ 按钮，在系统弹出的菜单中依次单击 曲面 ▶

➡ ☒ 边界混合 ，系统弹出"边界混合"操控板。

（2）定义边界曲线。按住 Ctrl 键，依次选取图 20.21 所示的两条边界曲线。

（3）在操控板中单击 ✔ 按钮，完成边界曲面 3 的创建。

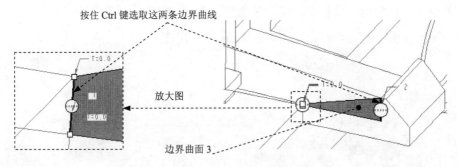

图 20.21 定义边界曲面 3

Step13. 将 Step11 创建的合并 4 与边界曲面 3 合并为合并 5。

（1）按住 Ctrl 键，选取合并面组 4 和边界曲面 3。

（2）单击 **分型面** 操控板中 编辑 ▼ 区域的 ☐合并 按钮，此时系统弹出"合并"操控板。

（3）在操控板中单击 选项 按钮，在"选项"界面中选中 ⦿ 相交 单选项。

（4）在"合并"操控板中单击 ✔ 按钮。

Step14. 创建图 20.22 所示的边界曲面 4。

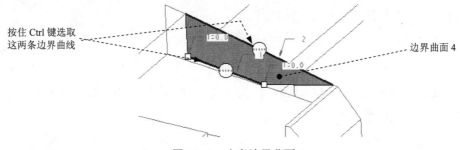

图 20.22 定义边界曲面 4

（1）单击 **模型** 功能选项卡中的 切口和曲面 ▼ 按钮，在系统弹出的菜单中依次单击 曲面 ▶

➡ ☒ 边界混合 ，系统弹出"边界混合"操控板。

（2）定义边界曲线。按住 Ctrl 键，依次选取图 20.22 所示的两条边界曲线。

（3）在操控板中单击 ✔ 按钮，完成边界曲面 4 的创建。

Step15. 将 Step13 创建的合并 5 与边界曲面 4 合并为合并 6。

（1）按住 Ctrl 键，选取合并面组 5 和边界曲面 4。

（2）单击 **分型面** 操控板中 编辑 ▼ 区域的 合并 按钮，此时系统弹出"合并"操控板。

（3）在操控板中单击 选项 按钮，在"选项"界面中选中 ⦿ 相交 单选项。

（4）在"合并"操控板中单击 ✔ 按钮。

Step16. 创建图 20.23 所示的边界曲面 5。

（1）单击 **模型** 功能选项卡中的 切口和曲面 ▼ 按钮，在系统弹出的菜单中依次单击 曲面 ▶
➡ 边界混合，系统弹出"边界混合"操控板。

（2）定义边界曲线。按住 Ctrl 键，依次选取图 20.23 所示的两条边界曲线。

（3）在操控板中单击 ✔ 按钮，完成边界曲面 5 的创建。

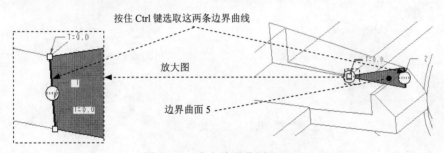

图 20.23　定义边界曲面 5

Step17. 将 Step15 创建的合并 6 与边界曲面 5 合并为合并 7。

（1）按住 Ctrl 键，选取合并面组 6 和边界曲面 5。

（2）单击 **分型面** 操控板中 编辑 ▼ 区域的 合并 按钮，此时系统弹出"合并"操控板。

（3）在操控板中单击 选项 按钮，在"选项"界面中选中 ⦿ 相交 单选项。

（4）在"合并"操控板中单击 ✔ 按钮。

Step18. 创建图 20.24 所示的边界曲面 6。

（1）单击 **模型** 功能选项卡中的 切口和曲面 ▼ 按钮，在系统弹出的菜单中依次单击 曲面 ▶
➡ 边界混合，系统弹出"边界混合"操控板。

（2）定义边界曲线。按住 Ctrl 键，依次选取图 20.24 所示的两条边界曲线。

（3）在操控板中单击 ✔ 按钮，完成边界曲面 6 的创建。

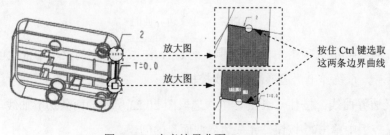

图 20.24　定义边界曲面 6

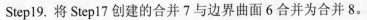

Step19. 将 Step17 创建的合并 7 与边界曲面 6 合并为合并 8。

（1）按住 Ctrl 键，选取合并面组 7 和边界曲面 6。

（2）单击 **分型面** 操控板中 编辑 ▾ 区域的 ⬚合并 按钮，此时系统弹出"合并"操控板。

（3）在操控板中单击 选项 按钮，在"选项"界面中选中 ◉ 相交 单选项。

（4）在"合并"操控板中单击 ✔ 按钮。

Step20. 创建图 20.25 所示的边界曲面 7。

（1）单击 **模型** 功能选项卡中的 切口和曲面 ▾ 按钮，在系统弹出的菜单中依次单击 曲面 ▸
➡ ⟲边界混合，系统弹出"边界混合"操控板。

（2）定义边界曲线。按住 Ctrl 键，依次选取图 20.25 所示的两条边界曲线。

（3）在操控板中单击 ✔ 按钮，完成边界曲面 7 的创建。

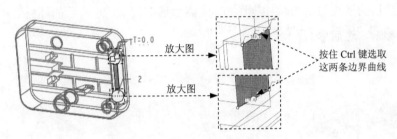

图 20.25　定义边界曲面 7

Step21. 将 Step19 创建的合并 8 与边界曲面 7 合并为合并 9。

（1）按住 Ctrl 键，选取合并面组 8 和边界曲面 7。

（2）单击 **分型面** 操控板中 编辑 ▾ 区域的 ⬚合并 按钮，此时系统弹出"合并"操控板。

（3）在操控板中单击 选项 按钮，在"选项"界面中选中 ◉ 相交 单选项。

（4）在"合并"操控板中单击 ✔ 按钮。

Step22. 创建图 20.26 所示的边界曲面 8。

（1）单击 **模型** 功能选项卡中的 切口和曲面 ▾ 按钮，在系统弹出的菜单中依次单击 曲面 ▸
➡ ⟲边界混合，系统弹出"边界混合"操控板。

（2）定义边界曲线。按住 Ctrl 键，依次选取图 20.26 所示的两条边界曲线。

（3）在操控板中单击 ✔ 按钮，完成边界曲面 8 的创建。

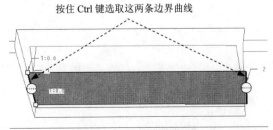

图 20.26　定义边界曲面 8

Step23. 将 Step21 创建的合并 9 与边界曲面 8 合并为合并 10。

（1）按住 Ctrl 键，选取合并面组 9 和边界曲面 8。

（2）单击 **分型面** 操控板中 编辑▼ 区域的 合并 按钮，此时系统弹出"合并"操控板。

（3）在操控板中单击 选项 按钮，在"选项"界面中选中 ◉ 相交 单选项。

（4）在"合并"操控板中单击 ✔ 按钮。

Step24. 创建拉伸曲面，如图 20.27 所示。

（1）将坯料取消遮蔽。

（2）单击 **分型面** 功能选项卡 形状▼ 区域中的 拉伸 按钮，此时系统弹出"拉伸"操控板。

（3）定义草绘截面放置属性。右击，从弹出的菜单中选择 定义内部草绘... 命令；在系统 ⇨选择一个平面或曲面以定义草绘平面. 的提示下，选取图 20.28 所示的坯料表面 1 为草绘平面，接受图 20.28 中默认的箭头方向为草绘视图方向，然后选取图 20.28 所示的坯料表面 2 为参考平面，方向为 右。然后单击 草绘 按钮。

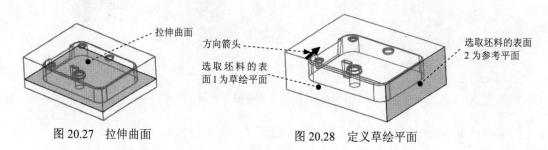

图 20.27 拉伸曲面　　　　　图 20.28 定义草绘平面

（4）绘制截面草图。选取图 20.29 所示的坯料的边线和模型的下表面为草绘参考；绘制如该图所示的截面草图（截面草图为一条线段）；完成截面的绘制后，单击"草绘"操控板中的"确定"按钮 ✔ 。

（5）设置深度选项。

① 在操控板中选取深度类型 ⊥ （到选定的）。

② 将模型调整到图 20.30 所示的视图方向，选取图中所示的坯料表面（虚线所指的面）为拉伸终止面。

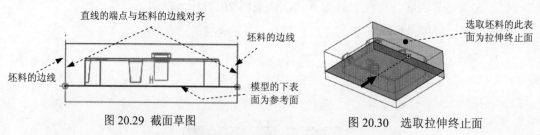

图 20.29 截面草图　　　　　图 20.30 选取拉伸终止面

③ 在"拉伸"操控板中单击 ✔ 按钮，完成特征的创建。

Step25. 将 Step23 创建的合并 10 与拉伸曲面合并为合并 11。

（1）按住 Ctrl 键，选取合并面组 10 和拉伸曲面。

（2）单击 **分型面** 功能选项卡 **编辑 ▼** 区域中的 **合并** 按钮，系统弹出"合并"操控板。

（3）在"合并"操控板中单击 按钮，使箭头指向外侧。

（4）在操控板中单击 **选项** 按钮，在"选项"界面中选中 ⊙ **相交** 单选项。

（5）确认无误后，在"合并"操控板中单击 按钮。如图 20.31 所示。

拉伸面组

图 20.31　合并面组

Step26. 在"分型面"选项卡中单击"确定"按钮 ，完成分型面的创建。

Task5. 构建模具元件的体积块

Step1. 选择 **模具** 功能选项卡 **分型面和模具体积块 ▼** 区域中的 **模具体积块 ▼** ➡ **体积块分割** 命令（即用"分割"的方法构建体积块）。

Step2. 在系统弹出的 **▼ SPLIT VOLUME （分割体积块）** 菜单中，依次选择 **Two Volumes （两个体积块）** ➡ **All Wrkpcs （所有工件）** ➡ **Done （完成）** 命令。此时系统弹出"分割"对话框和"选择"对话框。

Step3. 选取分型面。在系统 **⇨ 为分割工件选择分型面.** 的提示下，选取分型面 MAIN_PT_SURF，然后单击"选择"对话框中的 **确定** 按钮。

注意：在 Task4 中，如果分型面 MAIN_PT_SURF 不是一气呵成地完成，而是经过多次修改或者重定义完成的，在这里有可能无法选取该分型面。

Step4. 单击"分割"信息对话框中的 **确定** 按钮。

Step5. 系统弹出"属性"对话框，同时模型中的体积块的下半部分变亮，在该对话框中单击 **着色** 按钮，着色后的体积块如图 20.32 所示。然后在对话框中输入名称 lower_vol，单击 **确定** 按钮。

Step6. 系统弹出"属性"对话框，同时模型中的体积块的上半部分变亮，在该对话框中单击 **着色** 按钮，着色后的体积块如图 20.33 所示。然后在对话框中输入名称 upper_vol，单击 **确定** 按钮。

图 20.32　着色后的下半部分体积块

图 20.33　着色后的上半部分体积块

Task6. 抽取模具元件及生成浇注件

浇注件的名称命名为 housing_molding。

Task7. 定义开模动作

Step1. 将参考零件、坯料和分型面在模型中遮蔽起来。

Step2. 开模步骤 1: 移动上模。

（1）选择 **模具** 功能选项卡 分析 ▼ 区域中的 ♑ 命令，系统弹出"模具开模"菜单管理器。

（2）在系统弹出的 ▼ MOLD OPEN (模具开模) 菜单中选择 Define Step (定义步骤) 命令，在系统弹出的 ▼ DEFINE STEP (定义步骤) 菜单中选择 Define Move (定义移动) 命令。

（3）选取要移动的模具元件。在系统 ♑ 为迁移号码1 选择构件. 的提示下，选取上模，在"选择"对话框中单击 **确定** 按钮。

（4）在系统 ♑ 通过选择边、轴或面选择分解方向. 的提示下，选取图 20.34 所示的边线为移动方向，然后在系统 输入沿指定方向的位移 的提示下，输入要移动的距离值 80，并按回车键。

（5）在 ▼ DEFINE STEP (定义步骤) 菜单中单击 Done (完成) 按钮。移出后的状态如图 20.34 所示。

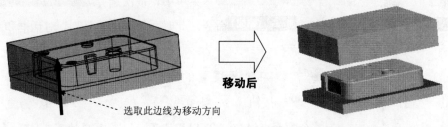

移动后

选取此边线为移动方向

图 20.34　移动上模

Step3. 开模步骤 2：移动下模。参考开模步骤 1 的操作方法，选取下模，选取图 20.35 所示的边线为移动方向。输入要移动的距离值-80。选择 Done (完成) 命令，完成下模的开模动作。

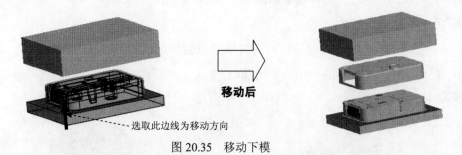

移动后

选取此边线为移动方向

图 20.35　移动下模

Step4. 保存设计结果。单击 **模具** 功能选项卡中 操作 ▼ 区域的 重新生成 ▼ 按钮，在系统弹出的下拉菜单中单击 🔁 重新生成 按钮，选择下拉菜单 文件 ▼ ➡ 🖫 保存(S) 命令。

实例 **21** 带破孔的模具设计（二）

本节将介绍一款香皂盒盖（SOAP-BOX）的模具设计，如图 21.1 所示。由于设计原件中有破孔，所以在模具设计时必须将这一破孔填补，上、下模具才能顺利脱模。下面介绍该模具的主要设计过程。

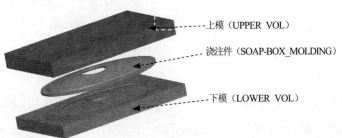

上模（UPPER VOL）

浇注件（SOAP-BOX_MOLDING）

下模（LOWER VOL）

图 21.1　香皂盒盖的模具设计

Task1．新建一个模具制造模型文件

新建一个模具制造模型文件，操作提示如下。

Step1. 将工作目录设置至 D:\creo3.6\work\ch21。

Step2. 新建一个模具型腔文件，命名为 soap-box_mold；选取 `mmns_mfg_mold` 模板。

Task2．建立模具模型

Stage1．引入参考模型

Step1. 单击 **模具** 功能选项卡 `参考模型和工件` 区域中的按钮 `参考模型▼`，然后在系统弹出的列表中选择 `定位参考模型` 命令，系统弹出 "打开" "布局" 对话框和 ▼ CAV LAYOUT（型腔布置）菜单管理器。

Step2. 从系统弹出的"打开"对话框中，选取三维零件模型 soap-box.prt 作为参考零件模型，单击 `打开` 按钮，系统弹出"创建参考模型"对话框。

Step3. 在"创建参考模型"对话框中选中 ● `按参考合并` 单选项，然后在 `参考模型` 文本框中接受默认的名称，再单击 `确定` 按钮。

Step4. 单击布局对话框中的 `预览` 按钮，可以观察到图 21.2 所示的结果，单击 `确定` 按钮。在 ▼ CAV LAYOUT（型腔布置）菜单中单击 `Done/Return（完成/返回）` 命令。

说明：图 21.2 所示的拖动方向与开模方向一致。

Stage2．创建坯料

创建图 21.3 所示的手动坯料，操作步骤如下。

Step1. 单击 **模具** 功能选项卡 参考模型和工件 区域中的按钮 工件 ，然后在系统弹出的列表中选择 创建工件 命令，系统弹出"创建元件"对话框。

Step2. 在系统弹出的"创建元件"对话框中，在 类型 区域选中 ⊙ 零件 单选项，在 子类型 区域选中 ⊙ 实体 单选项，在 名称 文本框中输入坯料的名称 wp，然后单击 确定 按钮。

Step3. 在系统弹出的"创建选项"对话框中选中 ⊙ 创建特征 单选项，然后单击 确定 按钮。

Step4. 创建坯料特征。

（1）选择命令。单击 **模具** 功能选项卡 形状 ▾ 区域中的 拉伸 按钮。

（2）创建实体拉伸特征。

① 选取拉伸类型。在出现的操控板中，确认"实体"类型按钮 被按下。

② 定义草绘截面放置属性。在绘图区中右击，从系统弹出的快捷菜单中选择 定义内部草绘... 命令。选择 MAIN_PARTING_PLN 基准平面作为草绘平面，草绘平面的参考平面为 MOLD_RIGHT 基准平面，方位为 右 ；单击 草绘 按钮，系统至此进入截面草绘环境。

③ 绘制截面草图。进入截面草绘环境后，选取 MOLD_RIGHT 和 MOLD_FRONT 基准平面为草绘参考，截面草图如图 21.4 所示；完成特征截面的绘制后，单击"草绘"操控板中的"确定"按钮 ✔ 。

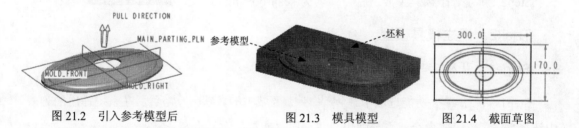

图 21.2　引入参考模型后　　图 21.3　模具模型　　图 21.4　截面草图

④ 选取深度类型并输入深度值。在系统弹出的操控板中单击 选项 按钮，从系统弹出的界面中选取 侧1 的深度类型 盲孔 ，再在深度文本框中输入深度值 35.0，并按回车键；然后选取 侧2 的深度类型 盲孔 ，再在深度文本框中输入深度值 12.0，并按回车键。

⑤ 完成特征。在 **拉伸** 操控板中单击 ✔ 按钮。完成特征的创建。

Task3. 设置收缩率

将参考模型收缩率设置为 0.006。

Task4. 填补图 21.5 所示的破孔

Step1. 遮蔽坯料。

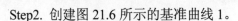

Step2. 创建图 21.6 所示的基准曲线 1。

a）填补破孔前

b）填补破孔后

图 21.5 填补破孔

（1）选择命令。单击 **模具** 功能选项卡 **基准 ▾** 按钮，在系统弹出的菜单中依次单击 **～ 曲线 ▸** ━━▶ **～ 通过点的曲线** 按钮。系统弹出"曲线：通过点"操控板。

（2）选择 **视图** 功能选项卡 **模型显示 ▾** 区域中的"显示样式"按钮 **显示样式 ▾**，按下 **消隐** 按钮，将模型的显示状态切换到实线线框显示方式。先单击图 21.7 所示的圆环左边交点，然后将模型调整到图 21.8 所示的视图方位，再单击圆环上边的切点。

注意：下面创建曲线时选取的参考点是面与面的交点。

（3）在"曲线：通过点"操控板中单击 ✔ 按钮。完成基准曲线 1 的创建。

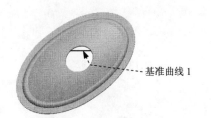

图 21.6 创建基准曲线 1

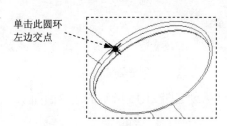

图 21.7 单击圆环左边交点

Step3. 创建图 21.9 所示的基准曲线 2。

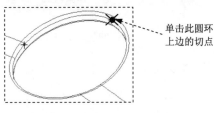

图 21.8 单击圆环上边切点

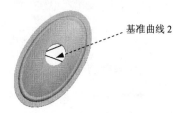

图 21.9 创建基准曲线 2

（1）选择命令。单击 **模具** 功能选项卡 **基准 ▾** 按钮，在系统弹出的菜单中依次单击 **～ 曲线 ▸** ━━▶ **～ 通过点的曲线** 按钮，系统弹出"曲线：通过点"操控板。

（2）单击图 21.10 所示的圆环左边交点，然后将模型调整到图 21.11 所示的视图方位，单击圆环上边的交点。

（3）在系统弹出的"曲线：通过点"操控板中单击 ✔ 按钮，完成基准曲线 2 的创建。

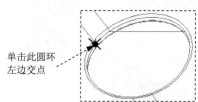

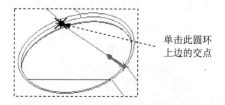

图 21.10　单击圆环左边交点　　　　　图 21.11　单击圆环上边交点

Step4. 创建图 21.12 所示的基准曲线 3。

（1）选择命令。单击 **模具** 功能选项卡 基准 ▼ 按钮，在系统弹出的菜单中依次单击 ～ 曲线 ▶ ➡ ～ 通过点的曲线 按钮。系统弹出"曲线：通过点"操控板。

（2）单击图 21.13 所示的圆环左边交点，然后将模型调整到图 21.14 所示的视图方位，单击圆环上边的切点。

（3）在系统弹出的"曲线：通过点"操控板中单击 ✓ 按钮。完成基准曲线 3 的创建。

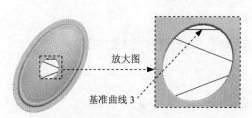

图 21.12　创建基准曲线 3

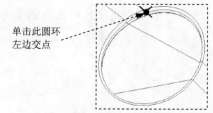

图 21.13　单击圆环左边交点

Step5. 创建图 21.15 所示的边界曲面 1。

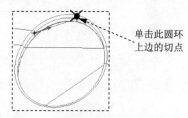

图 21.14　单击圆环上边切点

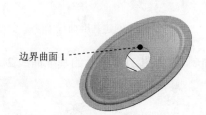

图 21.15　创建边界曲面 1

（1）单击 **模型** 功能选项卡中的 切口和曲面 ▼ 按钮，在系统弹出的菜单中依次单击 曲面 ▶ ➡ ⚙边界混合，系统弹出"边界混合"操控板。

（2）定义边界曲线。按住 Ctrl 键，依次选取图 21.16 所示的两条边界曲线。

（3）在操控板中单击 ✓ 按钮，完成边界曲面 1 的创建。

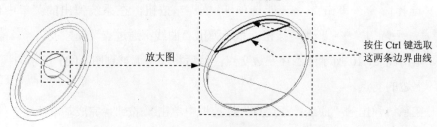

图 21.16　定义边界曲面 1

Step6. 创建图 21.17 所示的边界曲面 2。

（1）单击 模型 功能选项卡中的 切口和曲面 ▼ 按钮，在系统弹出的菜单中依次单击 曲面 ▶ ➡ 边界混合，系统弹出"边界混合"操控板。

（2）定义边界曲线。

① 选取第一方向曲线。按住 Ctrl 键，依次选取图 21.18 所示的第一方向的两条边界曲线。

② 选取第二方向曲线。在操控板中单击第二方向曲线操作栏，按住 Ctrl 键，依次选取图 21.19 所示的第二方向的两条边界曲线。

（3）在操控板中单击 ✓ 按钮，完成边界曲面 2 的创建。

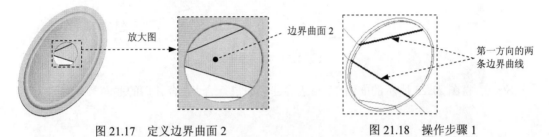

图 21.17 定义边界曲面 2   图 21.18 操作步骤 1

Step7. 将边界曲面 1 与边界曲面 2 进行合并。合并后的结果暂定为面组 12。

（1）按住 Ctrl 键，选取要合并的两个曲面（边界曲面 1 和边界曲面 2），如图 21.20 所示，然后单击 模型 功能选项卡 修饰符 ▼ 下拉菜单中的 合并 按钮，系统弹出"合并"操控板。

（2）单击按钮 ∞ ，预览合并后的面组。

（3）确认无误后，单击 ✓ 按钮。

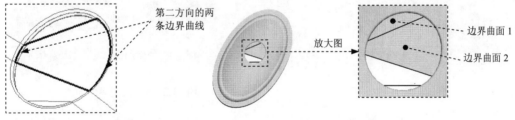

图 21.19 操作步骤 2   图 21.20 创建面组 12

Step8. 创建图 21.21 所示的边界曲面 3。

（1）单击 模型 功能选项卡中的 切口和曲面 ▼ 按钮，在系统弹出的菜单中依次单击 曲面 ▶ ➡ 边界混合，系统弹出"边界混合"操控板。

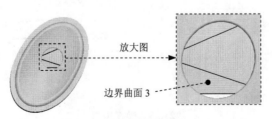

图 21.21 定义边界曲面 3

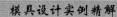

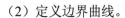

（2）定义边界曲线。

① 选择第一方向曲线。按住 Ctrl 键，依次选取图 21.22 所示的第一方向的两条边界曲线。

② 选择第二方向曲线。在操控板中单击第二方向曲线操作栏，按住 Ctrl 键，依次选取图 21.22 所示的第二方向的两条边界曲线。

（3）在操控板中单击✔按钮，完成边界曲面 3 的创建。

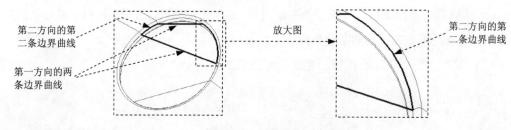

图 21.22　操作步骤

Step9. 将图 21.23 所示的面组 12 与边界曲面 3 进行合并，合并后的曲面暂且编号为面组 123。

（1）按住 Ctrl 键，选取要合并的两个曲面（面组 12 和边界曲面 3），然后单击 模型 功能选项卡 修饰符 ▼ 下拉菜单中的 合并 按钮，系统弹出"合并"操控板。

（2）单击按钮∞，预览合并后的面组。

（3）确认无误后，单击✔按钮。

Step10. 创建图 21.24 所示的边界曲面 4。

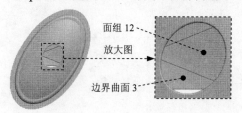

图 21.23　创建面组 123

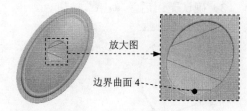

图 21.24　定义边界曲面 4

（1）单击 模型 功能选项卡中的 切口和曲面 ▼按钮，在系统弹出的菜单中依次单击 曲面 ▶ ➡ 边界混合。系统弹出"边界混合"操控板。

（2）定义边界曲线。按住 Ctrl 键，依次选取图 21.25 所示的两条边界曲线。

（3）在操控板中单击✔按钮，完成边界曲面的创建。

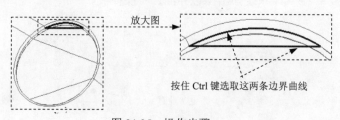

图 21.25　操作步骤

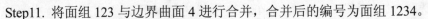

Step11. 将面组 123 与边界曲面 4 进行合并，合并后的编号为面组 1234。

（1）按住 Ctrl 键，选取要合并的两个曲面（面组 123 和边界曲面 4），然后单击 模型 功能选项卡 修饰符 ▼ 下拉菜单中的 合并 按钮，系统弹出"合并"操控板。

（2）在"曲面合并"操控板中单击 ✔ 按钮。

Step12. 隐藏前面创建的基准曲线。在模型树中右击 ∿ 曲线 1，然后从系统弹出的快捷菜单中选择 隐藏 命令。再单击"重画"按钮 ，这样模型的该基准曲线将不显示。用同样的方法隐藏另外的两条基准曲线 ∿ 曲线 2 和 ∿ 曲线 3。

Task5. 创建分型面

下面的操作是创建模具的分型曲面，如图 21.26 所示。

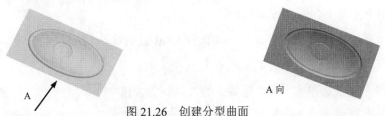

图 21.26　创建分型曲面

Step1. 单击 模具 功能选项卡 分型面和模具体积块 ▼ 区域中的"分型面"按钮 ，系统弹出"分型面" 功能选项卡。

Step2. 在系统弹出的"分型面"功能选项卡中的 控制 区域单击"属性"按钮 ，在"属性"对话框中输入分型面名称 PS_SURF，单击 确定 按钮。

Step3. 如果坯料没有遮蔽，为了方便选取图元，将其遮蔽。在模型树中右击 WP.PRT，从系统弹出的快捷菜单中选择 遮蔽 命令。

Step4. 通过曲面复制的方法，复制参考模型上的外表面，如图 21.27 所示。

（1）采用"种子面与边界面"的方法选取所需要的曲面。用户分别选取种子和边界面后，系统则会自动选取从种子曲面开始向四周延伸直到边界曲面的所有曲面（其中包括种子曲面，但不包括边界曲面）。在屏幕右下方的"智能选取栏"中选择"几何"选项。

（2）下面先选取"种子面"（Seed Surface），操作方法如下。

① 选择 视图 功能选项卡 模型显示 ▼ 区域中的"显示样式"按钮 式 ▼，按下 消隐 按钮，将模型的显示状态切换到实线线框显示方式。

② 将模型调整到图 21.28 所示的视图方位。

③ 选取图 21.28 中 soap-box 的上表面，该面就是所要选择的"种子面"。

图 21.27　创建复制曲面

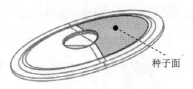

图 21.28　定义种子面

（3）然后选取"边界面"（boundary surface），操作方法如下。

① 按住 Shift 键，选取图 21.29 中的 soap-box 的外圆面和内圆面为边界面，此时图中的内外圆面会加亮。

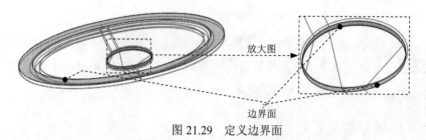

放大图

边界面

图 21.29　定义边界面

② 依次选取所有的边界面完毕（全部加亮）后，松开 Shift 键，完成"边界面"的选取。操作完成后，整个模型上表面均被加亮。

注意：在选取"边界面"的过程中，要保证 Shift 键始终被按下，直至所有"边界面"均选取完毕，否则不能达到预期的效果。

（4）单击 **模具** 功能选项卡 操作 ▾ 区域中的"复制"按钮 。

（5）单击 **模具** 功能选项卡 操作 ▾ 区域中的"粘贴"按钮 ▾ 。系统弹出"曲面：复制"操控板。

（6）在系统弹出的"曲面：复制"操控板中单击 ✓ 按钮。

Step5. 将前面的复制面组与填补破孔的合并面组进行合并，注意选择顺序要正确。

（1）按住 Ctrl 键，选取创建的复制曲面和上一步填补破孔的面组。

（2）单击 **分型面** 功能选项卡 编辑 ▾ 区域中的 合并 按钮，此时系统弹出 "合并"操控板。

（3）在操控板中单击 选项 按钮，在"选项"界面中选中 ⦿ 相交 单选项。

（4）在"合并"操控板中单击 ✓ 按钮。

注意：应该先选取创建的复制曲面，再选取上一步填补破孔的合并面组。

Step6. 通过"拉伸"的方法，创建图 21.30 所示的拉伸曲面。

（1）取消坯料的遮蔽。

（2）单击 **分型面** 功能选项卡 形状 ▾ 区域中的 拉伸 按钮，此时系统弹出"拉伸"操控板。

（3）定义草绘截面放置属性。右击，从系统弹出的菜单中选择 定义内部草绘... 命令；在系统 选择一个平面或曲面以定义草绘平面. 的提示下，选取图 21.31 所示的坯料表面 1 为草绘平面，接受图 21.31 中默认的箭头方向为草绘视图方向，然后选取图 21.31 所示的坯料表面 2 为参考平面，方向为 右 。然后单击 草绘 按钮。

（4）绘制截面草图。选取图 21.32 所示的坯料的边线和所示的边线为草绘参考；绘制图 21.32 所示的截面草图（截面草图为一条线段）；完成截面的绘制后，单击"草绘"操控板中的"确定"按钮 ✔。

（5）设置深度选项。

① 在操控板中选取深度类型 ⊥。

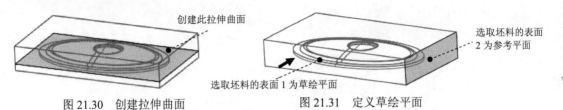

创建此拉伸曲面

选取坯料的表面
2 为参考平面

选取坯料的表面 1 为草绘平面

图 21.30　创建拉伸曲面　　　　　　图 21.31　定义草绘平面

② 将模型调整到图 21.33 所示的视图方位，选取图中所示的坯料表面为拉伸终止面。

③ 在"拉伸"操控板中单击 ✔ 按钮，完成特征的创建。

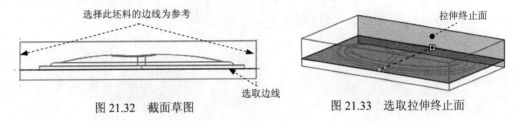

选择此坯料的边线为参考

拉伸终止面

选取边线

图 21.32　截面草图　　　　　　图 21.33　选取拉伸终止面

Step7. 将 Step5 所合并的面组与拉伸面组进行合并，如图 21.34 所示。

拉伸面组

图 21.34　合并面组

（1）按住 Ctrl 键，选取 Step5 所合并的面组和上一步创建的拉伸曲面。

（2）单击 **分型面** 功能选项卡 编辑 ▼ 区域中的 合并 按钮，系统弹出"合并"操控板。

（3）在"合并"操控板中单击 ╳ 按钮，在模型中选取要合并的面组的侧，箭头指向外侧。

（4）在操控板中单击 选项 按钮，在"选项"界面中选中 ⦿ 相交 单选项。

（5）在"合并"操控板中单击 ✔ 按钮。

Step8. 在"分型面"选项卡中单击"确定"按钮 ✔，完成分型面的创建。

Task6．构建模具元件的体积块

Step1. 选择 **模具** 功能选项卡 分型面和模具体积块 ▼ 区域中的 模具体积块 ▼ ➡ 体积块分割 命令（即用"分割"的方法构建体积块）。

Step2. 在系统弹出的 ▼ SPLIT VOLUME（分割体积块）菜单中，依次选择 Two Volumes（两个体积块）

➡ `All Wrkpcs (所有工件)` ➡ `Done (完成)` 命令。此时系统弹出"分割"对话框和"选择"对话框。

Step3. 选取分型面。在系统 ⇨为分割工件选择分型面. 的提示下，选取分型面 PS_SURF，然后单击"选择"对话框中的 `确定` 按钮。

注意：在 Task5 中，如果分型面 PS_SURF 不是一气呵成地完成，而是经过多次修改或者重定义而完成的，这里有可能无法选取该分型面。

Step4. 单击"分割"信息对话框中的 `确定` 按钮。

Step5. 系统弹出"属性"对话框，在该对话框中单击 `着色` 按钮，着色后的体积块如图 21.35 所示。然后在对话框中输入名称 lower_vol，单击 `确定` 按钮。

Step6. 系统弹出"属性"对话框，在该对话框中单击 `着色` 按钮，着色后的体积块如图 21.36 所示。然后在对话框中输入名称 upper_vol，单击 `确定` 按钮。

图 21.35　着色后的下半部分体积块

图 21.36　着色后的上半部分体积块

Task7. 抽取模具元件及生成浇注件

将浇注件的名称命名为 soap-box_molding。

Task8. 定义开模动作

Step1. 将参考零件、坯料和分型面在模型中遮蔽起来。

Step2. 开模步骤 1：移动上模。输入要移动的距离值 100，结果如图 21.37 所示。

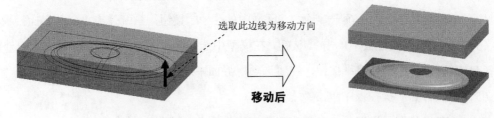
选取此边线为移动方向

移动后

图 21.37　移动上模

Step3. 开模步骤 2：移动下模。 选取下模，输入要移动的距离值-100，选取图 21.38 所示的边线为移动方向，结果如图 21.38 所示。

Step4. 保存设计结果。单击 `模具` 功能选项卡中 `操作 ▾` 区域的 `重新生成 ▾` 按钮，在系统弹出的下拉菜单中单击 `重新生成` 按钮，选择下拉菜单 `文件 ▾` ➡ `保存(S)` 命令。

选取此边线
为移动方向

移动后

图 21.38 移动下模

实例 **22** 一模多穴的模具设计（一）

一个模具中可以含有多个相同的型腔，注射时便可以同时获得多个成型零件，这就是一模多穴模具。图 22.1 所示便是一模多穴的例子，下面以此为例，说明其一般设计流程。

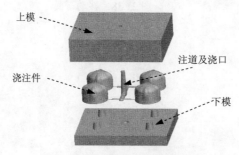

图 22.1 一模多穴模具的设计

Task1. 新建一个模具制造模型文件，进入模具模块

Step1. 将工作目录设置至 D:\creo3.6\work\ch22。

Step2. 新建一个模具型腔文件，命名为 faucet_knob_mold；选取 `mmns_mfg_mold` 模板。

Task2. 建立模具模型

在开始设计模具前，应先创建一个"模具模型"，模具模型包括参考模型（Ref Model）和坯料（Workpiece），如图 22.2 所示。

Stage1. 引入第一个参考模型

Step1. 单击 **模具** 功能选项卡 `参考模型和工件` 区域的按钮 `参考模型▼`，在系统弹出的菜单中单击 `组装参考模型` 按钮。

Step2. 在系统弹出的"打开"对话框中，选取三维零件模型 faucet_knob.prt 作为参考零件模型，并将其选中。单击 `打开` 按钮。

Step3. 系统弹出"元件放置"操控板，在"约束"类型下拉列表中选择 `默认` 选项，将参考模型按默认放置，再在操控板中单击 `✔` 按钮。

Step4. 系统弹出"创建参考模型"对话框，在该对话框中选中 `● 按参考合并` 单选按钮，然后在 `参考模型` 区域的 `名称` 文本框中接受默认的名称 FAUCET_KNOB_MOLD_REF，再单击 `确定` 按钮，系统弹出"警告"对话框，单击 `确定` 按钮，完成第一个参考模型的放置。

Stage2. 阵列参考模型

Step1. 在模型树中选取上一步装配的参考模型特征，右击，从快捷菜单中选择 `阵列...` 命令。

Step2. 选取阵列类型。此时出现"阵列"操控板，选择以 `方向` 方式控制阵列。

Step3. 定义阵列方向和个数。选取 MOLD_RIGHT 基准平面为第一方向参考，在阵列个数文本框中输入值 2，在"增量"文本框中输入增量值 80.0。选取 MOLD_FRONT 基准平面为第二方向参考，在阵列个数文本框中输入值 2，在"增量"文本框中输入增量值 50.0。

Step4. 在"阵列"操控板中单击 ✓ 按钮，结果如图 22.3 所示。

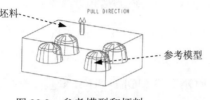

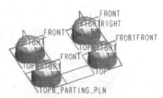

图 22.2　参考模型和坯料　　　　　图 22.3　阵列参考模型

Stage3. 隐藏参考模型的基准面

Step1. 选择命令。在模型树中选择 `☰▾` ➡ `层树(L)` 命令。

Step2. 在导航命令卡中单击 `FAUCET_KNOB_MOLD.ASM (顶级模型，活动的) ▾` 后面的 `▾` 按钮，选择 `FAUCET_KNOB_MOLD_REF.PRT` 参考模型。

Step3. 在层树中选择参考模型的基准面层 `◇ 01_PRT_DEF_DTM_PLN`，右击，在弹出的快捷菜单中选择 `隐藏` 命令，然后单击"重画"按钮 `🗗`，这样模型的基准曲线将不显示。

Step4. 操作完成后，选择导航选项卡中的 `☰▾` ➡ `模型树(M)` 命令，切换到模型树状态。

Stage4. 创建图 22.4 所示的基准平面 ADTM1

这里要创建的基准平面 ADTM1 将作为后面坯料特征的草绘平面。

Step1. 单击 **模具** 功能选项卡 `基准 ▾` 区域中的"平面"按钮 `▱`。

Step2. 系统弹出"基准平面"对话框，选取 MAIN_PARTING_PLN 基准平面为参考平面，偏移值为-15.0。

Step3. 在"基准平面"对话框中单击 `确定` 按钮。完成基准平面的创建。

Stage5. 创建坯料

Step1. 单击 **模具** 功能选项卡 `参考模型和工件` 区域中的按钮 `工件 ▾`，然后在系统弹出的列表中选择 `🗔 创建工件` 命令，系统弹出"创建元件"对话框。

Step2. 在系统弹出的"创建元件"对话框中，在 `类型` 区域选中 `⦿ 零件` 单选项，在 `子类型` 区域选中 `⦿ 实体` 单选项，在 `名称` 文本框中输入坯料的名称 faucet_knob_mold_wp，然后单击

确定 按钮。

Step3. 在系统弹出的"创建选项"对话框中选中 ⚫ 创建特征 单选项，然后单击 确定 按钮。

Step4. 创建坯料特征。

（1）选择命令。单击 模具 功能选项卡 形状 ▼ 区域中的 拉伸 按钮。系统弹出"拉伸"操控板。

（2）创建实体拉伸特征。

① 在绘图区中右击，从系统弹出的快捷菜单中选择 定义内部草绘... 命令。然后选择 ADTM1 基准平面作为草绘平面，草绘平面的参考平面为 MOLD_RIGHT 基准平面，方向为 右。单击 反向 按钮，单击 草绘 按钮，系统至此进入截面草绘环境。

② 进入截面草绘环境后，选取 MOLD_FRONT 和 MOLD_RIGHT 基准平面为草绘参考，绘制图 22.5 所示的截面草图。完成截面草图的绘制后，单击"草绘"操控板中的"确定"按钮 ✔。

③ 选取深度类型并输入深度值。在操控板中选取深度类型 ⊥（"定值"），再在深度文本框中输入深度值 50.0，并按回车键，然后单击 ⅍ 按钮。

④ 完成特征。在"拉伸"操控板中单击 ✔ 按钮，完成特征的创建。

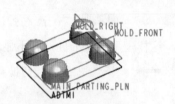

图 22.4 创建基准平面 ADTM1

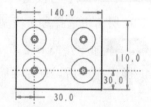

图 22.5 截面草图

Task3. 设置收缩率

将参考模型收缩率设置为 0.006。

Task4. 建立浇道系统

下面讲述如何在零件 faucet_knob 的模具坯料中创建浇道、流道和浇口，以下是操作过程。

Stage1. 创建两个基准平面

这里要创建的基准平面 ADTM2 和 ADTM3，将作为后面浇道和浇口特征的草绘平面及其参考平面。ADTM2 和 ADTM3 位于坯料的中间位置。

Step1. 创建的第一个基准平面 ADTM2。

（1）创建图 22.6 所示的基准点 APNT0。

① 单击 **模具** 功能选项卡 基准 ▼ 区域中的 ×⁣× 按钮。

② 在图 22.6 中选取坯料的边线。

③ 在"基准点"对话框中，先选择基准点的定位方式比率，然后在左边的文本框中输入基准点的定位数值（比率系数）0.5。

④ 在"基准点"对话框中单击 确定 按钮。

（2）穿过基准点 APNT0，创建图 22.7 所示的基准平面 ADTM2。操作过程如下。

① 单击 模型 功能选项卡 基准 ▼ 区域中的"平面"按钮 ▱。

② 选取基准点 APNT0。

③ 按住 Ctrl 键，选择 MOLD_FRONT 基准平面。

④ 在"基准平面"对话框中单击 确定 按钮。

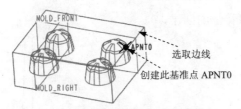

图 22.6　创建基准点 APNT0

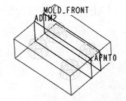

图 22.7　创建基准平面 ADTM2

Step2. 创建第三个基准平面 ADTM3。

（1）创建图 22.8 所示的基准点 APNT1。

① 单击 **模具** 功能选项卡 基准 ▼ 区域中的 ×⁣× 按钮。

② 在图 22.8 中选取坯料的边线。

③ 在"基准点"对话框中，先选择基准点的定位方式比率，然后在左边的文本框中输入基准点的定位数值（比率系数）0.5。

④ 在"基准点"对话框中单击 确定 按钮。

（2）穿过基准点 APNT1，创建如图 22.9 所示的基准平面 ADTM3。操作过程如下。

① 单击 模型 功能选项卡 基准 ▼ 区域中的"平面"按钮 ▱。

② 在图 22.8 中选取基准点 APNT1。

③ 按住 Ctrl 键，选取 MOLD_RIGHT 基准平面。

④ 在"基准平面"对话框中单击 确定 按钮。

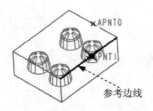

图 22.8　创建基准点 APNT1

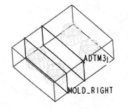

图 22.9　创建基准平面 ADTM3

Stage2. 创建图 22.10 所示的浇道

Step1. 单击 模型 功能选项卡 切口和曲面 ▼ 区域中的 中 旋转 按钮，此时出现"旋转"操控板。

Step2. 定义草绘截面放置属性。右击，从快捷菜单中选择 定义内部草绘... 命令。草绘平面为 ADTM2 基准面，草绘平面的参考平面为 ADTM3 基准平面，草绘平面的参考方向是 右。单击 草绘 按钮，系统至此进入截面草绘环境。

Step3. 进入截面草绘环境后，选取 MAIN_PARTING_PLN 基准平面、ADTM3 基准平面和图 22.11 所示的坯料边线为草绘参考，绘制图 22.11 所示的截面草图。完成特征截面的绘制后，单击"草绘"操控板中的"确定"按钮 ✔。

Step4. 特征属性。旋转角度类型为 ⊥，旋转角度为 360°。

Step5. 单击操控板中的 ✔ 按钮，完成特征的创建。

图 22.10 创建浇道

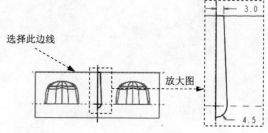

图 22.11 截面草图

Stage3. 创建图 22.12 所示的主流道（Runner）

（1）单击 模型 功能选项卡 切口和曲面 ▼ 区域中的 中 旋转 按钮。

（2）定义草绘截面放置属性。右击，从快捷菜单中选择 定义内部草绘... 命令。草绘平面为 MAIN_PARTING_PLN 基准平面，草绘平面的参考平面为 ADTM3 基准平面，草绘平面的参考方向是 右。单击 草绘 按钮，系统至此进入截面草绘环境。

（3）进入截面草绘环境后，选取 ADTM2 和 ADTM3 基准平面为参考，绘制图 22.13 所示的截面草图。完成特征截面的绘制后，单击"草绘"操控板中的"完成"按钮 ✔。

（4）定义旋转角度。旋转角度类型为 ⊥，旋转角度为-180°。

（5）在"旋转"操控板中单击操控板中的 ✔ 按钮，完成特征创建。

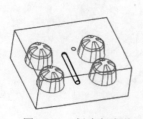

图 22.12 创建主流道

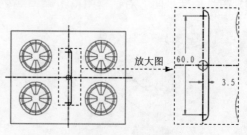

图 22.13 截面草图

Stage4．创建图 22.14 所示的分流道

（1）单击 模型 功能选项卡 切口和曲面 ▼ 区域中的 旋转 按钮。

（2）定义草绘截面放置属性。右击，从快捷菜单中选择 定义内部草绘 命令。草绘平面为 MAIN_PARTING_PLN 基准平面，草绘平面的参考平面为 MOLD_RIGHT 基准平面，草绘平面的参考方向是 右 。单击 草绘 按钮，系统至此进入截面草绘环境。

（3）进入截面草绘环境后，选取 MOLD_FRONT 和 ADTM3 基准平面为参考，绘制图 22.15 所示的截面草图。完成特征截面后，单击"草绘"操控板中的"完成"按钮 ✔ 。

（4）定义旋转角度。旋转角度类型为 ⊥ ，旋转角度为-180˚。

（5）在"旋转"操控板中单击操控板中的 ✔ 按钮，完成特征创建。

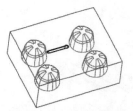

图 22.14 创建分流道

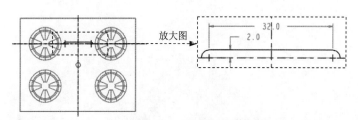

图 22.15 截面草图

Stage5．创建图 22.16 所示的浇口

Step1．单击 模型 功能选项卡 切口和曲面 ▼ 区域中的 拉伸 按钮，在操控板中，确认"实体"按钮 □ 被按下。

Step2．创建拉伸特征。

（1）在出现的操控板中，确认"实体"类型按钮 □ 被按下。

（2）右击，从快捷菜单中选择 定义内部草绘 命令。草绘平面为 ADTM3 基准平面，草绘平面的参考平面为 MAIN_PARTING_PLN 基准平面，草绘平面的参考方向为 左 。单击 草绘 按钮，系统至此进入截面草绘环境。

（3）进入截面草绘环境后，选择图 22.17 所示的圆弧的边线和 MAIN_PARTING_PLN 基准平面为草绘参考，绘制图 22.17 所示的封闭截面草图。完成特征截面后，单击"草绘"操控板中的"确定"按钮 ✔ 。

图 22.16 创建浇口

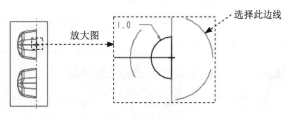

图 22.17 封闭截面草图

（4）在操控板中单击 选项 按钮，在弹出的界面中选取双侧的深度选项均为 ⊥ （至曲面），然后选择图 22.18 所示的参考零件的表面为左、右拉伸的终止面。

（5）在"拉伸"操控板中单击 ✔ 按钮，完成特征的创建。

Stage6. 以镜像的方式在另一端建立分流道和浇口

Step1. 按住 Ctrl 键，在模型树中选取 ◆ 旋转 3 和 ⬜ 拉伸 1，单击 模型 功能选项卡 修饰符▼ 下拉列表中的 ◗◖ 镜像 命令。

Step2. 选取镜像的中心平面 ADTM2，在操控板中单击 ✔ 按钮，在系统弹出的"相交元件"对话框中选中 ✔ 自动更新 复选框，然后单击 确定 按钮，镜像完成后的分流道和浇口如图 22.19 所示。

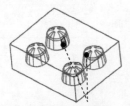

选取这两个参考零件的表面为左、右拉伸的终止面

图 22.18　选取拉伸的终止面

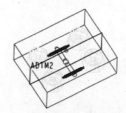

图 22.19　镜像后的分流道和浇口

Task5. 创建模具分型曲面

下面的操作是创建零件 faucet_knob.prt 的主分型面，如图 22.20 所示，以分离模具的上模型腔和下模型腔。其操作过程如下。

Step1. 单击 模具 功能选项卡 分型面和模具体积块▼ 区域中的"分型面"按钮 ⬚。系统弹出 分型面 功能选项卡。

Step2. 在系统弹出的 分型面 功能选项卡中的 控制 区域单击"属性"按钮 ⬚，在"属性"文本框中输入分型面名称 main_ps，单击 确定 按钮。

Step3. 通过拉伸的方法，创建主分型面。

（1）单击 分型面 功能选项卡 形状▼ 区域中的 ⬚ 拉伸 按钮，此时系统弹出"拉伸"操控板。

（2）定义草绘截面放置属性。右击，从弹出的菜单中选择 定义内部草绘... 命令；在系统 ➡ 选择一个平面或曲面以定义草绘平面。的提示下，选择图 22.21 所示的表面为草绘平面，接受默认的箭头方向为草绘视图方向，然后选取图 22.21 所示的表面为参考平面，方向为 右，单击 草绘 按钮，系统至此进入截面草绘环境。

（3）绘制截面草图。选取坯料的边线和 MAIN_PARTING_PLN 基准平面为草绘参考，截面草图为一条线段。绘制完成图 22.22 所示的特征截面后，单击"草绘"操控板中的"确定”按钮 。

（4）设置深度选项。

① 在操控板中选取深度类型 ⊥（到选定的）。

② 将模型调整到图 22.21 所示的视图方向，然后选取图 22.21 所示的表面为拉伸终止面。

③ 在“拉伸”操控板中单击 ✓ 按钮，完成特征的创建。

Step4. 在“分型面”选项卡中单击“确定”按钮 ✓，完成分型面的创建。

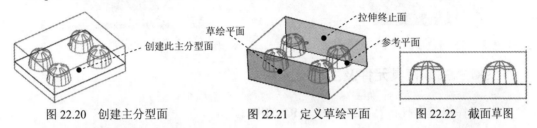

图 22.20　创建主分型面　　　　图 22.21　定义草绘平面　　　图 22.22　截面草图

Task6. 构建模具元件的体积块

Step1. 选择 **模具** 功能选项卡 **分型面和模具体积块 ▼** 区域中的 **模具体积块 ▼** ➡ **⊟体积块分割** 命令（即用“分割”的方法构建体积块）。

Step2. 在系统弹出的 **▼ SPLIT VOLUME（分割体积块）** 菜单中，依次选择 **Two Volumes（两个体积块）** ➡ **All Wrkpcs（所有工件）** ➡ **Done（完成）** 命令。此时系统弹出“分割”对话框和“选择”对话框。

Step3. 用“列表选取”的方法选取分型面。

（1）在系统 **➡为分割工件选择分型面.** 的提示下，在模型中分型面的位置右击，从弹出的快捷菜单中选择 **从列表中拾取** 命令。

（2）在弹出的“从列表中拾取”对话框中，单击列表中的 **面组:F23(MAIN_PS)** 分型面，然后单击 **确定(O)** 按钮。

（3）单击”选择”对话框中的 **确定** 按钮。

Step4. 系统弹出 **▼岛列表** 菜单，在菜单中选中 **☑岛2** 复选框，选择 **Done Sel（完成选择）** 命令。

说明：在上面的操作中，当用分型面分割坯料后，坯料中会产生多个互不连接的体积块，这些互不连接的体积块被称为 Island（岛）。在 **▼岛列表** 菜单中有六个岛，将鼠标指针分别移至岛菜单中的这六个岛名称，坯料中相应的体积块会加亮，这样我们很容易发现：**☐岛2** 代表上模体积块。

Step5. 单击“分割”对话框中的 **确定** 按钮。

Step6. 系统弹出“属性”对话框，同时模型中的上半部分变亮，在该对话框中单击 **着色**

按钮，着色后的模型如图 22.23 所示。然后在对话框中输入名称 upper_vol，单击 **确定** 按钮。

Step7. 系统弹出"属性"对话框，同时模型中的下半部分变亮（变青），在该对话框中单击 **着色** 按钮，着色后的模型如图 22.24 所示。然后在对话框中输入名称 lower_vol，单击 **确定** 按钮。

图 22.23　着色后的上半部分体积块

图 22.24　着色后的下半部分体积块

Task7.　抽取模具元件及生成浇注件

将浇注件的名称命名为 BLOWER_MOLDING。

Task8.　定义开模动作

Stage1.　将参考零件、坯料和分型面在模型中遮蔽起来

Stage2.　开模步骤 1：移动上模

Step1. 选择 **模具** 功能选项卡 **分析▼** 区域中的"模具开模"命令 **弓**。系统弹出 **▼ MOLD OPEN (模具开模)** 菜单管理器。

Step2. 在系统弹出的"菜单管理器"菜单中选择 **Define Step (定义步骤)** **➡ Define Move (定义移动)** 命令。系统弹出"选择"对话框。

注：在移动以前，可以选择 **Draft Check (拔模检测)** 命令，进行拔模斜度的检测。

Step3. 用"列表选取"的方法选取要移动的模具元件。

（1）在系统的提示下，先将鼠标指针移至模型中的上模位置并右击，选取快捷菜单中的 **从列表中拾取** 命令。

（2）在系统弹出的"从列表中拾取"对话框中，单击列表中的上模模具零件 **UPPER_VOL.PRT**，然后单击 **确定(O)** 按钮。

（3）在"选择"对话框中单击 **确定**。

Step4. 在系统的提示下，选取图 22.25 所示的边线为移动方向，然后在系统 **输入沿指定方向的位移** 的提示下，输入要移动的距离值 150，然后按回车键。

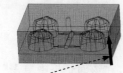
选取此边线为移动方向

移动后

图 22.25　移动上模

Step5. 在 ▼ DEFINE STEP （定义步骤）菜单中选择 Done （完成）命令。

Stage3. 开模步骤 2：移动下模

参考开模步骤 1 的操作方法，选取下模，选取图 22.26 所示的边线为移动方向，然后输入要移动的距离值-150，然后按回车键；选择 Done （完成）命令，完成开模动作。单击 **模具** 功能选项卡中 操作 ▼ 区域的 重新生 成 ▼ 按钮，在系统弹出的下拉菜单中单击 重新生成 按钮，选择下拉菜单 文件 ▼ ➡ 保存(S) 命令。

 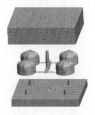

移动后

选取此边线为移动方向

图 22.26 移动下模

实例 **23** 一模多穴的模具设计（二）

本实例将介绍图 23.1 所示的一款塑料叉子的一模多穴设计，其设计的亮点是产品零件在模具型腔中的布置、浇注系统的设计以及分型面的设计，其中浇注系统采用的是轮辐式浇口（轮辐式浇口是指对型腔填充采用小段圆弧进料，如图 23.1 所示）；另外本实例在创建分型面时采用了很巧妙的方法，此处需要读者认真体会。

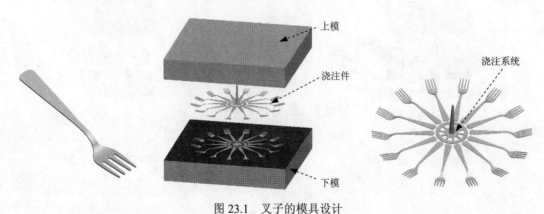

图 23.1 叉子的模具设计

Task1. 新建一个模具制造模型文件，进入模具模块

Step1. 将工作目录设置至 D:\creo3.6\work\ch23。

Step2. 新建一个模具型腔文件，命名为 fork_mold；选取 `mmns_mfg_mold` 模板。

Task2. 建立模具模型

模具模型主要包括参考模型（Ref Model）和坯料（Workpiece），如图 23.2 所示。

Stage1. 引入参考模型

Step1. 创建图 23.3 所示的基准轴——AA_1。

说明：在此创建基准轴是为了方便后面的参考模型阵列使用。

（1）单击 **模具** 功能选项卡 `基准 ▼` 区域中的"基准轴"按钮 `/`。

（2）按住 Ctrl 键，选择 MOLO_FRONT 和 MOLO_RIGHT 基准平面为参考，其约束类型均为 `穿过`。

（3）单击"基准轴"对话框中的 `确定` 按钮，完成基准轴 AA_1 的创建。

Step2. 单击 **模具** 功能选项卡 `参考模型和工件` 区域中的按钮 `参考模型 ▼`，然后在系统弹出的列表中选择 `组装参考模型` 命令，系统弹出"打开"对话框。

Step3. 从系统弹出的文件"打开"对话框中，选取三维零件模型 fork.prt 作为参考零件模型，并将其打开。

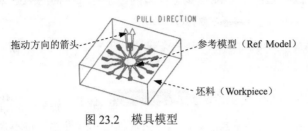

图 23.2　模具模型　　　　　　图 23.3　基准轴——AA_1

Step4. 定义约束参考模型的放置位置。

（1）指定第一个约束。在操控板中单击 放置 按钮，在"放置"界面的 约束类型 下拉列表中选择 重合 ，选取参考件的 FRONT 基准平面为元件参考，选取装配体的 MAIN_PARTING_PLN 基准平面为组件参考。

（2）指定第二个约束。单击 新建约束 字符，在 约束类型 下拉列表中选择 距离 ，选取参考件的 RIGHT 基准平面为元件参考，选取装配体的 MOLD_RIGHT 基准平面为组件参考；在 偏移 文本框中输入偏移距离值 50，然后按回车键。

（3）指定第三个约束。单击 新建约束 字符，在 约束类型 下拉列表中选择 重合 ，选取参考件的 TOP 基准平面为元件参考，选取装配体的 MOLD_FRONT 基准平面为组件参考。

（4）约束定义完成，在操控板中单击 ✓ 按钮，完成参考模型的放置；系统自动弹出"创建参考模型"对话框。

Step5. 在"创建参考模型"对话框中选中 ◉ 按参考合并 单选项，然后在 参考模型 区域的 名称 文本框中接受默认的名称（或输入参考模型的名称）。单击 确定 按钮，完成参考模型的命名。

Step6. 创建图 23.4 所示的"轴"阵列特征。

（1）在模型树中选取参考零件 FORK_MOLD_REF.PRT 并右击，在系统弹出的快捷菜单中选择 阵列... 命令，系统弹出"阵列"操控板。

（2）在操控板中选取"阵列"选项 轴 ，在模型中选取基准轴——AA_1；在操控板中输入阵列的个数 14，在操控板中单击 ⚙ 按钮，按回车键。

（3）在"阵列"操控板中单击 ✓ 按钮，完成"轴"阵列特征的创建。

a）阵列前　　　　　　　　　　　　　　　b）阵列后

图 23.4　"轴"阵列

Stage2. 隐藏参考模型的基准平面

为了使屏幕简洁，利用"层"的"遮蔽"功能将参考模型的三个基准平面隐藏起来。

Step1. 选择命令。在模型树中选择 📄 ▾ ➡ 层树(L) 命令。

Step2. 在导航命令卡中单击 FORK_MOLD.ASM (顶级模型，活动的) ▾ 后面的 ▾ 按钮，选择 FORK_MOLD_REF.PRT 参考模型。

Step3. 在层树中选择参考模型的基准面层 01___PRT_ALL_DTM_PLN ，右击，在系统弹出的快捷菜单中选择 隐藏 命令，然后单击"重画"按钮 🔲，这样铸件模型的基准曲线将不显示。

Step4. 操作完成后，选择导航选项卡中的 📄 ▾ ➡ 模型树(M) 命令，切换到模型树状态。

Stage3. 创建图 23.5 所示的坯料

Step1. 单击 模具 功能选项卡 参考模型和工件 区域中的按钮 工件 ▾，然后在系统弹出的列表中选择 创建工件 命令，系统弹出"创建元件"对话框。

Step2. 在系统弹出的"创建元件"对话框中，在 类型 区域选中 ⦿ 零件 单选项，在 子类型 区域选中 ⦿ 实体 单选项，在 名称 文本框中输入坯料的名称 wp，然后单击 确定 按钮。

Step3. 在系统弹出的"创建选项"对话框中选中 ⦿ 创建特征 单选项，然后单击 确定 按钮。

Step4. 创建坯料特征。

（1）选择命令。单击 模具 功能选项卡 形状 ▾ 区域中的 🔲 拉伸 按钮。系统弹出"拉伸"操控板。

（2）创建实体拉伸特征。

① 定义草绘截面放置属性。在绘图区中右击，从系统弹出的快捷菜单中选择 定义内部草绘... 命令。系统弹出"草绘"对话框，然后选择参考模型 MAIN_PARTING_PLN 基准平面作为草绘平面，选取 MOLD_RIGHT 平面为参考平面，方向为 右，单击 草绘 按钮，至此系统进入截面草绘环境。

② 进入截面草绘环境后，系统弹出"参考"对话框，选取 MOLD_RTING 基准平面和 MOLD_FRONT 基准平面为草绘参考，绘制图 23.6 所示的截面草图。完成截面草图的绘制后，单击"草绘"操控板中的"确定"按钮 ✓。

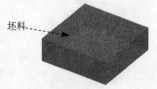

图 23.5　创建坯料

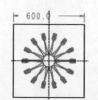

图 23.6　截面草图

③ 选取深度类型并输入深度值。在操控板中选取深度类型 🔁 （即"对称"），再在深度

文本框中输入深度值 200.0，并按回车键。

④ 完成特征。在"拉伸"操控板中单击 ✔ 按钮，完成特征的创建。

Task3. 设置收缩率

Step1. 单击 **模具** 功能选项卡 生产特征 ▾ 按钮中的小三角按钮 ▾，在系统弹出的菜单中单击 按比例收缩 ▸ 后的 ▸ 按钮，在系统弹出的菜单中单击 按尺寸收缩 按钮，然后在模型树中选取第一个参照模型。

Step2. 系统弹出"按尺寸收缩"对话框，确认 公式 区域的 1+ S 按钮被按下，在 收缩选项 区域选中 ☑ 更改设计零件尺寸 复选框，在 收缩率 区域的 比率 栏中输入收缩率值 0.006，并按回车键，然后单击对话框中的 ✔ 按钮。

说明：因为参考的是同一个模型，当设置第一个模型的收缩率为 0.006 后，系统自动会将其他 13 个模型的收缩率设置为 0.006，不需要将其他 13 个模型的收缩率再进行设置。

Task4. 建立浇注系统

Step1. 创建图 23.7 所示的浇道。

（1）单击 **模型** 功能选项卡 切口和曲面 ▾ 区域中的 旋转 按钮。

① 定义草绘截面放置属性。在绘图区域右击，从系统弹出的菜单中选择 定义内部草绘... 命令；然后选择 MOLD_FRONT 基准平面作为草绘平面，草绘平面的参考平面为 MAIN_RIGHT 基准平面，方位为 右，单击 草绘 按钮，进入截面草绘环境。

② 绘制截面草图。选取图 23.8 所示的边线为参考，单击 关闭(C) 按钮；绘制图 23.8 所示的截面草图；完成特征截面的绘制后，单击"草绘"操控板中的"完成"按钮 ✔。

（2）在操控板中选取深度类型 ⊥，输入旋转角度值 360。

（3）在"旋转"操控板中单击 ✔ 按钮，完成特征的创建。

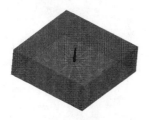

图 23.7 浇道

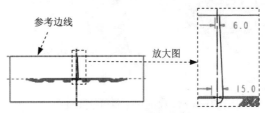

图 23.8 截面草图

Step2. 创建图 23.9 所示的主流道。

（1）单击 **模型** 功能选项卡 切口和曲面 ▾ 区域中的 拉伸 按钮，系统弹出"拉伸"操控板。在操控板中，确认"实体"按钮 ▢ 被按下。

① 定义草绘截面放置属性。在绘图区域右击，从系统弹出的菜单中选择 定义内部草绘... 命

令；然后选择 MAIN_PARTING_PLN 基准平面作为草绘平面，草绘平面的参考平面为 MAIN_RIGHT 基准平面，方位为 右 ，单击 草绘 按钮，进入截面草绘环境。

② 绘制截面草图。绘制图 23.10 所示的截面草图；完成特征截面的绘制后，单击"草绘"操控板中的"确定"按钮 ✔ 。

（2）在操控板中选取深度类型为 �🔲 ，输入深度值 2.0。

（3）在"拉伸"操控板中单击 ✔ 按钮，完成特征的创建。

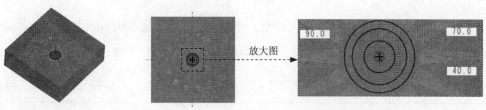

图 23.9   主流道

图 23.10   截面草图

Step3. 创建图 23.11 所示的分流道。

（1）单击 模型 功能选项卡 切口和曲面 ▼ 区域中的 🔲 拉伸 按钮，在操控板中，确认"实体"按钮 🔲 被按下。

① 定义草绘截面的放置属性。在绘图区域右击，从系统弹出的菜单中选择 定义内部草绘... 命令；然后选择 MAIN_PARTING_PLN 基准平面作为草绘平面，草绘平面的参考平面为 MAIN_RIGHT 基准平面，方位为 右 ，单击 草绘 按钮，进入截面草绘环境。

② 绘制截面草图。绘制图 23.12 所示的截面草图；完成特征截面的绘制后，单击"草绘"操控板中的"确定"按钮 ✔ 。

（2）在操控板中选取深度类型为 🔲 （即"定值"拉伸），输入深度值 2.0。

（3）在"拉伸"操控板中单击 ✔ 按钮，完成特征的创建。

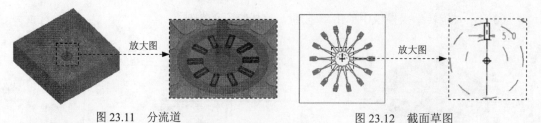

图 23.11   分流道

图 23.12   截面草图

（4）在模型树中查看前面创建的特征。

① 在模型树界面中选择 🔻 ➡ 树过滤器(F)... 命令。

② 在系统弹出的"模型树项目"对话框中选中 ☑ 特征 复选框，然后单击 确定 按钮。此时，模型树中会显示出前面创建的特征。

（5）阵列图 23.13 所示的分流道。

① 在模型树中选取上一步创建的拉伸 2 特征并右击，在系统弹出的快捷菜单中选择

阵列... 命令。

② 在操控板中选取"阵列"选项 轴，在模型中选取基准轴——AA_1；在操控板中输入阵列的个数 10，在阵列成员间的角度文本框中输入值 36，并按回车键。

③ 在"阵列"操控板中单击 ✓ 按钮，完成特征的创建。

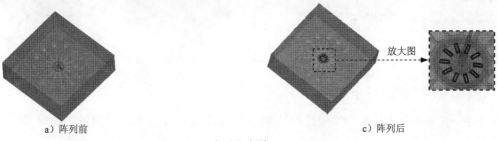

a）阵列前　　　　　　　　　　　　　　c）阵列后

图 23.13　阵列分流道

Step4. 创建图 23.14 所示的浇口。

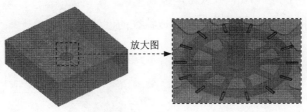

图 23.14　浇口

（1）创建图 23.15 所示的基准平面 ADTM1。单击 模具 功能选项卡 基准 ▼ 区域中的"平面"按钮 ▱，选取 MOLD_RIGHT 为参考，定义约束类型为 偏移，偏移值为 40；单击"基准平面"对话框中的 确定 按钮，完成 ADTM1 基准平面的创建。

放大图

图 23.15　基准面 ADTM1

（2）单击 模型 功能选项卡 切口和曲面 ▼ 区域中的 拉伸 按钮，在操控板中，确认"实体"按钮 ▱ 被按下。

① 定义草绘截面放置属性。在绘图区域右击，从系统弹出的菜单中选择 定义内部草绘... 命令；然后选取 ADTM1 基准平面为草绘平面，选取 MOLD_PARITING_PLN 基准平面为参考平面，方向为 上；单击对话框中的 草绘 按钮。

② 绘制截面草图。绘制图 23.16 所示的截面草图；完成特征截面的绘制后，单击"草绘"操控板中的"确定"按钮 ✓ 。

（3）在操控板中选取深度类型为 ⊥；选取图 23.17 所示的模型表面为拉伸终止面。

（4）在"拉伸"操控板中单击 ✓ 按钮，完成特征的创建。

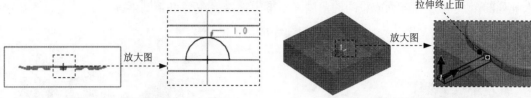

图 23.16　截面草图　　　　　　　　　图 23.17　拉伸终止面

（5）阵列图 23.18 所示的浇口。

① 在模型树中选取上一步创建的拉伸 3 特征并右击，在系统弹出的快捷菜单中选择 阵列... 命令。

② 在操控板中选取"阵列"选项 轴，在模型中选取基准轴——AA_1；在操控板中输入阵列的个数 14，在操控板中单击 △ 按钮，按回车键。

③ 在"阵列"操控板中单击 ✓ 按钮，完成特征的创建。

a）阵列前　　　　　　　　　　　　　b）阵列后

图 23.18　阵列浇口

Task5．创建分型面

下面将创建图 23.19 所示的分型面，以分离模具的上模型腔和下模型腔。

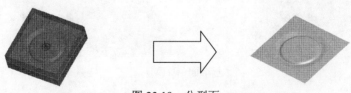

图 23.19　分型面

Step1．单击 模具 功能选项卡 分型面和模具体积块 ▾ 区域中的"分型面"按钮 📖。系统弹出"分型面"功能选项卡。

Step2．在系统弹出的"分型面"功能选项卡中的 控制 区域单击"属性"按钮 📄，在"属性"对话框中输入分型面名称 main_ps，单击 确定 按钮。

Step3．通过"旋转"的方法创建图 23.20 所示的曲面。

（1）选择命令。单击 分型面 功能选项卡 形状 ▾ 区域中的 ⊕ 旋转 按钮。

（2）在绘图区域右击，从系统弹出的菜单中选择 定义内部草绘... 命令；然后选择MOLD_FRONT 基准平面作为草绘平面，草绘平面的参考平面为MAIN_RIGHT基准平面，方位为 右 ，单击 草绘 按钮，进入截面草绘环境。

图 23.20 旋转曲面

（3）绘制截面草图。绘制图 23.21 所示的截面草图（用"投影"的方法绘制截面草图；草图线段不可重叠或开口，截面图形不封闭）。单击"草绘"操控板中的"确定"按钮 ✔ 。

（4）在操控板中选取深度类型 ⊥ （即"定值"拉伸），输入旋转角度值 360。

（5）在"旋转"操控板中单击 ✔ 按钮，完成特征的创建。

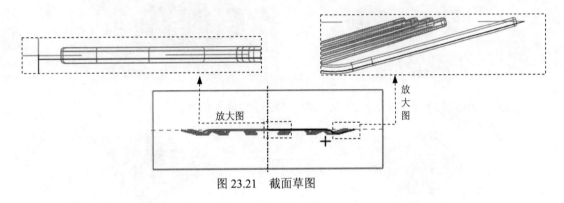

图 23.21 截面草图

Step4. 创建图 23.22 所示的延伸 1。

（1）在屏幕右下方的"智能选取栏"中选择"几何"选项。选取图 23.23 所示的旋转曲面边线为延伸对象。

（2）单击 分型面 功能选项卡 编辑 ▾ 区域的 ⊡ 延伸 按钮，此时出现 延伸 操控板。

① 在操控板中按下按钮 ▢ 。

② 在系统 ▷选择曲面延伸所至的平面· 的提示下，选取图 23.23 所示的表面为延伸的终止面。

③ 在 延伸 操控板中单击 ✔ 按钮。

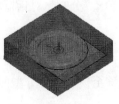

图 23.22 延伸 1

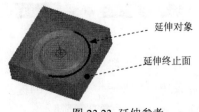

图 23.23 延伸参考

Step5. 创建图 23.24 所示的延伸 2。选取图 23.25 所示的旋转曲面边线为延伸对象；单击 **分型面** 功能选项卡 编辑 ▼ 区域的 ⬜延伸按钮；在操控板中按下 ⬜ 按钮；在系统的提示下，选取图 23.25 所示的表面为延伸的终止面；在 *延伸* 操控板中单击 ✓ 按钮。

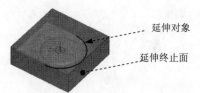

图 23.24　延伸 2　　　　　　　　　　　　图 23.25　延伸参考

Step6. 创建图 23.26 所示的延伸 3。选取图 23.27 所示的边线 1，再按住 Shift 键选取边线 2；单击 **分型面** 功能选项卡 编辑 ▼ 区域的 ⬜延伸按钮；在操控板中按下 ⬜ 按钮；在系统的提示下，选取图 23.27 所示的表面为延伸的终止面；在 *延伸* 操控板中单击 ✓ 按钮。

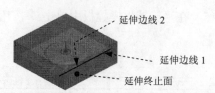

图 23.26　延伸 3　　　　　　　　　　　　图 23.27　延伸参考

Step7. 创建图 23.28 所示的延伸 4。参考 Step6 完成延伸 4 的创建。

a）延伸前　　　　　　　　　　　　　　　　　b）延伸后

图 23.28　延伸 4

Step8. 在"分型面"选项卡中单击"确定"按钮 ✓，完成分型面的创建。

Task6. 构建模具元件的体积块

Step1. 选择 **模具** 功能选项卡 分型面和模具体积块 ▼ 区域中的 模具体积块 ▼ ➡ ⬛体积块分割 命令（即用"分割"的方法构建体积块）。

Step2. 在系统弹出的 ▼ SPLIT VOLUME（分割体积块）菜单中，依次选择 Two Volumes（两个体积块）
➡ All Wrkpcs（所有工件）➡ Done（完成）命令。此时系统弹出"分割"对话框和"选择"对话框。

Step3. 用"列表选取"的方法选取分型面。

（1）在系统 ➡为分割工件选择分型面. 的提示下，先将鼠标指针移至模型中主分型面的位置右击，从快捷菜单中选取 从列表中拾取 命令。

（2）在系统"从列表中拾取"对话框中单击列表中的 面组:F51(MAIN_PS) ，然后单击 确定(O) 按钮。

（3）单击"选择"对话框中的 确定 按钮。

Step4. 单击"分割"信息对话框中的 确定 按钮。

Step5. 系统弹出"属性"对话框，在该对话框中单击 着色 按钮，着色后的模型如图 23.29 所示。然后在对话框中输入名称 lower_mold，单击 确定 按钮。

Step6. 系统弹出"属性"对话框，在该对话框中单击 着色 按钮，着色后的模型如图 23.30 所示。然后在对话框中输入名称 upper_mold，单击 确定 按钮。

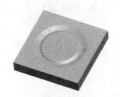

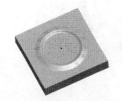

图 23.29 着色后的下半部分体积块　　　图 23.30 着色后的上半部分体积块

Task7. 抽取模具元件

Step1. 选择 模具 功能选项卡 元件 ▾ 区域中的 模具元件 ▾ ➡ 型腔镶块 命令，系统弹出"创建模具元件"对话框。

Step2. 在"创建模具元件"对话框中单击 ≡ 按钮，选择所有体积块，然后单击 确定 按钮。

Task8. 生成浇注件

Step1. 选择 模具 功能选项卡 元件 ▾ 区域中的 创建铸模 命令。

Step2. 在系统提示框中输入浇注零件名称 molding，并单击两次 ✔ 按钮。

Task9. 定义开模动作

Stage1. 将参考模型、坯料和分型面在模型中遮蔽起来

Step1. 选择 视图 功能选项卡 可见性 区域中的"模具显示"按钮 ，系统弹出"遮蔽-取消遮蔽"对话框。在该对话框中按下 □元件 按钮，在 可见元件 列表框中选中所有的参考模型和坯料，然后单击 遮蔽 按钮。

Step2. 遮蔽分型面。在该对话框中按下 分型面 按钮，单击下部的"选取全部"按钮 ≡ ，然后单击 遮蔽 按钮，再单击 关闭 按钮。

Stage2. 开模步骤 1：移动上模

Step1. 选择 模具 功能选项卡 分析 ▾ 区域中的"模具开模"命令 。系统弹出

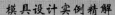

▼ MOLD OPEN (模具开模) 菜单管理器。

Step2. 在系统弹出的"菜单管理器"菜单中选择 Define Step (定义步骤) ➡️ Define Move (定义移动) 命令。系统弹出"选择"对话框。

Step3. 选取上模为要移动的模具元件。在"选择"对话框中单击 确定 。

Step4. 在系统 ➡通过选择边、轴或面选择分解方向. 的提示下，选取图 23.31 所示的边线为移动方向，输入要移动的距离值 200，并按回车键。

Step5. 在 ▼ DEFINE STEP (定义间距) 菜单中选择 Done (完成) 命令，完成上模的移动。

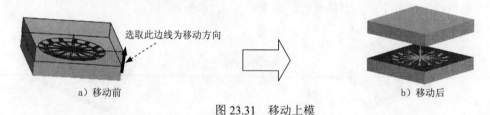

图 23.31　移动上模

Stage3. 开模步骤 2：移动下模

Step1. 参考开模步骤 1 的操作方法，在模型中选取下模零件，选取图 23.32 所示的边线为移动方向，然后输入要移动的距离值-200。

Step2. 在 ▼ DEFINE STEP (定义步骤) 菜单中选择 Done (完成) 命令，完成下模的移动。在 ▼ MOLD OPEN (模具开模) 菜单中单击 Done/Return (完成/返回) 。

图 23.32　移动下模

Step3. 保存设计结果。单击 模具 功能选项卡中 操作 ▾ 区域的 重新生成 ▾ 按钮，在系统弹出的下拉菜单中单击 重新生成 按钮，选择下拉菜单 文件 ▾ ➡️ 保存(S) 命令。

实例 **24** 带外螺纹的模具设计

螺纹连接是结构相互固定方式中最常用的一种连接方式。由于它连接可靠、拆卸方便，又不破坏连接件，并可反复使用，因此这种方式在塑料制品中得到广泛的应用。带螺纹的塑料件的顶出方法很多，应根据塑料件的批量、做模成本或注射成本要求的不同而不同，大体上分为四种形式：手动脱螺纹机构、拼块式螺纹脱模机构、强制脱模机构和旋转自动螺纹脱模机构。

本例将介绍拼块式螺纹脱模模的主要设计过程，如图 24.1 所示。

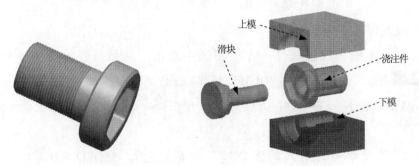

图 24.1 带外螺纹的模具设计

Task1. 新建一个模具制造模型文件

Step1. 将工作目录设置至 D:\creo3.6\work\ch24。

Step2. 新建一个模具型腔文件，命名为 bolt_mold；选取 mmns_mfg_mold 模板。

Task2. 建立模具模型

Stage1. 引入参考模型

Step1. 单击 模具 功能选项卡 参考模型和工件 区域中的按钮 参考模型▼，然后在系统弹出的列表中选择 定位参考模型 命令，系统弹出 "打开" "布局" 对话框和 ▼ CAV LAYOUT (型腔布置) 菜单管理器。

Step2. 从系统弹出的文件 "打开" 对话框中，选取三维零件模型 bolt.prt 作为参考零件模型，单击 打开 按钮，系统弹出 "创建参考模型" 对话框。

Step3. 在 "创建参考模型" 对话框中选中 ◉ 按参考合并 单选项，然后在 参考模型 文本框中接受默认的名称，再单击 确定 按钮。

Step4. 在 "布局" 对话框的 布局 区域中选中 ◉ 单一 单选项，单击 确定 按钮，完成参考模型的放置。在 ▼ CAV LAYOUT (型腔布置) 菜单中单击 Done/Return (完成/返回) 命令。

Stage2. 创建坯料

手动创建图 24.2 所示的坯料，操作步骤如下。

Step1. 单击 **模具** 功能选项卡 参考模型和工件 区域中的按钮 工件，然后在系统弹出的列表中选择 创建工件 命令，系统弹出"创建元件"对话框。

Step2. 在系统弹出的"创建元件"对话框中，在 类型 区域选中 ⊙ 零件 单选项，在 子类型 区域选中 ⊙ 实体 单选项，在 名称 文本框中输入坯料的名称 wp，然后单击 确定 按钮。

Step3. 在系统弹出的"创建选项"对话框中选中 ⊙ 创建特征 单选项，然后单击 确定 按钮。

Step4. 创建坯料特征。

（1）选择命令。单击 **模具** 功能选项卡 形状 ▼ 区域中的 拉伸 按钮。

（2）创建实体拉伸特征。

① 定义草绘截面放置属性。在绘图区中右击，从系统弹出的快捷菜单中选择 定义内部草绘... 命令。选择 MOLD_RIGHT 基准平面作为草绘平面，草绘平面的参考平面为 MAIN_PARTING_PLN 基准平面，方位为 上 ，单击 草绘 按钮，至此系统进入截面草绘环境。

② 绘制截面草图。进入截面草绘环境后，选取 MOLD_FRONT 基准平面和 MAIN_PARTING_PLN 基准平面为草绘参考，截面草图如图 24.3 所示；单击"草绘"操控板中的"确定"按钮 ✓ 。

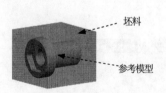

图 24.2　模具模型

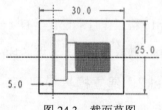

图 24.3　截面草图

③ 选取深度类型并输入深度值。在操控板中选取深度类型 ⊟ （即"对称"），再在深度文本框中输入深度值 30.0，并按回车键。

④ 完成特征。在"拉伸"操控板中单击 ✓ 按钮，完成特征的创建。

Task3. 设置收缩率

将参考模型收缩率设置为 0.006。

Task4. 创建滑块体积块

创建图 24.4 所示的模具的滑块体积块，其操作过程如下。

Step1. 选择命令。选择 **模具** 功能选项卡 分型面和模具体积块 ▼ 区域中的 模具体积块 ▼ ➡

模具体积块 命令。

Step2. 在系统弹出的"编辑模具体积块"功能选项卡中的 控制 区域单击"属性"按钮，在 "属性"对话框中输入名称 SLIDE_MOLD_VOL，单击 确定 按钮。

Step3. 选择命令。单击**编辑模具体积块**操控板 形状 ▾ 区域中的 旋转 按钮，此时系统弹出"旋转"操控板。

（1）定义草绘截面放置属性。右击，从系统弹出的菜单中选择 定义内部草绘... 命令；选取 MOLD_RIGHT 基准平面为草绘平面，选取 MAIN_PARTING_PLN 基准平面为草绘参考。方位为 下 ，单击 草绘 按钮，至此系统进入截面草绘环境。

（2）进入草绘环境后，绘制图 24.5 所示的截面草图。完成特征截面的绘制后，单击"草绘"操控板中的"确定"按钮 ✓ 。

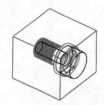

图 24.4 滑块体积块

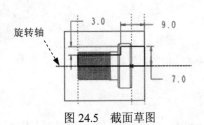

图 24.5 截面草图

（3）在"旋转"操控板中单击 ✓ 按钮，完成特征的创建。

Step4. 选择命令。单击**编辑模具体积块**操控板 体积块工具 ▾ 区域中的 修剪到几何 按钮后面的按钮 ▾ ，在系统弹出的菜单中单击 参考零件切除 按钮。

Step5. 在"编辑模具体积块"功能选项卡中单击"确定"按钮 ✓ ，完成模具体积块的创建。

Task5. 创建主分型面

创建图 24.6 所示的模具的主分型曲面，其操作过程如下。

Step1. 单击 **模具** 功能选项卡 分型面和模具体积块 ▾ 区域中的"分型面"按钮 。系统弹出"分型面"功能选项卡。

Step2. 在系统弹出的"分型面"功能选项卡中的 控制 区域单击"属性"按钮 ，在"属性"对话框中输入分型面名称 main_pt_surf，单击 确定 按钮。

Step3. 通过"拉伸"的方法创建主分型面。

（1）选择命令。单击**分型面**功能选项卡 形状 ▾ 区域中的 拉伸 按钮，此时系统弹出"拉伸"操控板。

（2）定义草绘截面放置属性。右击，从系统弹出的菜单中选择 定义内部草绘... 命令；选取图 24.7 所示的坯料表面为草绘平面，然后选取 MOLD_FRONT 基准平面为参考平面，方向为 右 。然后单击 草绘 按钮。

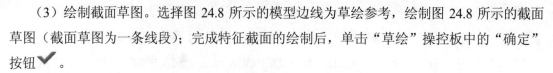

（3）绘制截面草图。选择图 24.8 所示的模型边线为草绘参考，绘制图 24.8 所示的截面草图（截面草图为一条线段）；完成特征截面的绘制后，单击"草绘"操控板中的"确定"按钮 ✔ 。

（4）设置深度选项。

① 在"拉伸"操控板中选取深度类型 ⫧ 。

② 将模型调整到合适方位，选取图 24.7 所示的坯料表面为拉伸终止面。

③ 在"拉伸"操控板中单击 ✔ 按钮，完成特征的创建。

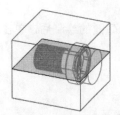 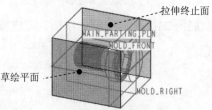 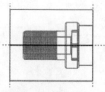

图 24.6　创建主分型曲面　　　　图 24.7　定义草绘平面　　　　图 24.8　截面草图

Step4. 在"分型面"选项卡中单击"确定"按钮 ✔ ，完成分型面的创建。

Task6. 构建模具元件的体积块

Stage1. 分割滑块体积块

Step1. 选择命令。选择 **模具** 功能选项卡 分型面和模具体积块 ▼ 区域中的 模具体积块 ▼ ➡ 体积块分割 命令（即用"分割"的方法构建体积块）。

Step2. 在系统弹出的 ▼ SPLIT VOLUME (分割体积块) 菜单中，依次选择 One Volume (一个体积块) 、 All Wrkpcs (所有工件) 和 Done (完成) 命令，此时系统弹出"分割"对话框和"选择"对话框。

Step3. 选取分型面 面组:F7(SLIDE_MOLD_VOL) （用"列表法"选取），在"选择"对话框中单击 确定 按钮。系统弹出 ▼ 岛列表 菜单，选中 ☑ 岛1 选项，然后选择 Done Sel (完成选择) 命令。

Step4. 在"分割"对话框中单击 确定 按钮。

Step5. 系统弹出"属性"对话框，在该对话框中单击 着色 按钮，着色后的模型如图 24.9 所示，然后在对话框中输入主体积块名称 BODY_VOL，单击 确定 按钮。

Stage2. 用主分型面创建上、下两个体积腔

用前面创建的主分型面 main_pt_surf 来将前面生成的体积块 BODY_VOL 分成上、下两个体积腔（块），这两个体积块将来会抽取为模具的上、下模具型腔。

Step1. 选择命令。选择 **模具** 功能选项卡 分型面和模具体积块 ▼ 区域中的 模具体积块 ▼ ➡ 体积块分割 命令（即用"分割"的方法构建体积块）。

Step2. 在系统弹出的▼ SPLIT VOLUME（分割体积块）菜单中，选择Two Volumes（两个体积块）→ Mold Volume（模具体积块）→ Done（完成）命令。系统弹出“搜索工具”对话框。

Step3. 在系统弹出的“搜索工具”对话框中单击列表中的面组:F11(BODY_VOL)体积块，然后单击 >> 按钮，将其加入到已选择 0 个项:列表中，再单击关闭按钮。

Step4. 选取分型面 面组:F9(MAIN_PT_SURF)（用“列表选取”的方法选取），在“从列表中拾取”对话框中单击确定(0)按钮。在“选择”对话框中单击确定按钮。

Step5. 单击“分割”信息对话框中的确定按钮，系统弹出“属性”对话框。

Step6. 在系统弹出的“属性”对话框中单击着色按钮，着色后的模型如图 24.10 所示。然后在对话框中输入名称 LOWERMOLD_VOL，单击确定按钮。

Step7. 系统弹出“属性”对话框，在该对话框中单击着色按钮，着色后的模型如图 24.11 所示。然后在对话框中输入名称 UPPERMOLD_VOL，单击确定按钮。

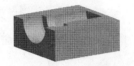

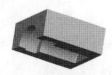

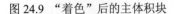

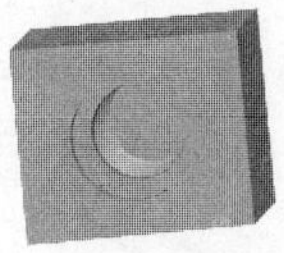

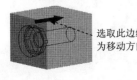

图 24.9 “着色”后的主体积块

图 24.10 着色后的下模

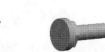

图 24.11 着色后的上模

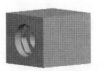

Task7. 抽取模具元件及生成浇注件

将浇注件的名称命名为 BOLT_MOLDING。

Task8. 定义开模动作

Step1. 遮蔽参考件、坯料和分型面。

Step2. 开模步骤 1：移动滑块。

（1）单击 **模具** 功能选项卡 分析 ▾ 区域中的“模具开模”按钮 ，在系统弹出▼ MOLD OPEN（模具开模）菜单管理器。在系统弹出的“菜单管理器”菜单中选择Define Step（定义步骤）→ Define Move（定义移动）命令。

（2）选取要移动的元件滑块。在“选择”对话框中单击确定按钮。

（3）在系统的提示下，选取图 24.12 所示的边线为移动方向，输入要移动的距离值-30。

（4）在▼ DEFINE STEP（定义步骤）菜单中选择Done（完成）命令。

图 24.12 移动滑块

Step3. 开模步骤 2：移动上模。参考 Step2，在模型中选取上模，选取图 24.13 所示的边线为移动方向，输入要移动的距离值-30。

Step4. 开模步骤 3：移动下模。输入要移动的距离值 30。结果如图 24.13 所示。在"模具开模"菜单管理器中单击 `Done/Return (完成/返回)` 按钮。

Task9. 对开模步骤 2 进行干涉分析

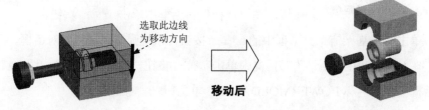

图 24.13 移动上、下模

Step1. 选择 **模具** 功能选项卡 `分析 ▼` 区域中的 命令。在系统弹出的"模具开模"菜单管理器中单击 `Modify (修改)`。在系统弹出的 `▼ 模具间距` 菜单中单击 `步骤2` 选项，在系统弹出的 `▼ DEFINE STEP (定义步骤)` 菜单中选择 `Interference (干涉)` 命令，在系统弹出的 `▼ 模具移动` 菜单中选择 `移动 1`，系统弹出 `▼ MOLD INTER (模具干涉)` 菜单。

Step2. 选取静态零件。在系统 `选择统计零件` 的提示下，将鼠标指针移至模型中并右击，选取快捷菜单中的 `从列表中拾取` 命令。在系统弹出的 "从列表中拾取"对话框中，单击列表中的统计零件 `BOLT_MOLDING.PRT`，然后单击 `确定(0)` 按钮。

Step3. 此时，在系统信息区中提示 `• 检查移动零件UPPER__MOLD_VOL与固定零件BOLT_MOLDING的干扰...` 一段时间后，模型中出现加亮曲线，指示图 24.14 所示的干涉位置。

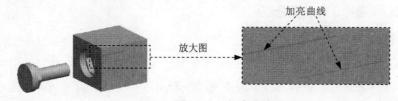

图 24.14 加亮曲线

干涉分析：在分型面处，由于存在螺纹，所以仍会出现干涉，但是这不影响开模。在实际加工情况下，注射制品多为塑料件，在注射完成后，制品还没有完全冷却的情况下可进行强制脱模，这样并不影响制件的外观和形状，因为塑料件一般都具有一定的弹性，当制品完全冷却后，会恢复到原形状。

Step4. 保存设计结果。单击 **模具** 功能选项卡中 `操作 ▼` 区域的 `重新生成 ▼` 按钮，在系统弹出的下拉菜单中单击 `重新生成` 按钮，选择下拉菜单 `文件 ▼` ➡ `保存(S)` 命令。

实例 **25**　带内螺纹的模具设计

本实例将介绍图 25.1 所示的带内螺纹瓶盖的模具设计，其脱模方式采用的是内侧抽脱螺纹。下面介绍该模具的主要设计过程。

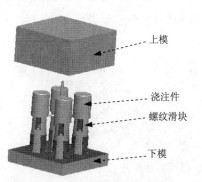

图 25.1　带内螺纹的模具设计

Task1. 新建一个模具制造模型文件

Step1. 将工作目录设置至 D:\creo3.6\work\ch25。

Step2. 新建一个模具型腔文件，命名为 cover_mold；选取 `mmns_mfg_mold` 模板。

Task2. 建立模具模型

Stage1. 引入参考模型

Step1. 单击 **模具** 功能选项卡 `参考模型和工件` 区域中的按钮 `参考模型▼`，然后在系统弹出的列表中选择 `定位参考模型` 命令，系统弹出 "打开""布局"对话框和 `▼ CAV LAYOUT (型腔布置)` 菜单管理器。

Step2. 从系统弹出的文件"打开"对话框中，选取三维零件模型塑料杯盖 cover.prt 作为参考零件模型，单击 `打开` 按钮。

Step3. 在"创建参考模型"对话框中选中 `⊙ 按参考合并` 单选项，然后在 `参考模型` 文本框中接受系统默认的名称，然后单击 `确定` 按钮。在"布局"对话框中单击 `预览` 按钮，可以观察到图 25.2a 所示的结果。

说明：此时图 25.2a 所示的拖动方向不是需要的结果，需要定义拖动方向。

Step4. 在"布局"对话框的 `参考模型起点与定向` 区域中单击 `↖` 按钮，在系统弹出的"获得坐标系类型"菜单中选择 `Dynamic (动态)` 命令，系统弹出"元件"窗口和"参考模型方向"对话框。

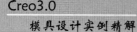
Step5. 旋转坐标系。在"参考模型方向"对话框的 轴 区域中选择 I 轴作为旋转轴。在 值 文本框中输入数值90。然后单击 确定 按钮。

Step6. 单击"布局"对话框中的 预览 按钮，定义后的拖动方向如图 25.2b 所示。

Step7. 在"布局"对话框的 布局 区域中选中 ● 矩形 单选项，在 矩形 区域的 增量 文本框中分别输入数值 50 和 50（表示在对应的 X 和 Y 方向上的增量），在"布局"对话框中单击 预览 按钮，结果如图 25.3 所示，然后单击 确定 按钮。在 ▼ CAV LAYOUT （型腔布置）菜单中单击 Done/Return （完成/返回）命令，完成参考模型的引入。

a）定义前　　　　　　　　b）定义后

图 25.2　定义拖动方向

图 25.3　放置参考模型

Stage2. 创建坯料

自动创建图 25.4 所示的坯料，操作步骤如下。

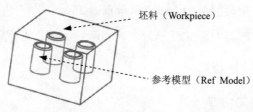

坯料（Workpiece）

参考模型（Ref Model）

图 25.4　模具模型

Step1. 在模型树界面中，选择"设置"按钮 ▼ ➡ 树过滤器(F)... 命令。在系统弹出的"模型树项"对话框中，选中 ☑ 特征 复选框，然后单击 确定 按钮。

Step2. 单击 模具 功能选项卡 参考模型和工件 区域中的按钮 工件 ，然后在系统弹出的列表中选择 自动工件 命令，系统弹出"自动工件"对话框。

Step3. 在模型树中选择 MOLD_DEF_CSYS ，然后在"自动工件"对话框的 偏移 区域中的 统一偏移 文本框中输入数值 20，并按回车键。

Step4. 单击 确定 按钮，完成坯料的创建。

Task3. 设置第一个参考模型的收缩率

Step1. 单击 模具 功能选项卡 修饰符 区域中的 收缩 ▼ 后的小三角按钮 ▼，在系统弹出的菜单中单击 按尺寸收缩 按钮。在模型树中单击 ▼ 阵列(COVER_MOLD_REF.PRT) 后的小三角按钮 ▼，在弹出的模型中选取任意一个。系统打开其中的一个模型窗口，同时系统弹出"按尺寸收缩"对话框。

Step2. 在系统弹出的"按尺寸收缩"对话框中，确认 公式 区域的 1+s 按钮被按下，在 收缩选项 区域选中 ☑ 更改设计零件尺寸 复选框，在 收缩率 区域的 比率 栏中输入收缩率值 0.006，并按回车键，然后单击对话框中的 ✓ 按钮。

说明： 因为参考的是同一个模型，当设置第一个模型的收缩率为 0.006 后，系统自动会将其他三个模型的收缩率设置到 0.006，不需要将其他三个模型的收缩率再进行设置。

Task4. 建立浇注系统

下面讲述如何在零件 cover 的模具坯料中创建流道、浇道和浇口（图 25.5），以下是操作过程。此例创建浇注系统是通过在坯料中切除材料来创建的。

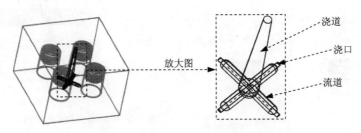

图 25.5　建立流道、浇道和浇口

Stage1. 创建图 25.6 所示的浇道（Sprue）

Step1. 选择命令。单击 模型 功能选项卡 切口和曲面 ▼ 区域中的 旋转 按钮。系统弹出"旋转"操控板。

（1）选取旋转类型。在出现的操控板中，确认"实体"类型按钮 □ 被按下。

（2）定义草绘截面放置属性。右击，从快捷菜单中选择 定义内部草绘... 命令。草绘平面为 MOLD_FRONT，草绘平面的参考平面为 MOLD_RIGHT 基准平面，草绘平面的参考方位是 右，单击 草绘 按钮。至此，系统进入截面草绘环境。

（3）进入截面草绘环境后，选取 MOLD_RIGHT 和 MAIN_PARTING_PLN 为草绘参考和图 25.7 所示的边线为参考边线，绘制图 25.7 所示的截面草图。完成特征截面后，单击"草绘"操控板中的"确定"按钮 ✓。

注意： 要绘制旋转中心轴。

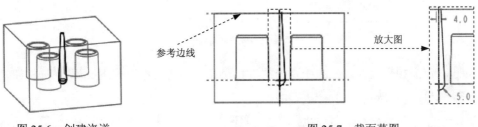

图 25.6　创建浇道　　　　　　　　　　图 25.7　截面草图

（4）定义深度类型。在操控板中选取旋转角度类型 ，旋转角度为 360°。

（5）在"旋转"操控板中单击 ✔ 按钮，完成特征的创建。

Stage2. 创建主流道

Step1. 单击 模具 功能选项卡 生产特征 ▾ 区域中的 ✕ 流道 按钮，系统弹出"流道"信息对话框，在系统弹出的 ▼ Shape (形状) 菜单中选择 Half Round (半倒圆角) 命令。

Step2. 定义流道的直径。在系统 输入流道直径 的提示下，输入直径值 5，然后按回车键。

Step3. 在 ▼ FLOW PATH (流道) 菜单中选择 Sketch Path (草绘路径) 命令，在 ▼ SETUP SK PLN (设置草绘平面) 菜单中选择 Setup New (新设置) 命令。

Step4. 定义草绘平面。执行命令后，在系统 ➡ 选择或创建一个草绘平面· 的提示下，选取图 25.8 所示的 MAIN_PARTING_PLN 基准平面为草绘平面。在 ▼ DIRECTION (方向) 菜单中选择 Flip (反向) 命令，然后再选择 Okay (确定) 命令，图 25.8 中的箭头方向为草绘的方向。在 ▼ SKET VIEW (草绘视图) 菜单中选择 Right (右) 命令，选取图 25.8 所示的坯料表面为参考平面。

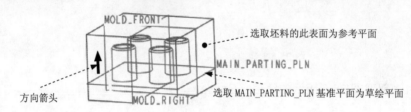

图 25.8　定义草绘平面

Step5. 绘制截面草图。进入草绘环境后，选取 MOLD_FRONT 基准平面和 MOLD_RIGHT 基准平面为草绘参考；绘制图 25.9 所示的截面草图(即两条中间线段)。完成特征截面的绘制后，单击"草绘"操控板中的"确定"按钮 ✔ 。

说明：在绘制草图时，应先画两条中心线，绘制中心线时可先选取四个模型的旋转轴为参考。

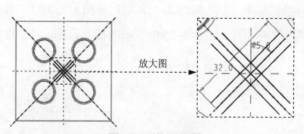

图 25.9　截面草图

Step6. 定义相交元件。在系统弹出的"相交元件"对话框中按下 自动添加 按钮，选中 ☑ 自动更新 复选框，然后单击 确定 按钮。

Step7. 单击"流道"信息对话框中的 预览 按钮，再单击"重画"按钮 🖾，预览所创

建的"流道"特征，然后单击 确定 按钮完成操作。

Stage3．创建图 25.10 所示的第一个浇口

Step1．创建图 25.11 所示的基准平面 ADTM1。操作过程如下。

（1）单击 模具 功能选项卡 基准 ▼ 区域中的"平面"按钮 □。

（2）按住 Ctrl 键，选取图 25.11 所示的基准轴和坯料边线。

（3）在"基准平面"对话框中单击 确定 按钮。

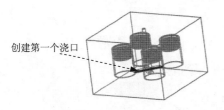

图 25.10　创建第一个浇口

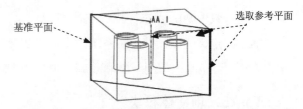

图 25.11　创建基准平面 ADTM1

Step2．选择命令。单击 模型 功能选项卡 切口和曲面 ▼ 区域中的 拉伸 按钮。

Step3．创建拉伸特征。

（1）在出现的操控板中，确认"实体"类型按钮 □ 被按下。

（2）定义草绘属性。右击，从快捷菜单中选择 定义内部草绘... 命令，草绘平面为 ADTM1，草绘平面的参考平面为 MAIN_PARTING_PLN，草绘平面的参考方位为 左。单击 草绘 按钮，至此系统进入截面草绘环境。

（3）将模型切换到线框模式下。在"模型显示"工具栏中单击"线框显示"按钮 线框。

（4）进入截面草绘环境后，选取图 25.12 所示的圆弧的边线和 MAIN_PARTING_PLN 基准面为草绘参考，绘制图 25.12 所示的截面草图。完成特征截面后单击"草绘"操控板中的"确定"按钮 ✓。

（5）在系统弹出的操控板中单击 选项 按钮，在系统弹出的界面中，选取双侧的深度选项均为 到选定项，然后选取图 25.13 所示的参考零件的表面为左、右拉伸特征的终止面。

（6）单击操控板中的 ✓ 按钮，完成特征创建。

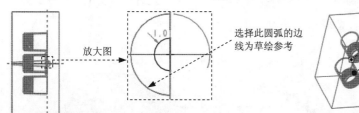

图 25.12　截面草图

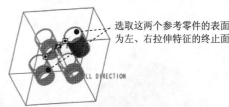

图 25.13　选取拉伸特征的终止面

Stage4．创建第二个浇口

Step1. 在模型树中选取  为要复制的对象。

Step2. 单击 模型 功能选项卡 操作 ▼ 区域中的"复制"按钮 。

Step3. 单击 模型 功能选项卡 操作 ▼ 区域中的"粘贴"按钮 ▼ 下的 选择性粘贴 选项，系统弹出"选择性粘贴"对话框。

Step4. 在"选择性粘贴"对话框中选中 对副本应用移动/旋转变换(A) 复选框，然后单击 确定(O) 按钮，此时系统弹出"移动（复制）"操控板。

Step5. 在"移动（复制）"操控板中选择 选项，选取图 25.11 所示的轴线，在角度文本框中输入数值 90，单击操控板中 按钮。

Step6. 定义相交元件。在系统弹出的"相交元件"对话框中按下 自动添加 按钮，选中 ✔ 自动更新 复选框，然后单击 确定 按钮，完成第二个浇口的创建。

Task5. 创建体积块

Stage1. 创建图 25.14 所示的第一个体积块

Step1. 选择命令。选择 模具 功能选项卡 分型面和模具体积块 ▼ 区域中的 模具体积块 ▼ ➡ 模具体积块 命令。此时系统弹出"编辑模具体积块"选项卡。

Step2. 收集体积块。

（1）选择命令。单击 编辑模具体积块 选项卡中 体积块工具 ▼ 区域中的"收集体积块工具"按钮 。 此时系统弹出"聚合体积块"菜单。

（2）定义选取步骤。在"聚合体积块"菜单中选择 ✔ Select（选择） ➡ ✔ Close（封闭） 复选框，单击 Done（完成） 命令，此时系统显示"聚合选取"菜单。

（3）定义聚合选取。

① 在"聚合选取"菜单中选择 Surf & Bnd（曲面和边界） ➡ Done（完成） 命令。

② 定义种子曲面。在系统 ➡选择一个种子曲面. 的提示下，先将鼠标指针移至图 25.15 所示的模型中的目标位置并右击，在系统弹出的快捷菜单中选取 从列表中拾取 命令，系统弹出"从列表中拾取"对话框，在对话框中选择 曲面:F1(外部合并):COVER_MOLD_REF，单击 确定(O) 按钮。

说明：在列表框选项中选中 曲面:F1(外部合并):COVER_MOLD_REF 时，此时图 25.15 中的塑料杯盖内部的底面会加亮，该底面就是所要选择的"种子面"。

图 25.14　第一个体积块

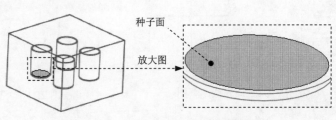

图 25.15　定义种子面

③ 定义边界曲面。在系统 ➡指定限制这些曲面的边界曲面. 的提示下，从列表中拾取图 25.16 所示的边界面。

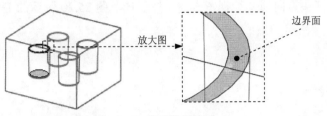

图 25.16　定义边界面

④ 单击 确定 ➡ **Done Refs (完成参考)** ➡ **Done/Return (完成/返回)** 命令，此时系统显示"封合"菜单。

（4）定义封合类型。在"封合"菜单中选中 ☑ **Cap Plane (顶平面)** ➡ ☑ **All Loops (全部环)** 复选框，单击 **Done (完成)** 命令，此时系统显示"封闭环"菜单。

（5）定义封闭环。根据系统 ➡选择或创建一平面，盖住闭合的体积块. 的提示，选取图 25.17 所示的平面为封闭面，此时系统显示"封合"菜单。

（6）在菜单栏中单击 **Done (完成)** ➡ **Done/Return (完成/返回)** ➡ **Done (完成)** 命令，完成收集体积块的创建，结果如图 25.18 所示。

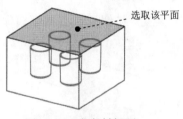

图 25.17　定义封闭环

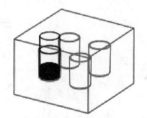

图 25.18　收集体积块

Stage2. 参考 Stage1，创建第二个体积块

主要： 创建第一个体积块完成后，不用选取"模具体积块"命令，直接从 Step2 开始创建。Stage3 和 Stage4 相同。

Stage3. 参考 Stage1，创建第三个体积块

Stage4. 参考 Stage1，创建第四个体积块（图 25.19）

Stage5. 拉伸体积块

Step1. 选择命令。单击**编辑模具体积块**操控板 **形状 ▼** 区域中的 **拉伸** 按钮，此时系统弹出"拉伸"操控板。

Step2. 创建拉伸特征。

（1）定义草绘截面放置属性。在图形区右击，从系统弹出的菜单中选择 定义内部草绘... 命令；在系统 选择一个平面或曲面以定义草绘平面。 的提示下，选取图 25.20 所示的毛坯表面为草绘平面，接受默认的箭头方向为草绘视图方向，然后选取图 25.20 所示的毛坯侧面为参考平面，方向为 右 。单击 草绘 按钮，进入草绘环境。

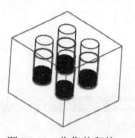

图 25.19　收集体积块

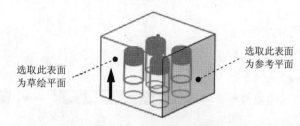

选取此表面为草绘平面

选取此表面为参考平面

图 25.20　定义草绘平面

（2）绘制截面草图。进入草绘环境后，选取图 25.21 所示的毛坯边线和 MAIN_PARTING_PLN 基准平面为参考；绘制图 25.21 所示的截面草图（为一矩形）。完成截面的绘制后，单击"草绘"操控板中的"确定"按钮 ✔ 。

（3）定义深度类型。在操控板中选取深度类型 ⊥，选择图 25.22 所示的平面为拉伸终止面。

（4）在"拉伸"操控板中单击 ✔ 按钮，完成特征的创建。

Step3. 在"编辑模具体积块"选项卡中单击"确定"按钮 ✔，完成下模体积块的创建。

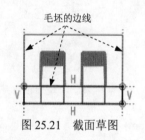

毛坯的边线

图 25.21　截面草图

拉伸终止面

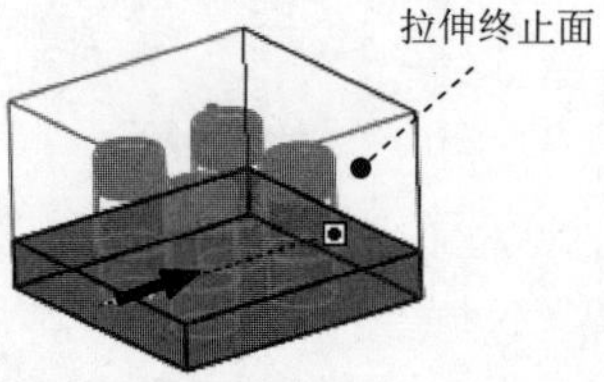

图 25.22　拉伸终止面

Task6. 分割模具体积块

Step1. 选择 模具 功能选项卡 分型面和模具体积块 ▼ 区域中的 模具体积块 ▼ ➡ 体积块分割 命令，（即用"分割"的方法构建体积块）。

Step2. 在系统弹出的 ▼ SPLIT VOLUME（分割体积块） 菜单中，选择 Two Volumes（两个体积块） ➡ All Wrkpcs（所有工件） ➡ Done（完成）命令，此时系统弹出"分割"对话框和"选择"对话框。

Step3. 定义分割对象。选取 Task5 创建的拉伸体积块为分割对象，单击"选择"对话框中的 确定 按钮。

Step4. 在"分割"对话框中单击 确定 按钮。

Step5. 此时，系统弹出"属性"对话框，同时模型的下半部分变亮，在该对话框中单击 着色 按钮，着色后的模型如图 25.23 所示；然后，在对话框中输入名称 lower_vol，单击 确定 按钮。

Step6. 此时，系统弹出"属性"对话框，同时模型的上半部分变亮，在该对话框中单击 着色 按钮，着色后的模型如图 25.24 所示；然后，在对话框中输入名称 upper_vol，单击 确定 按钮。

图 25.23 着色后的下半部分体积块   图 25.24 着色后的上半部分体积块

Task7. 创建滑块体积块

Stage1. 将参考零件、坯料和体积块遮蔽起来

将模型中的参考零件、坯料和体积块遮蔽后，则工作区中模具模型中的这些元素将不显示，这样可使屏幕简洁，方便后面滑块的创建。

Step1. 遮蔽参考零件和坯料。

（1）选择 视图 功能选项卡 可见性 区域中的"模具显示"按钮 ，系统弹出"遮蔽-取消遮蔽"对话框。

（2）单击对话框下部的 按钮，再单击 遮蔽 按钮。

（3）在对话框右边的"过滤"区域中按下 体积块 按钮。按住 Ctrl 键，选择体积块 MOLD_VOL_1 和 UPPER_VOL，再单击 遮蔽 按钮。

（4）单击对话框下部的 关闭 按钮。

Stage2. 创建第一个滑块体积块

Step1. 选择命令。选择 模具 功能选项卡 分型面和模具体积块 ▾ 区域中的 模具体积块 ▾ ➡ 模具体积块 命令。

Step2. 选择命令。在 编辑模具体积块 选项卡中依次单击 形状 ▾ ➡ 混合 ▸ ➡ 伸出项 命令，在系统弹出的 ▾ BLEND OPTS (混合选项) 菜单中选择 Done (完成) 命令。

Step3. 此时系统弹出"伸出项"对话框和"属性"菜单，选择 Done (完成) 命令。

Step4. 创建混合特征。

（1）定义草绘截面放置属性。选取图 25.25 所示的面为草绘平面，接受默认的箭头方向为草绘视图方向，单击 Okay (确定) 命令，在系统弹出的 ▾ SKET VIEW (草绘视图) 菜单中单击

Default（默认）命令。

（2）绘制截面草图。进入草绘环境后，选取 MOLD_RIGHT 和 MOLD_FRONT 基准平面为参考；绘制图 25.26 所示的截面草图（一），完成此截面的绘制后，然后在图形区右击，在系统弹出的快捷菜单中选择 切换剖面(T) 命令，绘制图 25.27 所示的截面草图（二），单击"草绘"操控板中的"确定"按钮 ✔ 。

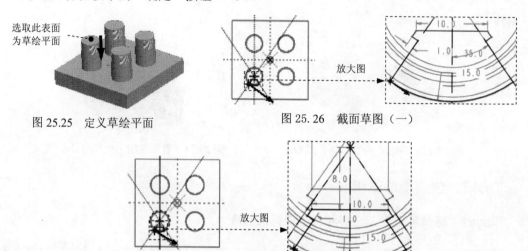

图 25.25　定义草绘平面　　　　　图 25.26　截面草图（一）

图 25.27　截面草图（二）

（3）定义混合截面的深度。在系统弹出的 ▼DEPTH（深度） 菜单中选择 Done（完成）命令，然后在 输入截面2的深度 中输入数值 58，按回车键。

Step5. 单击"伸出项"对话框中的 预览 按钮，结果如图 25.28 所示，然后单击 确定 按钮。

Step6. 在"编辑模具体积块"选项卡中单击"确定"按钮 ✔ ，完成下模体积块的创建。

Stage3. 创建第二个和第三个滑块体积块

Step1. 选取阵列的特征。选取 Stage2 中创建的第一个滑块体积块。

Step2. 单击 模具 操控板 修饰符 区域中的 田阵列 ▼ 按钮，此时系统弹出"阵列"操控板。

Step3. 在"尺寸"操控板中的 尺寸 下拉列表中选择 轴 选项。

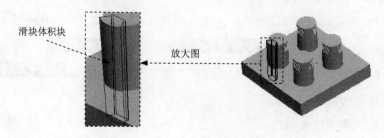

图 25.28　滑块体积块

Step4. 创建图 25.29 所示的基准轴，操作过程如下。

（1）单击 **模具** 功能选项卡 **基准▼** 区域中的"轴"按钮 。

（2）选取图 25.29 所示的曲面。

（3）在"基准轴"对话框中单击 **确定** 按钮。

Step5. 在"阵列"操控板中输入要阵列的个数 3，输入阵列成员间的角度值 120，单击"阵列"操控板中的 按钮，结果如图 25.30 所示。

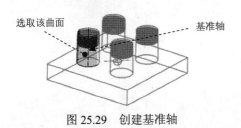

图 25.29　创建基准轴　　　　　　　　图 25.30　阵列结果

Stage4. 创建第四个、第五个和第六个滑块体积块

Step1. 在模型树中选取 **阵列 1 / 伸出项** 为要复制的对象。

Step2. 单击 **模型** 功能选项卡 **操作▼** 区域中的"复制"按钮 。

Step3. 单击 **模型** 功能选项卡 **操作▼** 区域中的"粘贴"按钮 **▼** 下的 **选择性粘贴** 选项，系统弹出"选择性粘贴"对话框。

Step4. 在"选择性粘贴"对话框中选中 **✔对副本应用移动/旋转变换(A)** 复选框，然后单击 **确定(O)** 按钮，此时系统弹出"移动（复制）"操控板。

Step5. 选取图 25.31 所示的平面，方向箭头如图 25.31 所示。在距离文本框中输入数值 50，单击操控板中的 按钮，结果如图 25.32 所示。

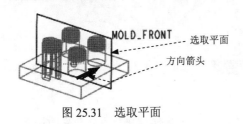

图 25.31　选取平面　　　　　　　　　图 25.32　创建结果

Stage5. 创建其他的滑块体积块

Step1. 按住 Ctrl 键，在模型树中选取 **阵列 1 / 伸出项** 和 ▶ **已移动副本 2**。

Step2. 单击 **模型** 功能选项卡 **操作▼** 区域中的"复制"按钮 。

Step3. 单击 **模型** 功能选项卡 **操作▼** 区域中的"粘贴"按钮 **▼** 下的 **选择性粘贴** 选项，系统弹出"选择性粘贴"对话框。

Step4. 在"选择性粘贴"对话框中选中 **✔对副本应用移动/旋转变换(A)** 复选框，然后单击按钮，此时系统弹出"移动（复制）"操控板。

Step5. 选取图 25.33 所示的平面，方向箭头如图 25.33 所示。在距离文本框中输入数值 -50，单击操控板中 ✓ 按钮，结果如图 25.34 所示。

图 25.33　选取平面

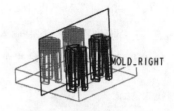

图 25.34　创建结果

Task8. 分割新的模具体积块

Stage1. 分割第一个滑块体积块

Step1. 选择 **模具** 功能选项卡 分型面和模具体积块 ▼ 区域中的 模具体积块▼ ➡ 🗄 体积块分割 命令（即用"分割"的方法构建体积块）。

Step2. 在系统弹出的 ▼ SPLIT VOLUME （分割体积块） 菜单中，选择 One Volume （一个体积块）、Mold Volume （模具体积块） 和 Done （完成）命令。

Step3. 在系统弹出的"搜索工具"对话框中，单击列表中的 面组:F23(LOWER VOL) 体积块，然后单击 ＞＞ 按钮，将其加入到 已选择 0 个项: 列表中，再单击 关闭 按钮。

Step4. 用"列表选取"的方法选取体积块。

（1）在系统 ➡ 为分割选定的模具体积块选择分型面. 的提示下，先将鼠标指针移至模型中第一个镶块体积块的位置右击，从快捷菜单中选取 从列表中拾取 命令。

（2）在系统弹出的"从列表中拾取"对话框中，单击列表中的 面组:F27(MOLD_VOL_2)，然后单击 确定(0) 按钮。

（3）在"选择"对话框中单击 确定 按钮。

（4）系统弹出 ▼ 岛列表 菜单，选中 ☑ 岛2 复选框，选择 Done Sel （完成选择）命令。

说明：

在上面的操作中，当用 MOLD_VOL_2 体积块分割下模体积块后，会产生两块互不连接的体积块，这些互不连接的体积块被称为 Island（岛）。在 ▼ 岛列表 菜单中，有 ☐ 岛1 和 ☑ 岛2 两个岛。将鼠标指针移至岛菜单中这两个选项，模型中相应的体积块会加亮，这样很容易发现：☑ 岛2 代表第一个滑块的体积块，☐ 岛1 是下模体积块被第一个滑块的体积块减掉所剩余的部分。

Step5. 在"分割"对话框中单击 确定 按钮。

Step6. 系统弹出"属性"对话框，同时 LOWER_VOL 体积块的第一个滑块部分变亮，然后在对话框中输入名称 SLIDE_VOL_01，单击 确定 按钮。

Stage2. 参考 Stage1，分割第二个滑块体积块（SLIDE_VOL_02）

Stage3. 参考 Stage1，分割第三个滑块体积块（SLIDE_VOL_03）

Stage4. 参考 Stage1，分割第四个滑块体积块（SLIDE_VOL_04）

Stage5. 参考 Stage1，分割第五个滑块体积块（SLIDE_VOL_05）

Stage6. 参考 Stage1，分割第六个滑块体积块（SLIDE_VOL_06）

Stage7. 参考 Stage1，分割第七个滑块体积块（SLIDE_VOL_07）

Stage8. 参考 Stage1，分割第八个滑块体积块（SLIDE_VOL_08）

Stage9. 参考 Stage1，分割第九个滑块体积块（SLIDE_VOL_09）

Stage10. 参考 Stage1，分割第十个滑块体积块（SLIDE_VOL_10）

Stage11. 参考 Stage1，分割第十一个滑块体积块（SLIDE_VOL_11）

Stage12. 参考 Stage1，分割第十二个滑块体积块（SLIDE_VOL_12）

Task9. 抽取模具元件

Step1. 选择 模具 功能选项卡 元件 ▼ 区域中的 模具元件 ▼ ➡ 型腔镶块 命令，系统弹出"创建模具元件"对话框。

Step2. 在系统弹出的"创建模具元件"对话框中选取体积块 UPPER_VOL 和 LOWER_VOL，然后再选取 Task8 中创建的 12 个滑块体积块，单击 确定 按钮。

Task10. 生成浇注件

将浇注件的名称命名为 molding。

Task11. 定义模具开启

Stage1. 遮蔽参考模型、坯料、上模、下模、浇注件和体积块

Step1. 遮蔽参考模型、坯料、下模、上模和浇注件。选择 视图 功能选项卡 可见性 区域中的"模具显示"按钮 ，系统弹出"遮蔽和取消遮蔽"对话框，在该对话框中按下 元件 按钮，在 可见元件 列表框中选中四个参考零件、坯料、上模、下模和浇注件，然后单击 遮蔽 按钮。

Step2. 遮蔽体积块。在该对话框中按下 体积块 按钮，单击下部的"选取全部"按钮 ，然后单击 遮蔽 按钮，再单击 关闭 按钮。

Stage2. 在第一个滑块上创建基准点和基准轴

说明：此创建的基准轴要作为螺纹滑块开模的方向。

Step1. 创建图 25.35 所示的基准点 APNT0。

（1）单击 **模具** 功能选项卡 基准 ▼ 区域中的"创建基准点"按钮 ×× 。

（2）选取图 25.35 所示的边线。

（3）在"基准点"对话框中，先选择基准点的定位方式 比率 ，然后在左边的文本框中输入基准点的定位数值（比率系数）0.5。

Step2. 创建图 25.36 所示的基准点 APNT1。

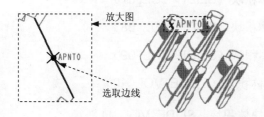

图 25.35　基准点 APNT0

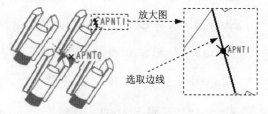

图 25.36　基准点 APNT1

（1）在"基准点"对话框中单击 新点 命令。

（2）在"基准点"对话框中，先选择基准点的定位方式 比率 ，然后在左边的文本框中输入基准点的定位数值（比率系数）0.5。

（3）在"基准点"对话框中单击 确定 按钮。

Step3. 创建基准轴，操作过程如下。

（1）单击 **模具** 功能选项卡 基准 ▼ 区域中的"创建基准轴"按钮 / 。

（2）按住 Ctrl 键，选取 Step1 创建的基准点 APNT0 和 Step2 创建的基准点 APNT1。

（3）在"基准轴"对话框中单击 确定 按钮。

Stage3. 参考 Stage2，在第二个滑块上创建基准点和基准轴

Stage4. 参考 Stage2，在第三个滑块上创建基准点和基准轴

Stage5. 参考 Stage2，在第四个滑块上创建基准点和基准轴

Stage6. 参考 Stage2，在第五个滑块上创建基准点和基准轴

Stage7. 参考 Stage2，在第六个滑块上创建基准点和基准轴

Stage8. 参考 Stage2，在第七个滑块上创建基准点和基准轴

Stage9. 参考 Stage2，在第八个滑块上创建基准点和基准轴

Stage10. 参考 Stage2，在第九个滑块上创建基准点和基准轴

Stage11. 参考 Stage2，在第十个滑块上创建基准点和基准轴

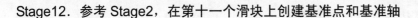

Stage12. 参考 Stage2，在第十一个滑块上创建基准点和基准轴

Stage13. 参考 Stage2，在第十二个滑块上创建基准点和基准轴

Stage14. 将上模、下模和浇注件取消遮蔽

Step1. 选择 视图 功能选项卡 可见性 区域中的"模具显示"按钮 🗊 ，系统弹出"遮蔽-取消遮蔽"对话框。

Step2. 单击 取消遮蔽 按钮，按住 Ctrl 键，选取上模、下模和浇注件，再单击 取消遮蔽 按钮。

Step3. 单击对话框下部的 关闭 按钮，完成操作。

Stage15. 开模步骤 1：移动上模

在模型中选取要移动的上模零件，选取图 25.37 所示的边线为移动方向，然后在系统的提示下，输入要移动的距离值 150，移出后的状态如图 25.37 所示。

Stage16. 开模步骤 2：移动浇注件

在模型中选取要移动的浇注件，选取图 25.38 所示的边线为移动方向，输入要移动的距离值 60，结果如图 25.38 所示。

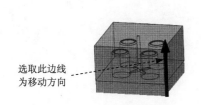 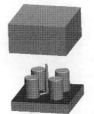

选取此边线
为移动方向

图 25.37　移动上模

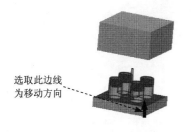

选取此边线
为移动方向

图 25.38　移动浇注件

Stage17. 开模步骤 3：移动滑块

Step1. 在模型中选取要移动的滑块 1，选取在滑块 1 上创建的基准轴为移动参考，方向如图 25.39 所示。输入要移动的距离值 30，完成滑块 1 的开模动作。

Step2. 参考 Step1，将其他的 11 个滑块移动，完成滑块移动，如图 25.39 所示。

说明：12 个滑块作为一个开模步骤。

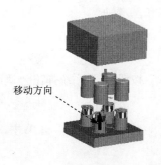

移动方向

图 25.39　移动滑块

Step3. 保存设计结果。单击 **模具** 功能选项卡中 操作 ▾ 区域的 重新生成 ▾ 按钮，在系统弹出的下拉菜单中单击 重新生成 按钮，选择下拉菜单 文件 ▾ ➡ 保存(S) 命令。

实例 **26** 带弯销内侧抽芯的模具设计

本实例将介绍一个带弯销内侧抽芯的模具设计，如图 26.1 所示，其中包括滑块的设计、弯销的设计以及内侧抽芯机构的设计。通过对本实例的学习，希望读者能够熟练掌握带弯销内侧抽芯的模具设计的方法和技巧。下面介绍该模具的设计过程。

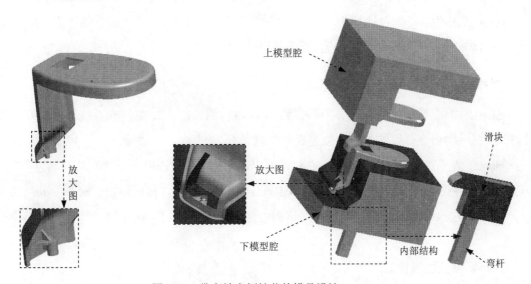

图 26.1 带弯销内侧抽芯的模具设计

Task1. 新建一个模具制造模型文件，进入模具模块

Step1. 将工作目录设置至 D:\creo3.6\work\ch26。

Step2. 新建一个模具型腔文件，命名为 BODY_BASE；选取 mmns_mfg_mold 模板。

Task2. 建立模具模型

在开始设计一个模具前，应先创建一个"模具模型"，模具模型包括图 26.2 所示的参考模型和坯料。

Stage1. 引入参考模型

Step1. 单击 **模具** 功能选项卡 参考模型和工件 区域中的按钮 参考模型▼，然后在系统弹出的列表中选择 定位参考模型 命令，系统弹出 "打开""布局"对话框和 ▼ CAV LAYOUT（型腔布置）菜单管理器。

Step2. 从系统弹出的文件"打开"对话框中，选取三维零件模型电热壶底板——BODY_BASE.prt 作为参考零件模型，并将其打开，系统弹出"创建参考模型"对话框。

Step3. 在"创建参考模型"对话框中选中 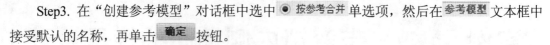 ⊙ 按参考合并 单选项，然后在 参考模型 文本框中接受默认的名称，再单击 确定 按钮。

Step4. 在"布局"对话框的 参考模型起点与定向 区域中单击 按钮，在系统弹出的"获得坐标系类型"菜单中选择 Dynamic (动态) 命令。

Step5. 在系统弹出的"参考模型方向"对话框的 值 文本框中输入数值 180，然后单击 确定 按钮。

Step6. 单击"布局"对话框中的 预览 按钮，定义后的拖动方向如图 26.2 所示。

Step7. 在"布局"对话框中单击 确定 按钮；在 ▼ CAV LAYOUT (型腔布置) 菜单中单击 Done/Return (完成/返回) 命令，完成坐标系的调整。

Stage2. 创建坯料

Step1. 单击 模具 功能选项卡 参考模型和工件 区域中的按钮 工件，然后在系统弹出的列表中选择 创建工件 命令，系统弹出"创建元件"对话框。

Step2. 在系统弹出的"创建元件"对话框中，在 类型 区域选中 ⊙ 零件 单选项，在 子类型 区域选中 ⊙ 实体 单选项，在 名称 文本框中输入坯料的名称 wp，然后单击 确定 按钮。

Step3. 在系统弹出的"创建选项"对话框中选中 ⊙ 创建特征 单选项，然后单击 确定 按钮。

Step4. 创建坯料特征。

（1）选择命令。单击 模具 功能选项卡 形状 ▼ 区域中的 拉伸 按钮。

（2）创建实体拉伸特征。

① 定义草绘截面放置属性。在绘图区中右击，选择快捷菜单中的 定义内部草绘... 命令。系统弹出"草绘"对话框，然后选择 MOLD_FRONT 基准平面作为草绘平面，草绘平面的参考平面为 MOLD_RIGHT 基准平面，方位为 右，单击 草绘 按钮。系统进入截面草绘环境。

② 进入截面草绘环境后，选取 MOLD_RIGHT 基准平面和 MAIN_PARTING_PLN 基准平面为草绘参考，然后绘制图 26.3 所示的截面草图。完成截面草图的绘制后，单击"草绘"操控板中的"确定"按钮 ✔。

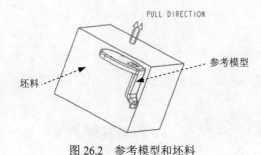

图 26.2　参考模型和坯料

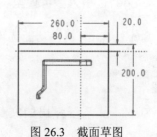

图 26.3　截面草图

③ 选取深度类型并输入深度值。在操控板中，选取深度类型 ⊟，再在深度文本框中输入深度值 200.0，并按回车键。

④ 在"拉伸"操控板中单击 ✓ 按钮，完成特征的创建。

Task3. 设置收缩率

将参考模型收缩率设置为 0.006。

Task4. 创建模具分型面

创建图 26.4 所示模具的分型曲面，其操作过程如下。

Stage1. 创建复制曲面

Step1. 单击 模具 功能选项卡 分型面和模具体积块 ▼ 区域中的"分型面"按钮 🗐。系统弹出"分型面"功能选项卡。

Step2. 在系统弹出的"分型面"功能选项卡中的 控制 区域单击"属性"按钮 🗐，在"属性"对话框中输入分型面名称 MAIN_PS，单击 确定 按钮。

Step3. 为了方便选取图元，将坯料遮蔽。

Step4. 通过曲面复制的方法，复制参考模型上的外表面。

（1）采用"种子面与边界面"的方法选取所需要的曲面。用户分别选取种子面和边界面后，系统则会自动选取从种子曲面开始向四周延伸直到边界曲面的所有曲面（其中包括种子曲面，但不包括边界曲面）。在屏幕右下方的"智能选取栏"中选择"几何"选项。

（2）先选取"种子面"。选取图 26.5 所示的上表面，该面就是所要选择的"种子面"。

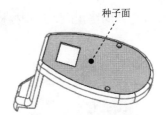

图 26.4　创建复制曲面　　　　　图 26.5　定义种子面

（3）选取"边界面"。按住 Shift 键，选取图 26.6 所示的边界面，此时图中所示的边界曲面会加亮。

注意：对一些曲面的选取，需要把模型放大后才方便选中所需要的曲面。选取曲面时需要有耐心，逐一选取加亮曲面，在选取过程中要一直按住 Shift 键，直到选取结束。

（4）单击 模具 功能选项卡 操作 ▼ 区域中的"复制"按钮 🗐。

（5）单击 模具 功能选项卡 操作 ▼ 区域中的"粘贴" 按钮 🗐 ▼。系统弹出 **曲面：复制** 操控板。

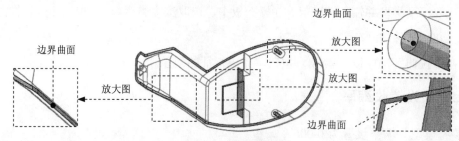

图 26.6　定义边界面

（6）填补复制曲面上的破孔。在系统弹出的操控板中单击 选项 按钮，在"选项"界面选中 ⦿ 排除曲面并填充孔 单选项，在 填充孔/曲面 区域中单击"选择项"，在系统的提示下，分别选择图 26.7 所示的边线。

（7）在"曲面：复制"操控板中单击 ✔ 按钮。

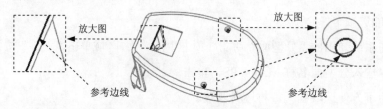

图 26.7　填充破孔边

Step5. 创建图 26.8 所示的延伸曲面 1。

（1）选取图 26.9 所示的复制曲面的边线（为了方便选取复制边线和创建延伸特征，遮蔽参考模型并取消遮蔽坯料）。

（2）单击 **分型面** 功能选项卡 编辑▾ 区域中的 ➡️延伸 按钮，此时出现 延伸 操控板。

（3）选取延伸的终止面。在操控板中按下按钮 🔲，选取图 26.9 所示的坯料表面为延伸的终止面。

（4）在 延伸 操控板中单击 ✔ 按钮，完成延伸曲面 1 的创建。

图 26.8　延伸曲面 1

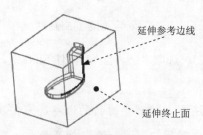

图 26.9　延伸参考边线

Step6. 创建图 26.10 所示的延伸曲面 2。

（1）选取图 26.11 所示的复制曲面的边线。

（2）单击 **分型面** 功能选项卡 编辑 ▼ 区域中的 ⊞ 延伸 按钮，此时出现 *延伸* 操控板。

（3）选取延伸的终止面。在操控板中按下 按钮，选取图 26.11 所示的坯料表面为延伸的终止面。

（4）在 *延伸* 操控板中单击 ✔ 按钮。完成延伸曲面的创建。

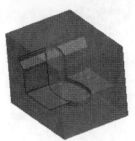

图 26.10 延伸曲面 2

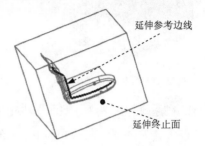

图 26.11 延伸参考边线

Step7. 创建图 26.12 所示的延伸曲面 3。

（1）选取图 26.13 所示的复制曲面的边线。

（2）单击 **分型面** 功能选项卡 编辑 ▼ 区域中的 ⊞ 延伸 按钮，此时出现 *延伸* 操控板。

（3）选取延伸的终止面。在操控板中按下 按钮，选取图 26.13 所示的坯料表面为延伸的终止面。

（4）在 *延伸* 操控板中单击 ✔ 按钮。完成延伸曲面的创建。

图 26.12 延伸曲面 3

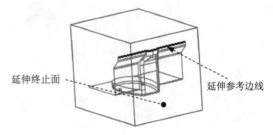

图 26.13 延伸参考边线

Step8. 创建图 26.14 所示的延伸曲面 4。

（1）选取图 26.15 所示的复制曲面的边线。

（2）单击 **分型面** 功能选项卡 编辑 ▼ 区域中的 ⊞ 延伸 按钮，此时出现 *延伸* 操控板。

（3）选取延伸的终止面。在操控板中按下 按钮，选取图 26.15 所示的坯料表面为延伸的终止面。

（4）在 *延伸* 操控板中单击 ✔ 按钮。完成延伸曲面的创建。

（5）在"分型面"选项卡中单击"确定"按钮 ✔ ，完成分型面的创建。

Stage2. 创建复制曲面

Step1. 单击 **模具** 功能选项卡 分型面和模具体积块 ▼ 区域中的"分型面"按钮 。系统弹出

"分型面" 功能选项卡。

图 26.14 延伸曲面 4

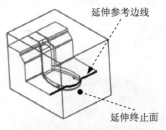

图 26.15 延伸参考边线

Step2. 在系统弹出的"分型面"功能选项卡中的 控制 区域单击"属性"按钮 ，在"属性"对话框中输入分型面名称 PIN_PS，单击 确定 按钮。

Step3. 通过曲面复制的方法，复制参考模型上的内表面（参考录像选取面）。

（1）将坯料、分型面遮蔽，将参考模型取消遮蔽，选取图 26.16 所示的模型表面。

（2）单击 模具 功能选项卡 操作▼ 区域中的"复制"按钮 。

（3）单击 模具 功能选项卡 操作▼ 区域中的"粘贴" 按钮 。系统弹出"曲面：复制"操控板

（4）在"曲面：复制"操控板中单击 按钮。

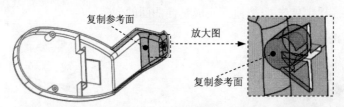

图 26.16 复制参考面

Stage3. 创建拉伸曲面

Step1. 通过拉伸的方法创建图 26.17 所示的曲面。

（1）单击 分型面 功能选项卡 形状▼ 区域中的 拉伸 按钮，此时系统弹出"拉伸"操控板。

（2）定义草绘截面放置属性。右击，选择菜单中的 定义内部草绘... 命令；选择 MOLD_FRONT 基准平面为草绘平面，然后选取 MOLD_RIGHT 基准平面为参考平面，方向为 右 。单击 草绘 按钮。

（3）进入草绘环境后，绘制图 26.18 所示的截面草图。完成特征截面的绘制，单击"草绘"操控板中的"确定"按钮 。

（4）设置深度选项。在操控板中选取深度类型 ，在深度值文本框中输入深度值 25。

（5）在操控板中单击 选项 按钮，在"选项"界面中选中 封闭端 复选框。

（6）在"拉伸"操控板中单击 ✓ 按钮，完成特征的创建。

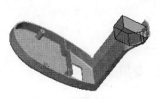

图 26.17　创建拉伸曲面

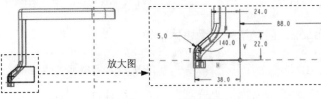

放大图

图 26.18　截面草图

Step2. 将上步创建的复制 2 与拉伸 1 进行合并，如图 26.19 所示（为便于查看合并面组，将参考模型遮蔽）。

（1）按住 Ctrl 键，选取复制 2 与拉伸 1。

（2）单击 **分型面** 功能选项卡 **编辑 ▾** 区域中的 **合并** 按钮，系统弹出"合并"操控板。

（3）调整合并面组的方向，如图 26.20 所示。

（4）在"合并"操控板中单击 ✓ 按钮。

（5）在"分型面"选项卡中单击"确定"按钮 ✓，完成分型面的创建。

图 26.19　合并面组

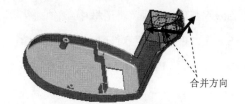

合并方向

图 26.20　合并方向

Task5. 构建模具元件的体积块

Stage1. 用分型面创建上、下两个体积腔（取消遮蔽坯料和分型面）

Step1. 选择命令。选择 **模具** 功能选项卡 **分型面和模具体积块 ▾** 区域中的 **模具体积块 ▾** ➡ **体积块分割** 命令（即用"分割"的方法构建体积块）。

Step2. 在系统弹出的 **▾ SPLIT VOLUME (分割体积块)** 菜单中，选择 **Two Volumes (两个体积块)** ➡ **All Wrkpcs (所有工件)** ➡ **Done (完成)** 命令。

Step3. 选取分型面。

（1）选取分型面 **面组:F7(MAIN_PS)**（用"列表选取"的方法选取），然后单击 **确定(0)** 按钮。

（2）在"选择"对话框中单击 **确定** 按钮。

Step4. 单击"分割"信息对话框中的 **确定** 按钮。

Step5. 系统弹出"属性"对话框，在该对话框中单击 **着色** 按钮，着色后的模型如图 26.21 所示。然后在对话框中输入名称 UPPER_MOLD，单击 **确定** 按钮。

Step6. 系统弹出"属性"对话框,在该对话框中单击 着色 按钮,着色后的模型如图 26.22 所示。然后在对话框中输入名称 LOWER_MOLD,单击 确定 按钮。

Stage2. 创建第一个滑块体积块

Step1. 选择命令。选择 模具 功能选项卡 分型面和模具体积块 ▼ 区域中的 模具体积块▼ ➡ 体积块分割 命令（即用"分割"的方法构建体积块）。

Step2. 在系统弹出的 ▼ SPLIT VOLUME (分割体积块) 菜单中，选择 One Volume (一个体积块) ➡ Mold Volume (模具体积块) ➡ Done (完成) 命令。

Step3. 在系统弹出的"搜索工具"对话框中，单击列表中的 面组:F17(LOWER MOLD) 体积块，然后单击 > > 按钮，将其加入到 已选择 0 个项: 列表中，再单击 关闭 按钮。

Step4. 选取分型面。选取分型面 面组:F12(PIN_PS) （用"列表选取"的方法选取），在"从列表中拾取"对话框中单击 确定(0) 按钮。然后在"选择"对话框中单击 确定 按钮。系统弹出 ▼ 岛列表 菜单。

Step5. 在"岛列表"菜单中选中 ☑ 岛2 复选框，选择 Done Sel (完成选择) 命令。

Step6. 在"分割"对话框中单击 确定 按钮，系统弹出"属性"对话框。

Step7. 在"属性"对话框中单击 着色 按钮，着色后的模型如图 26.23 所示。然后在对话框中输入名称 PIN_VOL，单击 确定 按钮。

图 26.21 上半部分体积块　　　图 26.22 下半部分体积块　　　图 26.23 滑块体积块

Task6. 抽取模具元件及生成浇注件

将浇注件的名称命名为 MOLDING。

Task7. 保存文件

Task8. 完善下模的创建

Stage1. 打开组件并显示特征

Step1. 为了方便选取图元，显示所有零件特征。

（1）在模型树界面中，选择 🔳 ▼ ➡ 树过滤器(F)... 命令。

（2）在系统弹出的"模型树项"对话框中选中 ☑ 特征 复选框，然后单击 确定 按钮。此时，模型树中会显示出分型面特征。

Stage2. 完善下模零件

Step1. 在模型树上选中下模 ▶ ⬛ LOWER_MOLD.PRT 右击，在系统弹出的快捷菜单中单击 激活
选项。

Step2. 创建图 26.24 所示的"切除"拉伸特征。

（1）单击 **模具** 功能选项卡 形状 ▼ 区域中的 ⬛拉伸 按钮，此时系统弹出"拉伸"操控板，
将"去除材料"按钮 ⬛ 按下。

（2）定义草绘截面放置属性。在绘图区中右击，选择快捷菜单中 定义内部草绘... 命令。系
统弹出"草绘"对话框，然后选择 MOLD_FRONT 基准平面作为草绘平面，草绘平面的参考
平面为 MOLD_RIGHT 基准平面，方位为 右，单击 草绘 按钮，系统进入截面草绘环境。

（3）进入截面草绘环境后，选取 MOLD_RIGHT 基准平面和坯料边线为草绘参考，然后
绘制图 26.25 所示的截面草图，完成截面草图的绘制后，单击"草绘"操控板中的"确定"
按钮 ✔ 。

（4）选取深度类型并输入深度值。在操控板中选取深度类型 ⬛ ，再在深度文本框中输
入深度值 25.0，并按回车键。

（5）在"拉伸"操控板中单击 ✔ 按钮，完成特征的创建。

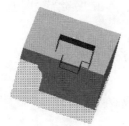

图 26.24 拉伸特征

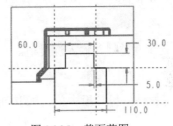

图.26.25 截面草图

Stage3. 完善滑块零件

Step1. 在模型树上选中滑块右击，在系统弹出的快捷菜单中单击 激活 选项。激活滑块
零件 ⬛ PIN_VOL_.PRT 。

Step2. 创建图 26.26 所示的实体拉伸特征。

（1）单击 **模具** 功能选项卡 形状 ▼ 区域中的 ⬛拉伸 按钮，此时系统弹出"拉伸"操控板。

（2）定义草绘截面放置属性。在绘图区中右击，选择快捷菜单中的 定义内部草绘... 命令。
系统弹出"草绘"对话框，然后选择 MOLD_FRONT 基准平面作为草绘平面，草绘平面的参
考平面为 MOLD_RIGHT 基准平面，方位为 右，单击 草绘 按钮，系统进入截面草绘环境。

（3）进入截面草绘环境后，选取图 26.27 所示的边线为草绘参考，绘制图 26.27 所示的

截面草图；完成截面草图的绘制后，单击"草绘"操控板中的"确定"按钮 ✓ 。

（4）选取深度类型并输入深度值。在操控板中选取深度类型 □，再在深度文本框中输入深度值 25.0，并按回车键。

（5）在"拉伸"操控板中单击 ✓ 按钮，完成特征的创建。

图 26.26　实体拉伸特征

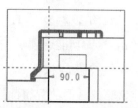

图 26.27　截面草图

Step3. 创建图 26.28 所示的"切除"拉伸特征。

（1）单击 模具 功能选项卡 形状 ▼ 区域中的 🔲拉伸 按钮，此时系统弹出"拉伸"操控板，将"去除"材料按钮 🔲 按下。

（2）定义草绘截面放置属性。在绘图区中右击，选择快捷菜单中的 定义内部草绘... 命令。系统弹出"草绘"对话框，然后选择 MOLD_FRONT 基准平面作为草绘平面，草绘平面的参考平面为 MOLD_RIGHT 基准平面，方位为 右，单击 草绘 按钮，系统进入截面草绘环境。

（3）进入截面草绘环境后，选取 MOLD_RIGHT 基准平面和坯料边线为草绘参考，然后绘制图 26.29 所示的截面草图；完成截面草图的绘制后，单击"草绘"操控板中的"确定"按钮 ✓ 。

（4）选取深度类型并输入深度值。在操控板中选取深度类型 □，再在深度文本框中输入深度值 15.0，并按回车键。

（5）在"拉伸"操控板中单击 ✓ 按钮，完成特征的创建。

图 26.28　"切除"拉伸特征

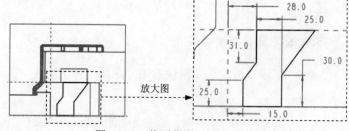

放大图

图 26.29　截面草图

Task9. 创建弯杆零件

Step1. 在模型树中选择 📄BODY_BASE.ASM 右击，在系统弹出的快捷菜单中选择 激活 命令。激活装配文件，单击 模具 功能选项卡 元件 ▼ 区域中的"模具元件" 按钮 模具元件▼，在系统弹出的菜单中的单击 创建模具元件 选项。在系统弹出的"确认"信息对话框中单击 是(Y) 按钮。

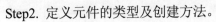

Step2. 定义元件的类型及创建方法。

（1）在系统弹出的"创建元件"对话框中，在 类型 区域选中 ⊙ 零件 单选项，在 子类型 区域选中 ⊙ 实体 单选项，在 名称 文本框中输入元件的名称 BEND_POLE；单击 确定 按钮。

（2）在系统弹出的"创建选项"对话框中选中 ⊙ 创建特征 单选项，然后单击 确定 按钮。系统弹出"模具特征"菜单。

Step3. 创建图 26.30 所示的实体拉伸特征。

（1）单击 模具 功能选项卡 形状 ▼ 区域中的 拉伸 按钮，此时系统弹出"拉伸"操控板。

（2）定义草绘截面放置属性。在绘图区中右击，选择快捷菜单中的 定义内部草绘... 命令。系统弹出"草绘"对话框，然后选择 MOLD_FRONT 基准平面作为草绘平面，草绘平面的参考平面为 MOLD_RIGHT 基准平面，方位为 右 ，单击 草绘 按钮，进入草绘环境。

（3）进入截面草绘环境后，绘制图 26.31 所示的截面草图；完成截面草图的绘制后，单击"草绘"操控板中的"确定"按钮 ✔ 。

（4）选取深度类型并输入深度值。在操控板中选取深度类型 ⊟ ，再在深度文本框中输入深度值 14.5，并按回车键。

（5）在"拉伸"操控板中单击 ✔ 按钮，完成特征的创建。

图 26.30 实体拉伸特征

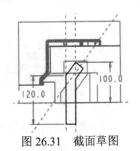

图 26.31 截面草图

Task10. 保存组件模型文件

激活总装配，保存文件。

Task11. 定义开模动作

Stage1. 开模步骤 1——移动弯杆和滑块

Step1. 将参考零件、坯料和分型面在模型中遮蔽起来，将模型的显示状态切换到实体显示方式。

Step2. 移动弯杆和滑块。

（1）选择 模具 功能选项卡 分析 ▼ 区域中的 ❸ 命令。系统弹出 ▼ MOLD OPEN（模具开模）菜单管理器。

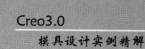
（2）在系统弹出的"菜单管理器"菜单中选择 `Define Step (定义步骤)` ➡ `Define Move (定义移动)` 命令。

（3）选取要移动的弯杆。

（4）在系统的提示下，选取图 26.32 所示的边线为移动方向，然后在系统的提示下输入要移动的距离值-42。

（5）在 `▼ DEFINE STEP (定义步骤)` 菜单中选择 `Define Move (定义移动)` 命令。

（6）选取要移动图 26.32 所示的滑块。

（7）在系统的提示下，选取图 26.32 所示的边线为移动方向，然后在系统的提示下输入要移动的距离值 12。

（8）在 `▼ DEFINE STEP (定义步骤)` 菜单中选择 `Done (完成)` 命令，移出后的状态如图 26.32 所示。

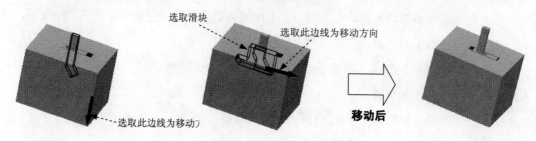

图 26.32　移动弯杆和滑块

Stage2．开模步骤 2：移动下模、弯杆和滑块

Step1．选择 模具 功能选项卡 `分析 ▼` 区域中的 命令。系统弹出 `▼ MOLD OPEN (模具开模)` 菜单管理器。

Step2．在 `▼ DEFINE STEP (定义步骤)` 菜单中选择 `Define Move (定义移动)` 命令。

Step3．选取要移动的下模、弯杆和滑块。

Step4．在系统的提示下，选取图 26.33 所示的边线为移动方向，然后在系统的提示下输入要移动的距离值-200。

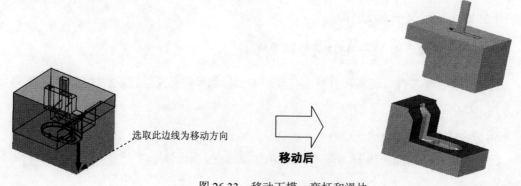

图 26.33　移动下模、弯杆和滑块

Step5. 在 ▼ DEFINE STEP （定义步骤） 菜单中选择 Done （完成）命令，移出后的状态如图 26.33 所示。

Stage3. 开模步骤 3：移动浇注件

Step1. 移动铸件。参考 Stage2 的操作方法，选取铸件，选取图 26.34 所示的边线为移动方向，输入要移动的距离值 100，选择 Done （完成）命令，单击 Done/Return （完成/返回）按钮。完成铸件的开模动作。

移动后

选取此边线为移动方向

图 26.34 移动铸件

Step2. 保存设计结果。选择下拉菜单 文件 ▾ ➡ 保存(S) 命令

实例 **27** 带斜抽机构的模具设计

本实例将介绍一个如图 27.1 所示的带斜抽机构的模具设计，包括滑块的设计、斜销的设计以及斜抽机构的设计。通过对本实例的学习，希望读者能够熟练掌握带斜抽机构模具设计的方法和技巧。下面介绍该模具的设计过程。

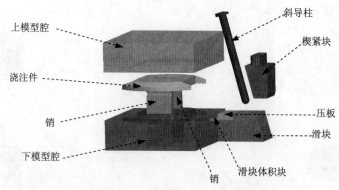

图 27.1　带斜抽机构的模具设计

Task1．新建一个模具制造模型文件，进入模具模块

Step1．将工作目录设置至 D:\creo3.6\work\ch27。

Step2．新建一个模具型腔文件，命名为 cover_mold；选取 `mmns_mfg_mold` 模板。

Task2．建立模具模型

在开始设计一个模具前，应先创建一个"模具模型"，模具模型包括图 27.2 所示的参考模型和坯料。

Stage1．引入参考模型

Step1．单击 **模具** 功能选项卡 `参考模型和工件` 区域的按钮 `参考模型`，在系统弹出的菜单中单击 `组装参考模型` 按钮。

Step2．在系统弹出的"打开"对话框中，选取三维零件模型 cover.prt 作为参考零件模型，并将其选中。单击 `打开` 按钮。

Step3．系统弹出"元件放置"操控板，在"约束"类型下拉列表中选择 `默认` 选项，将参考模型按默认放置，再在操控板中单击 ✔ 按钮。

Step4．此时系统弹出"创建参考模型"对话框，选中 ⦿ `按参考合并` 单选项，然后在 `参考模型` 区域的 `名称` 文本框中接受系统给出默认的参考模型名称 COVER_MOLD_REF（也可以输入其

他字符作为参考模型名称），再单击 确定 按钮。

Stage2.　创建坯料

Step1. 单击 **模具** 功能选项卡 参考模型和工件 区域的 "工件" 按钮 下的 工件 按钮，在系统弹出的菜单中单击 创建工件 按钮。

Step2. 系统弹出 "创建元件" 对话框，在 类型 区域选中 ● 零件 单选项，在 子类型 区域选中 ● 实体 单选项，在 名称 文本框中输入坯料的名称 cover_mold_wp，然后单击 确定 按钮。

Step3. 在系统弹出的 "创建选项" 对话框中，选中 ● 创建特征 单选项，然后单击 确定 按钮。

Step4. 创建坯料特征。单击 **模具** 功能选项卡 形状 ▼ 区域中的 拉伸 按钮。系统弹出 "拉伸" 操控板；在绘图区中右击，选择快捷菜单中的 定义内部草绘... 命令。系统弹出 "草绘" 对话框，然后选择 MOLD_RIGHT 基准平面作为草绘平面。草绘平面的参考平面为 MOLD_FRONT 基准平面，方位为 左，单击 草绘 按钮，系统进入截面草绘环境。进入截面草绘环境后，选取 MOLD_FRONT 基准平面和 MAIN_PARTING_PLN 基准平面为草绘参考，然后绘制图 27.3 所示的截面草图，完成截面草图的绘制后，单击工具栏中的 "确定" 按钮 ✓。选取深度类型并输入深度值：在操控板中选取深度类型 ⊟，再在深度文本框中输入深度值 240.0，并按回车键，在 "拉伸" 操控板中单击 ✓ 按钮，则完成实体拉伸特征的创建。

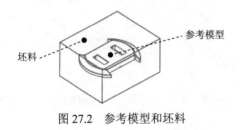

图 27.2　参考模型和坯料　　　　图 27.3　截面草图

Task3.　设置收缩率

将参考模型收缩率设置为 0.006。

Task4.　创建模具体积块

Stage1.　定义滑块体积块

下面的操作是创建零件 cover.prt 模具的滑块体积块（图 27.4），其操作过程如下。

Step1. 选择命令。选择 **模具** 功能选项卡 分型面和模具体积块 ▼ 区域中的 模具体积块 ▼ ➡ 模具体积块 命令。系统弹出 "编辑模具体积块" 功能选项卡。

Step2. 在系统弹出的 "编辑模具体积块" 功能选项卡中的 控制 区域单击 "属性" 按钮，在 "属性" 对话框中输入分型面名称 SLIDE，单击 确定 按钮。

Step3. 通过拉伸的方法创建图27.5所示的拉伸曲面。单击**编辑模具体积块** 操控板 形状 ▼ 区域中的 ☐拉伸 按钮，此时系统弹出"拉伸"操控板；选择 **视图** 功能选项卡 模型显示 ▼ 区域中的"显示样式"按钮 ☐，按下 ☐消隐 按钮，将模型的显示状态切换到实线线框显示方式；右击，从系统弹出的菜单中选择 定义内部草绘... 命令；在系统的提示下，选取图27.6所示的模型表面为草绘平面，然后再选取 MOLD_FRONT 基准平面为参考平面，方向为 右 。单击 草绘 按钮，此时进入草绘环境；进入草绘环境后，绘制图27.7所示的截面草图（使用"投影"命令绘制截面草图）。完成截面草图的绘制后，单击"草绘"操控板中的"确定"按钮 ✓；在操控板中选取深度类型 ⊥⊥，调整模型视图，选择图27.6所示的凹槽内部平面为拉伸终止面；在"拉伸"操控板中单击 ✓ 按钮，完成特征的创建。

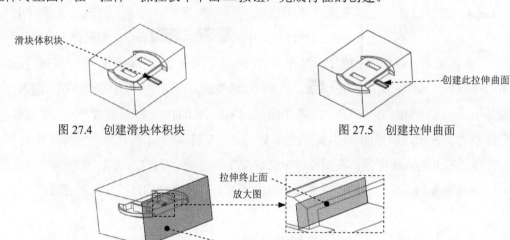

图 27.4 创建滑块体积块　　　　　　　　图 27.5 创建拉伸曲面

图 27.6 定义草绘平面

Step4. 单击**编辑模具体积块** 操控板 体积块工具 ▼ 区域中的 ⟲修剪到几何 ▼ 按钮，单击后面的小三角按钮 ▼，在系统弹出的菜单中单击 ⟲参考零件切除 按钮。

Step5. 着色显示所创建的体积块。单击 **视图** 功能选项卡 可见性 区域中的"着色"按钮 ⬛；系统自动将创建的滑块体积块 SLIDE 着色，着色后的滑块体积块如图27.8所示；在 ▼CntVolSel（继续体积块选取 菜单中选择 Done/Return（完成/返回）命令。

Step6. 在"编辑模具体积块"选项卡中单击"确定"按钮 ✓，完成下模体积块的创建。

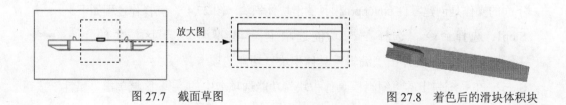

图 27.7 截面草图　　　　　　　　图 27.8 着色后的滑块体积块

Stage2. 定义第一个销体积块 PIN_01

创建图 27.9 所示模具的第一个销体积块。其操作过程如下。

Step1. 选择命令。选择 **模具** 功能选项卡 分型面和模具体积块 ▼ 区域中的 模具体积块 ▼ ➡ 模具体积块 命令。

Step2. 在系统弹出的"编辑模具体积块"功能选项卡中的 控制 区域单击"属性"按钮 ，在 "属性"对话框中输入分型面名称 PIN_01，单击 确定 按钮。

Step3. 通过拉伸的方法创建第一个销体积块。单击 **编辑模具体积块** 操控板 形状 ▼ 区域中的 拉伸 按钮，此时系统弹出"拉伸"操控板；右击，从系统弹出的菜单中选择 定义内部草绘... 命令；选取 MOLD_RIGHT 基准平面为草绘平面，MOLD_FRONT 基准平面为草绘平面的参考平面，方向为 左 。单击 草绘 按钮，进入草绘环境；进入草绘环境后，绘制图 27.10 所示的截面草图(使用"投影"命令绘制截面草图)。完成截面草图的绘制后，单击"草绘"操控板中的"确定"按钮 ✔ ；在操控板中单击 选项 按钮，在"选项"界面中将第 1 侧和第 2 侧深度类型都设为 ⊥ 到选定项 ，调整模型方位，选取图 27.11 所示的两个平面为拉伸终止面；在"拉伸"操控板中单击 ✔ 按钮，完成特征的创建。

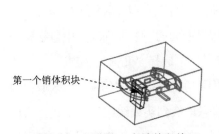

图 27.9 创建第一个销体积块

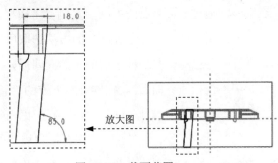

图 27.10 截面草图

Step4. 着色显示所创建的体积块。单击 视图 功能选项卡 可见性 区域中的"着色"按钮 ；系统自动将刚创建的销体积块 PIN_01 着色，着色后的销体积块如图 27.12 所示；在 ▼ CntVolSel (继续体积块选取) 菜单中选择 Done/Return 完成/返回 命令。

Step5. 在"编辑模具体积块"选项卡中单击"确定"按钮 ✔ ，完成第一个销体积块的创建。

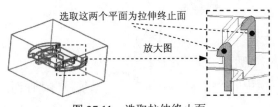

图 27.11 选取拉伸终止面

图 27.12 着色后的销体积块

Stage3. 参考 Stage2 定义第二个销体积块 PIN_02

第二个销体积块 PIN_02 与第一个销体积块关于 MOLD_FRONT 基准平面对称。

Task5. 创建模具分型面

创建模具的分型曲面，其操作过程如下。

Stage1. 创建复制曲面

Step1. 单击 **模具** 功能选项卡 分型面和模具体积块 ▾ 区域中的 "分型面" 按钮 ▭。系统弹出 "分型面" 功能选项卡。

Step2. 在系统弹出的 "分型面" 功能选项卡中的 控制 区域单击 "属性" 按钮 ▦，在 "属性" 对话框中输入分型面名称 PS，单击 确定 按钮。

Step3. 为了方便选取图元，将坯料和体积块遮蔽。在模型树界面中，选择 ▾ ➡ 树过滤器(F)... 命令；在系统弹出的 "模型树项" 对话框中选中 ☑ 特征 复选框，然后单击 确定 按钮。此时，模型树中会显示出分型面特征；将坯料、体积块 SLIDE、PIN_01 和 PIN_02 遮蔽。

Step4. 通过曲面复制的方法，复制参考模型上的外表面。

（1）采用 "种子面与边界面" 的方法选取所需要的曲面。用户分别选取种子面和边界面后，系统则会自动选取从种子曲面开始向四周延伸直到边界曲面的所有曲面（其中包括种子曲面，但不包括边界曲面）。在屏幕右下方的 "智能选取栏" 中选择 "几何" 选项。

（2）下面先选取 "种子面"，操作方法如下：选择 **视图** 功能选项卡 模型显示 ▾ 区域中的 "显示样式" 按钮 ▭，按下 ▭消隐 按钮，将模型的显示状态切换到实线线框显示方式，将模型调整到图 27.13 所示的视图方位，将鼠标指针移至模型中的目标位置，选取图 27.13 中的模型的表面，该表面就是所要选择的 "种子面"。

（3）选取 "边界面"，操作方法如下：按住 Shift 键，选取图 27.13 中的模型的一圈端部表面（B）为边界面，按住 Shift 键，选取图 27.13 中的模型的内表面（C）为边界面，按住 Shift 键，选取图 27.13 中的模型表面（D）为边界面。

注意：在选取 "边界面" 的过程中，要保证 Shift 键始终被按下，直至边界面均被选取完毕，否则不能达到预期的效果。

（4）按住 Ctrl 键，再次选取图 27.13 中的模型表面（E）为边界面。

注意：表面（E）与边界面（D）其实是模型的同一个表面。

（5）单击 **模具** 功能选项卡 操作 ▾ 区域中的 "复制" 按钮 ▭。

（6）单击 **模具** 功能选项卡 操作 ▾ 区域中的 "粘贴" 按钮 ▭▾。系统弹出 "曲面：复制" 操控板。

（7）填补复制曲面上的破孔。在操控板中单击 选项 按钮，在"选项"界面选中 ⊙ 排除曲面并填充孔 单选项，在 填充孔/曲面 区域中单击"单击此处添加项"，在系统的提示下，再次选取图 27.13 中种子面的曲面。

（8）在"曲面：复制"操控板中单击 ✔ 按钮。

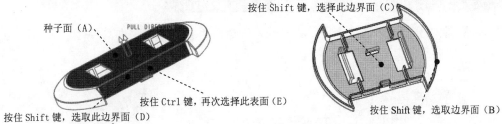

图 27.13 定义种子面和边界面

Stage2. 创建拉伸曲面

Step1. 将坯料的遮蔽取消。

Step2. 通过拉伸的方法创建图 27.14 所示的拉伸曲面。单击 分型面 功能选项卡 形状 ▼ 区域中的 □ 拉伸 按钮，此时系统弹出"拉伸"操控板；右击，选择菜单中的 定义内部草绘... 命令；选取图 27.15 所示的坯料表面 1 为草绘平面，然后选取 MOLD_FRONT 基准平面和坯料边线为参考，方向为 左。然后单击 草绘 按钮；进入草绘环境后，绘制图 27.16 所示的截面草图。完成特征截面的绘制后，单击"草绘"操控板中的"确定"按钮 ✔；在操控板中选取深度类型 ⬒（到选定的），将模型调整到合适视图方位，选取图 27.15 所示的平面为拉伸终止面；在"拉伸"操控板中单击 ✔ 按钮，完成特征的创建。

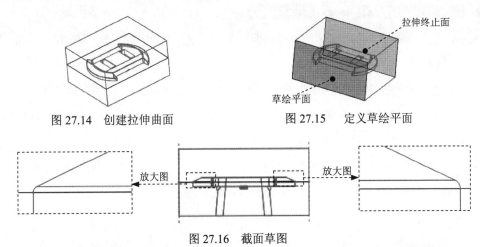

图 27.14 创建拉伸曲面　　　　图 27.15 定义草绘平面

图 27.16 截面草图

Stage3. 曲面合并

Step1. 将 Stage1 创建的复制曲面与 Stage2 创建的拉伸曲面进行合并。按住 Ctrl 键，选取 Stage1 创建的复制曲面和 Stage2 创建的拉伸曲面；单击 分型面 功能选项卡 编辑 ▼ 区域中

的 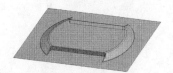 按钮，此时系统弹出"合并"操控板；在操控板中单击 选项 按钮，在"选项"界面中选中 ⊙ 相交 单选项。调整方向；在"合并"操控板中单击 ✓ 按钮，结果如图 27.17 所示。

　　Step2. 着色显示所创建的分型面。单击 视图 功能选项卡 可见性 区域中的"着色"按钮 🔲；系统自动将刚创建的分型面 PS 着色，着色后的分型曲面如图 27.18 所示；在 ▼CntVolSel (继续体积块选取) 菜单中选择 Done/Return (完成/返回) 命令。

　　Step3. 在"分型面"选项卡中单击"确定"按钮 ✓，完成分型面的创建。

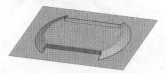

图 27.17　合并曲面　　　　　　　　　　　　图 27.18　着色后的分型曲面

Task6．构建模具元件的体积块

Stage1．创建滑块元件的体积腔

　　用前面创建的 SLIDE 来分离出滑块元件的体积块，该体积块将来会抽取为模具的滑块元件。

　　Step1. 显示上面创建的所有的体积块。

　　Step2. 选择命令。选择 模具 功能选项卡 分型面和模具体积块 ▼ 区域中的 模具体积块▼ ➡ 体积块分割 命令（即用"分割"的方法构建体积块）。

　　Step3. 在系统弹出的 ▼ SPLIT VOLUME (分割体积块) 菜单中，依次选择 Two Volumes (两个体积块) ➡ All Wrkpcs (所有工件) ➡ Done (完成) 命令，系统弹出"分割"对话框。

　　Step4. 选取面组:F7(SLIDE) (用"列表选取"的方法选取体积块)，然后单击"选择"对话框中的 确定 按钮。

　　Step5. 在"分割"信息对话框中单击 确定 按钮，系统弹出"属性"对话框。

　　Step6. 在"属性"对话框输入名称 SLIDE_BODY，单击 着色 按钮，着色后的模型如图 27.19 所示。单击 确定 按钮。

　　Step7. 系统弹出"属性"对话框，单击 着色 按钮，着色后的模型如图 27.20 所示。然后在对话框中输入名称 SLIDE_MOLD，单击 确定 按钮。

图 27.19　着色后的体积块（一）　　　　　　图 27.20　着色后的体积块（二）

Stage2. 创建第一个销体积腔

Step1. 选择命令。选择 **模具** 功能选项卡 分型面和模具体积块 ▼ 区域中的 模具体积块 ▼ ➡

体积块分割 命令（即用"分割"的方法构建体积块）。

Step2. 在系统弹出的 ▼ SPLIT VOLUME (分割体积块) 菜单中，选择 Two Volumes (两个体积块) ➡

Mold Volume (模具体积块) ➡ Done (完成) 命令。

Step3. 在系统弹出的"搜索工具"对话框中，单击列表中的 面组:F15(SLIDE_BODY) 体积块，然后单击 >> 按钮，将其加入到 已选择 0 个项:列表中，再单击 关闭 按钮。

Step4. 选取分型面。选取分型面 面组:F9(PIN_01) （用"列表选取"的方法选取），然后单击 确定(O) 按钮；在"选择"对话框中单击 确定 按钮。

Step5. 在"分割"对话框中单击 确定 按钮，系统弹出"属性"对话框。

Step6. 在"属性"对话框中单击 着色 按钮，着色后的模型如图 27.21 所示。然后在对话框中输入名称 PIN_01_BODY，单击 确定 按钮。

Step7. 系统再次弹出"属性"对话框，单击 着色 按钮，着色后的模型如图 27.22 所示。然后在对话框中输入名称 PIN_01_MOLD，单击 确定 按钮。

图 27.21 着色后的体积块（三）　　　　图 27.22 着色后的体积块（四）

Stage3. 创建第二个销体积腔

Step1. 选择命令。选择 **模具** 功能选项卡 分型面和模具体积块 ▼ 区域中的 模具体积块 ▼ ➡

体积块分割 命令（即用"分割"的方法构建体积块）。

Step2. 在系统弹出的 ▼ SPLIT VOLUME (分割体积块) 菜单中，选择 Two Volumes (两个体积块) ➡ Mold Volume (模具体积块) ➡ Done (完成) 命令。

Step3. 在系统弹出的"搜索工具"对话框中，单击列表中的 面组:F17(PIN_01_BODY) 体积块，然后单击 >> 按钮，将其加入到 已选择 0 个项:列表中，再单击 关闭 按钮。

Step4. 选取分型面。选取分型面 面组:F10(PIN_02) （用"列表选取"的方法选取），然后单击 确定(O) 按钮；在"选择"对话框中单击 确定 按钮。

Step5. 在"分割"对话框中单击 确定 按钮，系统弹出"属性"对话框。

Step6. 在"属性"对话框中单击 着色 按钮，着色后的模型如图 27.23 所示。然后在对话框中输入名称 PIN_02_BODY，单击 确定 按钮。

Step7. 系统再次弹出"属性"对话框，单击 着色 按钮，着色后的模型如图 27.24 所示。

然后在对话框中输入名称 PIN_02_MOLD，单击 确定 按钮。

Stage4. 用分型面创建上、下两个体积腔

用前面创建的主分型面 PS 将前面生成的体积块 PIN_02_BODY 分成上、下两个体积腔（块），这两个体积块将来会被抽取为模具的上、下模具型腔。

图 27.23　着色后的体积块（五）

图 27.24　着色后的体积块（六）

Step1. 选择命令。选择 模具 功能选项卡 分型面和模具体积块 ▼ 区域中的 模具体积块 ▼ ➡ 体积块分割 命令（即用"分割"的方法构建体积块）。

Step2. 在系统弹出的 ▼ SPLIT VOLUME (分割体积块) 菜单中，选择 Two Volumes (两个体积块) ➡ Mold Volume (模具体积块) ➡ Done (完成) 命令。

Step3. 在系统弹出的"搜索工具"对话框中，单击列表中的 面组:F19(PIN_02_BODY) 体积块，然后单击 >> 按钮，将其加入到 已选择 0 个项 列表中，再单击 关闭 按钮。

Step4. 选取分型面。选取分型面 面组:F11(PS) （用"列表选取"的方法选取），然后单击 确定(0) 按钮；在"选择"对话框中单击 确定 按钮。

Step5. 单击"分割"信息对话框中的 确定 按钮。

Step6. 系统弹出"属性"对话框，在该对话框中单击 着色 按钮，着色后的模型如图 27.25 所示。然后在对话框中输入名称 UPPER_MOLD，单击 确定 按钮。

Step7. 系统弹出"属性"对话框，在该对话框中单击 着色 按钮，着色后的模型如图 27.26 所示。然后在对话框中输入名称 LOWER_MOLD，单击 确定 按钮。

图 27.25　着色后的上半部分体积块

图 27.26　着色后的下半部分体积块

Task7. 抽取模具元件

Step1. 选择命令。选择 模具 功能选项卡 元件 ▼ 区域中 模具元件 ▼ ➡ 型腔镶块 命令，系统弹出"创建模具元件"对话框。

Step2. 在系统弹出的"创建模具元件"对话框中，选取体积块 LOWER_MOLD 、 UPPER_MOLD 、 PIN_01_MOLD 、 PIN_02_MOLD 、 SLIDE_MOLD ，然后单击 确定 按钮。

Task8. 生成浇注件

将浇注件的名称命名为 molding，保存设计结果，并关闭此窗口。

Task9. 完善模具型腔

Stage1. 完善滑块

Step1. 选择下拉菜单 文件▼ ➡ 打开(O) 命令，打开文件 cover_mold.asm。

Step2. 在模型树界面中将坯料和参考模型遮蔽。

Step3. 设置模型树。在模型树界面中，选择 👕▼ ➡ 树过滤器(F) 命令。在系统弹出的"模型树项"对话框中选中 ✔特征 复选框，然后单击 确定 按钮。

Step4. 在模型树中右击 🗂SLIDE_MOLD.PRT，从系统弹出的快捷菜单中选择 激活 命令。

Step5. 创建图 27.27 所示的实体拉伸特征 1。单击 模具 操控板 形状▼ 区域中的 拉伸 按钮，此时系统弹出"拉伸"操控板；在出现的操控板中，确认"实体"类型按钮 □ 被按下；右击，从系统弹出的菜单中选择 定义内部草绘... 命令；选取图 27.27 所示的平面为草绘平面，接受系统默认的箭头方向为草绘视图方向，然后选取 MAIN_PARTING_PLN 基准平面为参考平面，方向为 上 。单击 草绘 按钮，进入草绘环境；进入截面草绘环境后，选取 MOLD_FRONT 基准平面和 MAIN_PARTING_PLN 基准平面为草绘参考，利用"投影"命令绘制图 27.28 所示的截面草图。完成特征截面的绘制后，单击"草绘"操控板中的"确定"按钮 ✔ ；在操控板中选取深度类型 �ⳠⳠ，再在深度文本框中输入深度值 20.0，并按回车键；接受系统默认的拉伸方向；在"拉伸"操控板中单击 ✔ 按钮，完成特征的创建。

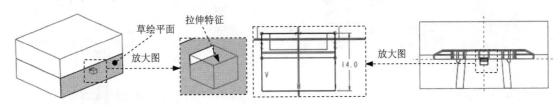

图 27.27 实体拉伸特征 1   图 27.28 截面草图

Step6. 创建图 27.29 所示的实体拉伸特征 2。单击 模具 操控板 形状▼ 区域中的 拉伸 按钮，此时系统弹出"拉伸"操控板；在出现的操控板中，确认"实体"类型按钮 □ 被按下；右击，从系统弹出的菜单中选择 定义内部草绘... 命令，选取图 27.30 所示的平面为草绘平面，接受系统默认的箭头方向为草绘视图方向，然后选取 MAIN_PARTING_PLN 基准平面为参考平面，方向为 上 。单击 草绘 按钮，进入草绘环境；进入截面草绘环境后，选取 MOLD_FRONT 基准平面和 MAIN_PARTING_PLN 基准平面为草绘参考，利用"投影"命令绘制图 27.31 所示的截面草图；完成截面草图的绘制后，单击"草绘"操控板中的"确定"按钮 ✔ ；在操控板中选取深度类型 ⳠⳠ，再在深度文本框中输入深度值 20.0，并按回车键；

接受系统默认的拉伸方向；在"拉伸"操控板中单击 ✔ 按钮，完成特征的创建。

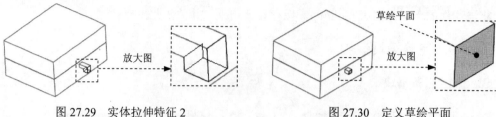

图 27.29　实体拉伸特征 2　　　　　　　　图 27.30　定义草绘平面

Stage2. 完善第一个销体积块

Step1. 在模型树中右击 FIN_01_MOLD.PRT，从系统弹出的快捷菜单中选择 激活 命令。

Step2. 在屏幕右下方的"智能选取栏"中选择"几何"选项。选取图 27.32 所示的表面为延伸参考平面。

Step3. 单击 模具 功能选项卡 分型面设计 ▼ 区域中的 偏移 按钮。此时系统弹出"偏移"操控板。

Step4. 设置偏移属性。在操控板界面中选取偏移类型 （即为"展开特征"）；在深度文本框中输入深度值 70.0，并按回车键；在"偏移"操控板中单击 ✔ 按钮，完成特征的创建。

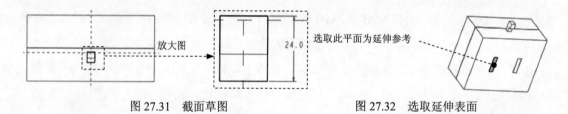

图 27.31　截面草图　　　　　　　　　图 27.32　选取延伸表面

Stage3. 参考 Stage2，完善第二个销体积块

Stage4. 创建滑块

Step1. 在模型树中右击 COVER_MOLD.ASM，从系统弹出的快捷菜单中选择 激活 命令将组件激活。

Step2. 单击 模具 功能选项卡 元件 ▼ 区域中的"模具元件" 按钮 模具元件 ▼，在系统弹出的菜单中单击 创建模具元件 选项。在系统弹出的"确认"信息对话框中单击 是(Y) 按钮。

Step3. 在系统弹出的"创建元件"对话框中，在 类型 区域选中 ⦿ 零件 单选项，在 子类型 区域选中 ⦿ 实体 单选项，在 名称 文本框中输入元件的名称 FLIP；单击 确定 按钮。

Step4. 在系统弹出的"创建选项"对话框中选中 ⦿ 创建特征 单选项，然后单击 确定 按钮。系统弹出"模具特征"菜单。

Step5. 创建图 27.33 所示的实体拉伸特征 1。单击 模具 功能选项卡 形状 ▼ 区域中的 拉伸 按钮，此时系统弹出"拉伸"操控板；在出现的操控板中，确认 按钮被按下；右击，从系统弹出的菜单中选择 定义内部草绘... 命令；选取图 27.34 所示的平面为草绘平面，然后选取 MAIN_PARTING_PLN 基准平面为参考平面，方向为 上 。单击 草绘 按钮，进入草绘环境；进入截面草绘环境后，选取 MOLD_FRONT 基准平面和 MAIN_PARTING_PLN 基准平面为草绘参考，然后绘制图 27.35 所示的截面草图，完成特征截面的绘制后，单击“草绘”操控板中的“确定”按钮✔；在操控板中选取深度类型⊥⊥，在深度文本框中输入深度值 120.0，并按回车键；在“拉伸”操控板中单击✔按钮，完成特征的创建。

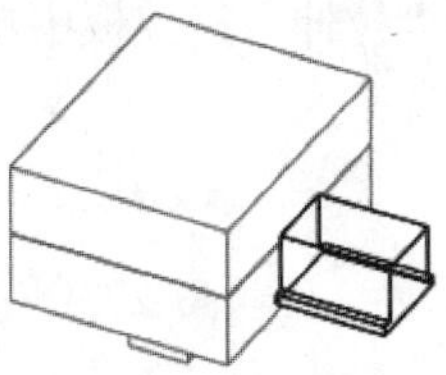

图 27.33 实体拉伸特征 1

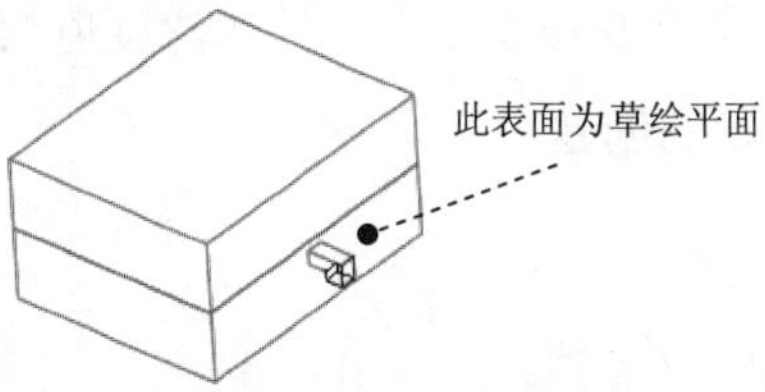

图 27.34 定义草绘平面

Step6. 创建实体切削特征 1。单击 **模具** 功能选项卡 形状 ▾ 区域中的 □拉伸 按钮，此时系统弹出“拉伸”操控板；在出现的操控板中，确认“实体”类型按钮□被按下；在操控板界面中按下“移除材料” 按钮◿；右击，从系统弹出的菜单中选择 定义内部草绘... 命令；选取图 27.36 所示的平面为草绘平面，接受默认的箭头方向为草绘视图方向，然后选取图 27.36 所示的表面为参考平面，方向为 右 。单击 草绘 按钮，进入草绘环境；进入截面草绘环境后，选取 MOLD_FRONT 基准平面和 MOLD_RIGHT 基准平面为草绘参考，利用“投影”命令绘制图 27.37 所示的截面草图；完成特征截面的绘制后，单击“草绘”操控板中的“确定”按钮✔；在操控板中选取深度类型⊥⊥（到选定的）， 将模型调整到图 27.38 所示的视图方位，选取图中所示的表面为拉伸终止面；在“拉伸”操控板中单击✔按钮，完成特征的创建。

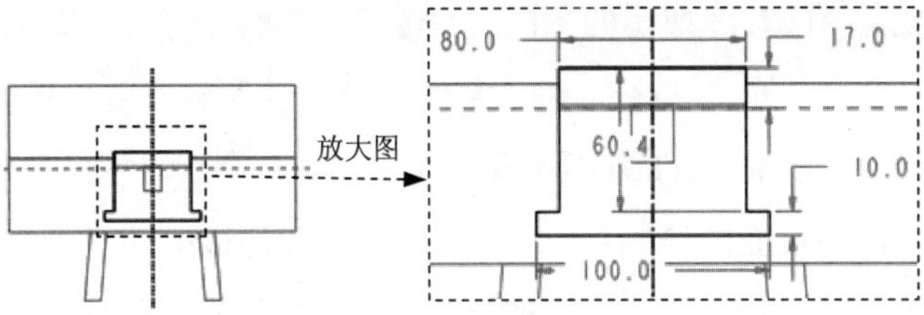

图 27.35 草图截面

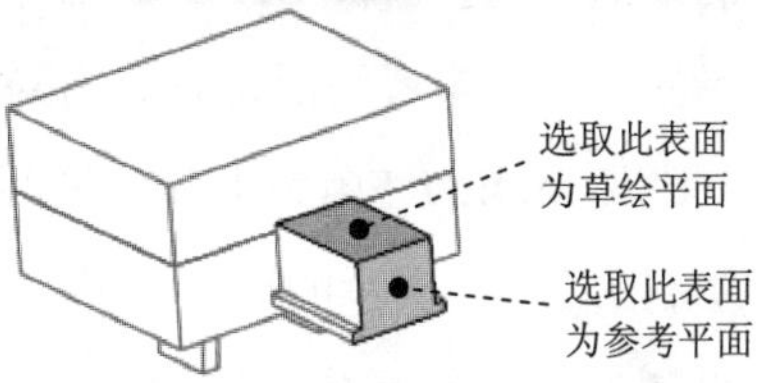

图 27.36 定义草绘平面

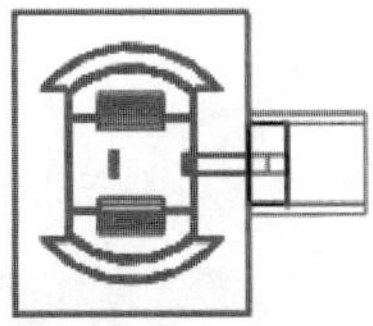

图 27.37 截面草图

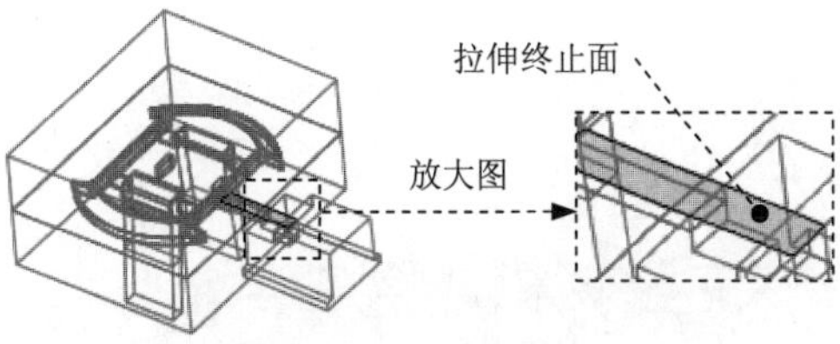

图 27.38 拉伸终止面

Step7. 创建实体切削特征 2，如图 27.39 所示。单击 **模具** 功能选项卡 形状 ▾ 区域中的

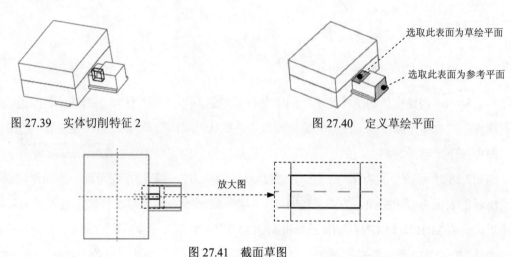

按钮，此时系统弹出"拉伸"操控板；在出现的操控板中，确认"实体"类型按钮 ▢ 被按下；在操控板界面中按下 ⊿ 按钮；右击，从系统弹出的菜单中选择 定义内部草绘... 命令；选取图 27.40 所示的平面为草绘平面，然后选取图 27.40 所示的表面为参考平面，方向为 右 。单击 草绘 按钮，进入草绘环境；进入截面草绘环境后，选取 MOLD_FRONT 基准平面和 MOLD_RIGHT 基准平面为草绘参考，利用"投影"命令绘制图 27.41 所示的截面草图。完成特征截面的绘制后，单击"草绘"操控板中的"确定"按钮 ✓ ；在操控板中选取深度类型 ⬒ ，再在深度文本框中输入深度值 15.0，并按回车键；在"拉伸"操控板中单击 ✓ 按钮，完成特征的创建。

图 27.39　实体切削特征 2　　　　　图 27.40　定义草绘平面

图 27.41　截面草图

Step8. 创建实体切削特征 3，如图 27.42 所示。单击 模具 功能选项卡 形状 ▼ 区域中的 拉伸 按钮，此时系统弹出"拉伸"操控板；在操控板界面中按下 ⊿ 按钮；右击，从系统弹出的菜单中选择 定义内部草绘... 命令；选取图 27.43 所示的平面为草绘平面，然后选取图 27.43 所示的表面为参考平面，方向为 右 。单击 草绘 按钮，进入草绘环境；进入截面草绘环境后，选取 MOLD_FRONT 基准平面和 MOLD_RIGHT 基准平面为草绘参考，利用"投影"命令绘制图 27.44 所示的截面草图；完成特征截面的绘制后，单击"草绘"操控板中的"确定"按钮 ✓ ；在操控板中选取深度类型 ⬒ （到选定的），将模型调整到图 27.45 所示的视图方位，选取图中所示的滑块表面为拉伸终止面；在"拉伸"操控板中单击 ✓ 按钮，完成特征的创建。

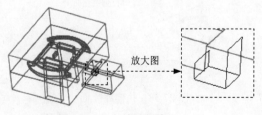

图 27.42　实体切削特征 3

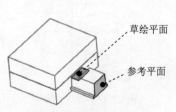

图 27.43　定义草绘平面

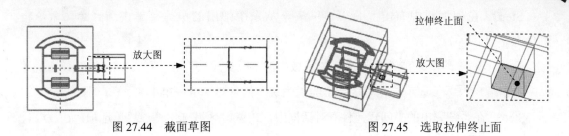

图 27.44 截面草图　　　　　　　　　　图 27.45 选取拉伸终止面

Step9. 创建实体切削特征 4。单击 **模具** 功能选项卡 形状 ▼ 区域中的 拉伸 按钮，此时系统弹出"拉伸"操控板；在操控板界面中按下 按钮；右击，从系统弹出的菜单中选择 **定义内部草绘...** 命令；在系统弹出的"草绘"对话框中单击 **使用先前的** 按钮；进入截面草绘环境后，选取 MOLD_FRONT 基准平面和 MOLD_RIGHT 基准平面为草绘参考，利用"投影"命令绘制图 27.46 所示的截面草图。完成特征截面的绘制后，单击"草绘"操控板中的"确定"按钮 ；选取深度类型并输入深度值：在操控板中选取深度类型 （即"穿透所有"）；在"拉伸"操控板中单击 按钮，完成特征的创建。

Step10. 创建实体切削特征 5。单击 **模具** 功能选项卡 形状 ▼ 区域中的 拉伸 按钮，此时系统弹出"拉伸"操控板；在操控板界面中按下 按钮；右击，从系统弹出的菜单中选择 **定义内部草绘...** 命令；选取图 27.47 所示的平面为草绘平面，然后选取图 27.47 所示的表面为参考平面，方向为 上 。单击 **草绘** 按钮，进入草绘环境；进入截面草绘环境后，选取图 27.48 所示的三条边线为草绘参考，然后绘制图 27.48 所示的截面草图；完成特征截面的绘制后，单击"草绘"操控板中的"确定"按钮 ；选取深度类型并输入深度值：在操控板中选取深度类型 （即"穿透所有"）；在"拉伸"操控板中单击 按钮，完成特征的创建。

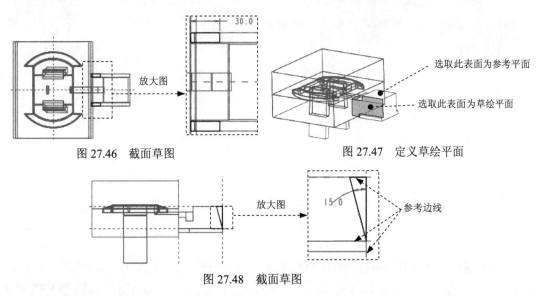

图 27.46 截面草图　　　　　　　　　　图 27.47 定义草绘平面

图 27.48 截面草图

Stage5. 创建斜导柱

Step1. 在模型树中右击 COVER_MOLD.ASM，从系统弹出的快捷菜单中选择 激活 命令将组件激活。

Step2. 单击 **模具** 功能选项卡 元件▼ 区域中的"模具元件"按钮 模具元件▼，在系统弹出的菜单中单击 创建模具元件 选项。在系统弹出的"确认"信息对话框中单击 是(T) 按钮。

Step3. 在系统弹出的"创建元件"对话框中，在 类型 区域选中 ⊙ 零件 单选项，在 子类型 区域选中 ⊙ 实体 单选项，在 名称 文本框中输入元件的名称 GUIDE_PILLAR；在"创建元件"对话框中单击 确定 按钮。

Step4. 在系统弹出的"创建选项"对话框中选中 ⊙ 创建特征 单选项，然后单击 确定 按钮。系统弹出"模具特征"菜单。单击 **模具** 功能选项卡 形状▼ 区域中的 旋转 按钮，此时系统弹出"旋转"操控板；在出现的操控板中，确认"实体"类型按钮 被按下；创建基准点 PNT0，该基准点在下步将被作为创建基准平面的参考点。单击 **模具** 功能选项卡 基准▼ 区域中的"创建基准点"按钮 ××▼，系统弹出"基准点"对话框，选取图 27.49 所示的边线为参考边，然后输入偏移值 0.5，单击"基准点"对话框中的 确定 按钮；创建基准平面 DTM1，该基准平面将在下面作为旋转特征的草绘平面。单击 **模具** 功能选项卡 基准▼ 区域中的"创建基准平面"按钮 ，系统弹出"基准平面"对话框，选取上一步创建的基准点 PNT0，按住 Ctrl 键，选取 MOLD_FRONT 基准平面，单击"基准平面"对话框中的 确定 按钮；右击，从快捷菜单中选择 定义内部草绘... 命令。选取上一步创建的 DTM1 基准平面为草绘平面；选取 MAIN_PARTING_PLN 基准平面为草绘参考，方位为 上，单击 草绘 按钮，系统进入截面草绘环境；进入截面草绘环境后，选取图 27.50 所示的边线为草绘参考，然后绘制图 27.50 所示的截面草图。完成特征截面的绘制后，单击"草绘"操控板中的"确定"按钮 ✓；在操控板中选取旋转角度类型 ⊔，旋转角度为 360°；在"旋转"操控板中单击 ✓ 按钮，完成特征的创建。

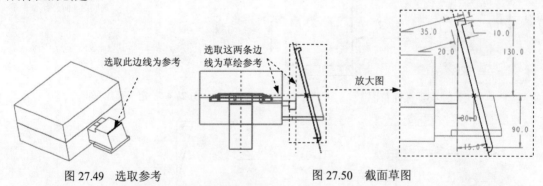

图 27.49　选取参考　　　　　　　图 27.50　截面草图

Step5. 创建实体切削特征。单击 **模具** 功能选项卡 形状▼ 区域中的 拉伸 按钮，此时系统弹出"拉伸"操控板；在操控板界面中按下 按钮；右击，从快捷菜单中选择 定义内部草绘... 命令。选择 MOLD_FRONT 基准平面为草绘平面，草绘平面的参考平面为图 27.51 所示的滑块表面，方位为 上，单击 草绘 按钮，进入草绘环境；进入截面草绘环境后，利用"投影"命令绘制图 27.52 所示的截面草图，完成特征截面的绘制后，单击"草绘"操控板中的"确定"按钮 ✓；在操控板中选取深度类型 ∃┠（即"穿透所有"），在操控板中单击 选项 按钮，在"选项"界面中选"第 2 侧"深度类型 ∃┠ 穿透；在"拉伸"操控板中单击 ✓ 按钮，完成特征的创建。

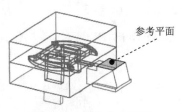
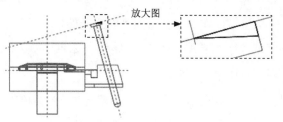

图 27.51　定义参考平面　　　　　　　　图 27.52　截面草图

Step6. 使用"切除"命令，在滑块上创建导柱孔。在模型树中右击 ▢ COVER_MOLD.ASM，从系统弹出的快捷菜单中选择 激活 命令将组件激活；单击 模具 功能选项卡中的 元件 ▼ 按钮，在系统弹出的菜单中选择 元件操作 选项。系统弹出"元件"菜单；在系统弹出的"元件"菜单中选择 Cut Out (切除) 命令，此时系统弹出"选择"对话框；在系统 ➡选择要对其执行切出处理的零件. 的提示下，选取 FLIP.PRT 为要执行处理的零件，然后单击"选择"对话框中的 确定 按钮，此时系统再次弹出"选择"对话框；在系统 ➡为切出处理选择参考零件. 的提示下，选取 GUIDE_PILLAR 为参考零件，然后单击"选择"对话框中的 确定 按钮，此时系统弹出"选项"菜单；在系统弹出的"选项"菜单中选择 Reference (参考) ➡ Done(完成) 命令；选择 Done/Return (完成/返回) 命令；将滑块（flip）激活；在屏幕右下方的"智能选取栏"中选择"几何"选项，选取图 27.53 所示的内孔表面（遮蔽"GUIDE_PILIAR.PRT"会很容易地选取内孔），单击 模具 功能选项卡 分型面设计 ▼ 区域中的 偏移 按钮。此时系统弹出"偏移"操控板；在操控板界面中选取偏移类型 ▯（即为"展开特征"），展开方向沿斜导柱轴线向外，在深度文本框中输入深度值 0.5，并按回车键，在"偏移"操控板中单击 ✓ 按钮，完成特征的创建。

Step7. 创建导柱孔的圆角特征。单击 模具 功能选项卡 设计特征 区域中的 倒圆角 ▼ 按钮，此时系统弹出"倒圆角"操控板；选取图 27.54 所示的边线为圆角参考边；在文本框中输入半径值 2.0，并按回车键；在"倒圆角"操控板中单击 ✓ 按钮，完成特征的创建。

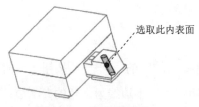
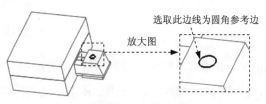

图 27.53　选取内表面　　　　　　　　图 27.54　圆角参考

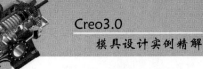

Stage6. 创建楔紧块

Step1. 在模型树中右击 📄 COVER_MOLD.ASM ，从系统弹出的快捷菜单中选择 激活 命令将组件激活。

Step2. 单击 **模具** 功能选项卡 元件 ▾ 区域中的 "模具元件" 按钮 模具元件 ▾ ，在系统弹出的菜单中单击 创建模具元件 选项。在系统弹出的 "确认" 信息对话框中单击 是(I) 按钮。

Step3. 在系统弹出的 "创建元件" 对话框中，在 类型 区域选中 ◉ 零件 单选项，在 子类型 区域选中 ◉ 实体 单选项，在 名称 文本框中输入元件的名称 WEDGE_BLOCK；在 "创建元件" 对话框中单击 确定 按钮。

Step4. 在系统弹出的 "创建选项" 对话框中选中 ◉ 创建特征 单选项，然后单击 确定 按钮。系统弹出 "模具特征" 菜单。

Step5. 创建实体拉伸特征，如图 27.55 所示。单击 **模具** 功能选项卡 形状 ▾ 区域中的 🗐 拉伸 按钮，此时系统弹出 "拉伸" 操控板；在出现的操控板中确认 ▢ 按钮被按下；从系统弹出的菜单中选择 定义内部草绘... 命令；选取图 27.56 所示的平面为草绘平面，然后选取图 27.56 所示的表面为参考平面，方向为 上 。单击 草绘 按钮，进入草绘环境；进入截面草绘环境后，选取图 27.57 所示的边线为草绘参考，然后绘制图 27.57 所示的截面草图；完成特征截面的绘制后，单击 "草绘" 操控板中的 "确定" 按钮 ✓ ；在操控板中选取深度类型 ⊥ （到选定的），将模型调整到图 27.58 所示的视图方位，选取图中所示的滑块表面为拉伸终止面；在 "拉伸" 操控板中单击 ✓ 按钮，完成特征的创建。

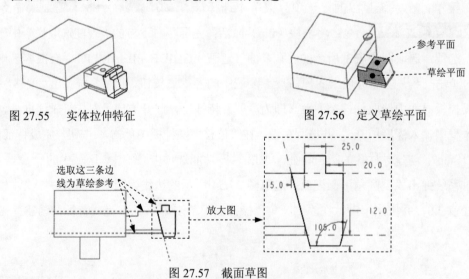

图 27.55　实体拉伸特征　　　　　图 27.56　定义草绘平面

图 27.57　截面草图

Step6. 创建圆角特征。单击 **模具** 功能选项卡 设计特征 区域中的 🗐 倒圆角 ▾ 按钮，此时系统弹出 "倒圆角" 操控板；按住 Ctrl 键，选取图 27.59 所示的四条边线为圆角的参考边；在文本框中输入半径值 8.0，并按回车键；在操控板中单击 ✓ 按钮，完成特征的创建。

Stage7. 创建压板

Step1. 在模型树中右击 COVER_MOLD.ASM ，从系统弹出的快捷菜单中选择 激活 命令将组件激活。

Step2. 单击 模具 功能选项卡 元件 ▼ 区域中的"模具元件" 按钮 模具元件▼，在系统弹出的菜单中单击 创建模具元件 选项。在系统弹出的"确认"信息对话框中单击 是(Y) 按钮。

Step3. 在系统弹出的"创建元件"对话框中，在 类型 区域选中 ● 零件 单选项，在 子类型 区域选中 ● 实体 单选项，在 名称 文本框中输入元件的名称 PRESS_BLOCK；在"创建元件"对话框中单击 确定 按钮。

Step4. 在系统弹出的"创建选项"对话框中选中 ● 创建特征 单选项，然后单击 确定 按钮。系统弹出"模具特征"菜单。

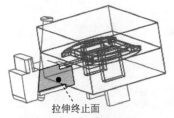

图 27.58　拉伸终止面

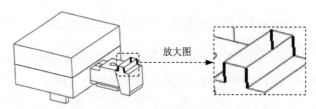

图 27.59　倒圆角参考边

Step5. 创建实体拉伸特征。单击 模具 功能选项卡 形状 ▼ 区域中的 拉伸 按钮，此时系统弹出"拉伸"操控板；在出现的操控板中确认 按钮被按下；右击，从系统弹出的菜单中选择 定义内部草绘... 命令；选取图 27.60 所示的平面为草绘平面，然后选取图 27.60 所示的表面为参考平面，方向为 上 。单击 草绘 按钮，进入草绘环境；进入截面草绘环境后，选取图 27.61 所示的四条边线为草绘参考，然后绘制图 27.61 所示的截面草图；完成特征截面的绘制后，单击"草绘"操控板中的"确定"按钮 ✔；在操控板中选取深度类型 ⊥（到选定的）。将模型调整视图方位，选取图 27.62 所示的滑块表面为拉伸终止面；在"拉伸"操控板中单击 ✔ 按钮，完成特征的创建。

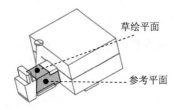

图 27.60　定义草绘平面

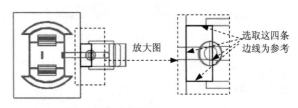

图 27.61　截面草图

Step6. 在模型树中右击 COVER_MOLD.ASM ，从系统弹出的快捷菜单中选择 激活 命令将组件激活。

Step7. 保存设计结果。单击 模具 功能选项卡中 操作 ▼ 区域的 重新生成 按钮，在系统弹出的

下拉菜单中单击 ⏏️ 重新生成 按钮，选择下拉菜单 文件▾ ➡️ 💾 保存(S) 命令。

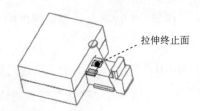

············ 拉伸终止面

图 27.62　选取拉伸终止面

Step8.　选 择 下 拉 菜 单 文件▾ ➡️ 🗋 关闭(C) 命 令 。 选 择 下 拉 菜 单 文件▾ ➡️ 管理会话(M) ▸ ➡️ 🗑️ 拭除未显示的(D) 从此会话中移除不在窗口中的所有对象。 命令，在"拭除未显示的"对话框中单击 确定 按钮。拭除内存中的所有文件。

Task10.　定义开模动作

Stage1.　将参考零件、坯料和分型面在模型中遮蔽起来

Step1.　选择下拉菜单 文件▾ ➡️ 📂 打开(O) 命令，打开文件 cover_mold.asm。

Step2.　为了使屏幕简洁，将参考零件、坯料、体积块及分型面遮蔽起来。

Stage2.　开模步骤 1：移动滑块、上模、斜导柱、楔紧块和压板

Step1.　选 择 模具 功能选项卡 分析▾ 区域中的 🗲 命令。系统弹出 ▾ MOLD OPEN (模具开模) 菜单管理器；在系统弹出的"菜单管理器"菜单中选择 Define Step (定义步骤) ➡️ Define Move (定义移动) 命令。此时系统弹出"选择"对话框。

Step2.　选取第一组要移动的模具元件。按住 Ctrl 键，在模型树中选取 Step1 中要移动的第一组元件模型 SLIDE_MOLD. PRT、FLIP.PRT 和 PRESS_BLOCK.PRT 三个元件；在"选择"对话框中单击 确定 按钮。

Step3.　在系统的提示下，选取图 27.63 所示的边线为移动方向，然后在系统 输入沿指定方向的位移 的提示下，输入要移动的距离值 30，并按回车键。

Step4.　再次单击 Define Move (定义移动) 命令，此时系统弹出"选择"对话框。

Step5.　选取第二组要移动的模具元件。按住 Ctrl 键，在模型树中选取移动的第二组元件模型 UPPER_MOLD.PRT、GUIDE_PILLAR.PRT 和 WEDGE_BLOCK.PRT 三个元件；在"选择"对话框中单击 确定 按钮。

Step6.　在系统的提示下，选取图 27.64 所示的边线为移动方向，然后在系统的提示下，输入要移动的距离值-250，并按回车键。

Step7.　在 ▾ DEFINE STEP (定义步骤) 菜单中选择 Done (完成) 命令，移出后的模型如图 27.65 所示。

Stage3.　开模步骤 2：移动浇注件和销

Step1. 移动浇注件。在 ▼MOLD OPEN (模具开模) 菜单中选择 Define Step (定义步骤) ➡ Define Move (定义移动)命令；选取要移动的模具元件MOLDING.PRT（浇注件），在"选择"对话框中单击 确定 按钮；在系统的提示下，选取图27.66所示的边线为移动方向，然后输入要移动的距离值-80。

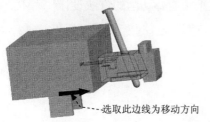

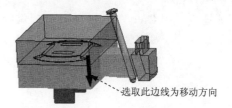

图27.63 步骤1中要移动的第一组元件　　图27.64 步骤1中要移动的第二组元件

图27.65 移动后的状态　　　　　图27.66 选取移动方向

Step2. 移动 PIN_01_MOLD（销1）。在 ▼DEFINE STEP (定义步骤) 菜单中选择 Define Move (定义移动)命令；选取要移动的模具元件 PIN_01_MOLD（销1），在"选择"对话框中单击 确定 按钮；在系统的提示下，选取图27.67所示的销的斜边线为移动方向，然后输入要移动的距离值-75。

Step3. 参见Step2，移动PIN_02_MOLD（销2）。

Step4. 在 ▼DEFINE STEP (定义步骤)菜单中选择Done (完成)命令，完成浇注件和销的开模动作，如图27.68所示。

图27.67 选取移动方向　　　　　图27.68 移动后的状态

Step5. 保存设计结果。

实例 **28** 流道设计实例

在图 28.1 所示的浇注系统中，浇道和浇口仍然采用实体切削的方法设计，而主流道和支流道则采用 Creo / Mold Design 提供的流道命令创建，操作过程按下面的说明进行。

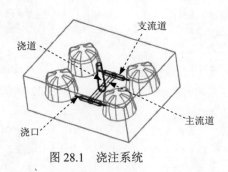

图 28.1 浇注系统

Task1. 打开模具模型

Step1. 设置工作目录。将工作目录设置至 D:\creo3.6\work\ch28。

Step2. 打开文件 faucet_knob_mold.asm.。

Step3. 设置模型树的过滤器。在模型树界面中选择 命令；在系统弹出的对话框中选中 ☑特征、☑隐含的对象 复选框，并单击 确定 按钮。

Task2. 创建三个基准平面

Stage1. 创建第一个基准平面

Step1. 创建图 28.2 所示的基准点 APNT0。单击 **模具** 功能选项卡 基准▼ 区域中的 按钮；在屏幕右下方的"智能选取栏"中选择"边"选项，选取图 28.3 所示的参考模型上表面的边线；在"基准点"对话框的下拉列表中选取 居中 选项；在"基准点"对话框中单击 确定 按钮。

图 28.2 创建基准点 APNT0

图 28.3 创建基准点

Step2. 穿过基准点 APNT0，创建图 28.4 所示的基准平面 ADTM2。操作过程如下：单击 **模具** 功能选项卡 基准▼ 区域中的"平面"按钮 ；选取基准点 APNT0；再按住 Ctrl 键，选取图 28.4 所示的坯料表面；在"基准平面"对话框中单击 确定 按钮，完成基准面 ADTM2 的创建。

Stage2. 创建第二个基准平面

Step1. 创建图 28.5 所示的基准点 APNT1。单击 模具 功能选项卡 基准 ▼ 区域中的 ×× ▸ 按钮；选取图 28.5 所示坯料的边线；在"基准点"对话框中，先选择基准点的定位方式 比率，然后在左边的文本框中输入基准点的定位数值（比率系数）0.5；在"基准点"对话框中单击 确定 按钮，完成基准点 APNT1 的创建。

Step2. 穿过基准点 APNT1，创建图 28.6 所示的基准平面 ADTM3。操作过程如下：单击 模具 功能选项卡 基准 ▼ 区域中的"平面"按钮 ▢；选取基准点 APNT1；按住 Ctrl 键，选取图 28.6 所示的坯料表面；在"基准平面"对话框中单击 确定 按钮，完成基准平面 ADTM3 的创建。

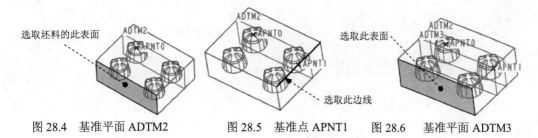

图 28.4　基准平面 ADTM2　　　　图 28.5　基准点 APNT1　　图 28.6　　基准平面 ADTM3

Stage3. 创建第三个基准平面

Step1. 创建图 28.7 所示的基准点 APNT2。单击 模具 功能选项卡 基准 ▼ 区域中的 ×× ▸ 按钮；选取图 28.7 所示的坯料边线；在"基准点"对话框中，先选择基准点的定位方式 比率，然后在左边的文本框中输入基准点的定位数值（比率系数）0.5；在"基准点"对话框中单击 确定 按钮，完成基准点 APNT2 的创建。

Step2. 穿过基准点 APNT2，创建图 28.8 所示的基准平面 ADTM4。操作过程如下：单击 模具 功能选项卡 基准 ▼ 区域中的"平面"按钮 ▢；选取基准点 APNT2；按住 Ctrl 键，选取图 28.8 所示的坯料表面；在"基准平面"对话框中单击 确定 按钮，完成基准平面 ADTM4 的创建。

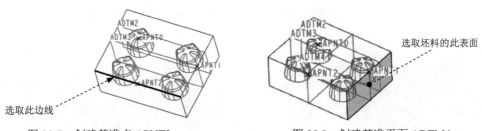

图 28.7　创建基准点 APNT2　　　　　图 28.8　创建基准平面 ADTM4

Task3. 浇道的设计（图 28.9）

选择命令。单击 模型 功能选项卡 切口和曲面 ▼ 区域中的 中 旋转 按钮。系统弹出"旋转"操控板。右击，从快捷菜单中选择 定义内部草绘... 命令。草绘平面为 ADTM3 基准平面，草绘平面的参考平面为 ADTM4 基准平面，草绘平面的参考方位是 右，单击 草绘 按钮，至此系统进入截面草绘环境；进入截面草绘环境后，选取 MAIN_PARTING_PLN 基准平面、ADTM4 基准平面和坯料边线为草绘参考，绘制图 28.10 所示的截面草图。完成特征截面的绘制后，单击"草绘"操控板中的"确定"按钮 ✔；特征属性：旋转角度类型为 ⊥，旋转角度为 360；单击操控板中的 ✔ 按钮，完成特征的创建。

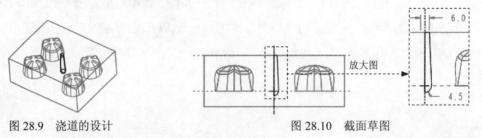

图 28.9　浇道的设计　　　　　　图 28.10　截面草图

Task4. 主流道的设计（图 28.11）

Step1. 单击 模具 功能选项卡 生产特征 ▼ 区域中 ✳ 流道 按钮，系统会弹出"流道"对话框和"形状"菜单管理器。

Step2. 在系统弹出的 ▼ Shape（形状）菜单中选择 Round（倒圆角）命令。

Step3. 定义流道的直径。在系统 输入流道直径 的提示下，输入直径值 6，然后按回车键。

Step4. 在 ▼ FLOW PATH（流道）菜单中选择 Sketch Path（草绘路径）命令，在"设置草绘平面"菜单中选择 Setup New（新设置）命令。

Step5. 选择草绘平面。在系统 ➡ 选择或创建一个草绘平面 的提示下，选择 MAIN_PARTING_PLN 基准平面为草绘平面。接受系统默认的草绘的方向，在 ▼ DIRECTION（方向）菜单中选择 Okay（确定）命令；在 ▼ SKET VIEW（草绘视图）菜单中选择 Right（右）命令，选取图 28.12 所示的坯料表面为参考平面。

Step6. 绘制截面草图。进入草绘环境后，选取 MOLD_FRONT 基准平面、ADTM2 基准平面和 ADTM4 基准平面为草绘参考；绘制图 28.13 所示的截面草图(即一条中间线段)。完成截面草图的绘制后，单击"草绘"操控板中的"确定"按钮 ✔。

图 28.11　主流道的设计

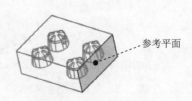

参考平面

图 28.12　定义草绘平面

Step7. 定义相交元件。在系统弹出的"相交元件"对话框中按下 自动添加 按钮，选中 ✓ 自动更新 复选框，然后单击 确定 按钮。

Step8. 单击"流道"信息对话框中的 预览 按钮，再单击"重画"按钮 ▣，预览所创建的"流道"特征，然后单击 确定 按钮完成操作。

Task5. 分流道的设计（图28.14）

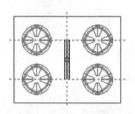
图28.13　截面草图

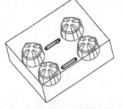
图28.14　分流道的设计

Step1. 单击 模具 功能选项卡 生产特征 ▾ 区域中的 ✕ 流道 按钮，系统会弹出"流道"对话框和"形状"菜单管理器。

Step2. 在系统弹出的 ▾ Shape（形状） 菜单中选择 Round（倒圆角） 命令。

Step3. 定义流道的直径。在系统 输入流道直径 的提示下，输入直径值5，然后按回车键。

Step4. 在 ▾ FLOW PATH（流道） 菜单中选择 Sketch Path（草绘路径） 命令，在 ▾ SETUP SK PLN（设置草绘平面） 菜单中选择 Setup New（新设置） 命令。

Step5. 选择草绘平面。执行命令后，在系统 ➪选择或创建一个草绘平面. 的提示下，选择 MAIN_PARTING_PLN 基准平面为草绘平面。在 ▾ DIRECTION（方向） 菜单中选择 Okay（确定） 命令，接受系统默认的草绘的方向。在 ▾ SKET VIEW（草绘视图） 菜单中选择 Right（右） 命令，选取图28.15所示的坯料表面为参考平面。

Step6. 绘制截面草图。进入草绘环境后，选取 MOLD_FRONT 基准平面、ADTM2 基准平面和 ADTM4 基准平面为草绘参考；绘制图28.16所示的截面草图。完成截面草图的绘制后，单击"草绘"操控板中的"确定"按钮 ✓。

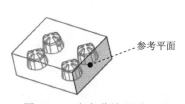
图28.15　定义草绘平面

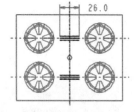
图28.16　截面草图

Step7. 定义相交元件。在"相交元件"对话框中选中 ✓ 自动更新 复选框，然后单击 确定 按钮。

Step8. 单击"流道"信息对话框中的 预览 按钮，再单击"重画"按钮 ▣，预览所创建的"流道"特征，然后单击 确定 按钮完成操作。

Task6. 浇口的设计（图 28.17）

Stage1. 创建图 28.18 所示的第一个浇口

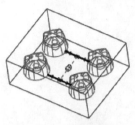

图 28.17　浇口的设计

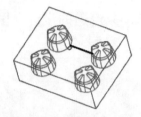

图 28.18　创建第一个浇口

Step1. 单击 模型 功能选项卡 切口和曲面 ▼ 区域中的 拉伸 按钮，此时出现"拉伸"操控板。

Step2. 创建拉伸特征。右击，从快捷菜单中选择 定义内部草绘... 命令。草绘平面为 ADTM4，草绘平面的参考平面为图 28.19 所示的坯料表面，草绘平面的参考方位为 上 。单击 草绘 按钮，至此系统进入截面草绘环境；绘制图 28.20 所示的截面草图。完成特征截面后，单击"草绘"操控板中的"确定"按钮 ✔ ；在操控板中单击 选项 按钮，在系统弹出的界面中选取双侧的深度选项均为 ⬒ 到选定项，然后选取图 28.21 所示的参考零件的表面为左、右拉伸特征的终止面；单击操控板中的 ✔ 按钮，完成特征的创建。

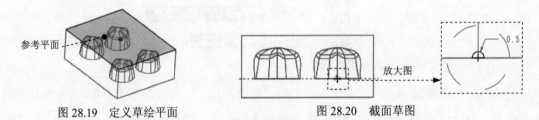

图 28.19　定义草绘平面　　　　　图 28.20　截面草图

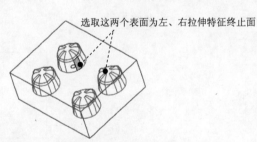

图 28.21　选取拉伸特征的终止面

Stage2. 创建第二个浇口

Step1. 参见 Stage1，创建第二个浇口。

Step2. 保存设计结果。选择下拉菜单 文件 ▼ ➡ 保存(S) 命令。

实例 **29** 水线设计实例

　　水线（Water Line）是控制和调节模具温度的结构，它实际上是由模具中的一系列孔组成的环路，在孔环路中注入冷却介质——水（也可以是油或压缩空气），可以将注射成型过程中产生的大量热量迅速导出，使塑料熔融物以较快的速度冷却和固化。Creo 3.0 的模具模块提供了建立水线的专用命令和功能，利用此功能可以快速地构建出所需要的水线环路。当然，与流道（Runner）一样，水线也用切削（Cut、Hole）的方法来创建，但是却远不如用专用命令有效。本实例（图 29.1）介绍了使用水线专用命令创建模具水线的操作过程。

图 29.1　水线设计

Task1．打开模具模型

Step1. 将工作目录设置至 D:\creo3.6\work\ch29。

Step2. 打开文件 faucet_knob_mold.asm。

Step3. 设置模型树的过滤器。

（1）在模型树界面中选择 `▼` ➡ `树过滤器(F)...` 命令。

（2）在系统弹出的"模型树项"对话框中选中 `☑特征` 复选框，然后单击 `确定` 按钮。

Task2．创建基准平面 ADTM5

Stage1．隐藏基准平面

隐藏 MOLD_RIGHT 基准平面、MOLD_FRONT 基准平面、ADTM1 基准平面、ADTM2 基准平面、ADTM3 基准平面和 ADTM4 基准平面。

Stage2．创建图 29.2 所示的基准平面

Step1. 单击 **模具** 功能选项卡 `基准 ▼` 区域中的"平面"按钮 `▱`，系统弹出"基准平面"对话框。

Step2. 选取 MAIN_PARTING_PLN 基准平面为参考平面。

Step3. 在"基准平面"对话框中输入偏移值-8.0，最后在对话框中单击 `确定` 按钮，完

成基准平面 ADTM5 的创建。

Task3. 创建水线特征

Stage1. 隐藏基准平面

Step1. 隐藏 MAIN_PARTING_PLN 基准平面。

Step2. 显示 MOLD_FRONT 基准平面和 MOLD_RIGHT 基准平面。

Stage2. 创建水线

Step1. 单击 模具 功能选项卡 生产特征 ▾ 区域中的 水线 按钮，系统会弹出"水线"对话框。

Step2. 定义水线的直径。在系统 输入水线圆环的直径 的提示下，输入直径值 5，然后按回车键。

Step3. 在 ▼ SETUP SK PLN (设置草绘平面) 菜单中选择 Setup New (新设置) 命令。

Step4. 选择草绘平面。在系统 选择或创建一个草绘平面· 的提示下，选择 ADTM5 基准平面为草绘平面。在 ▼ SKET VIEW (草绘视图) 菜单中选择 Right (右) 命令，选取 MOLD_RIGHT 基准平面为参考平面。

Step5. 绘制截面草图。进入草绘环境后，绘制图 29.3 所示的截面草图。完成特征截面的绘制后，单击"草绘"操控板中的"确定"按钮 ✔ 。

图 29.2　创建基准平面 ADTM5

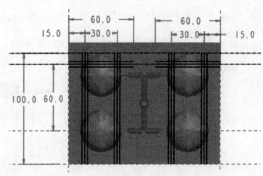

图 29.3　截面草图

Step6. 定义相交元件。系统弹出"相交元件"对话框，在该对话框中选中 ☑ 自动更新 复选框，然后单击 确定 按钮。

Step7. 单击"水线"对话框中的 预览 按钮，再单击"重画"命令按钮 ▨，预览所创建的"水线"特征，然后单击 确定 按钮完成操作。

Step8. 保存设计结果。选择下拉菜单 文件 ▾ ➡ 🖫 保存(S) 命令。

实例 **30** EMX 标准模架设计（一）

30.1 概述

本实例将介绍图 30.1 所示的车轮轮辐的模具设计过程。该模具设计的亮点就在于分型面的创建、EMX 标准模架的载入以及在 EMX 标准模架中添加顶杆和复位杆。其中顶杆和复位杆的添加有一定的技巧性，值得读者鉴赏和学习。通过本实例的学习，希望读者能够对 EMX 模块有更深入的了解。

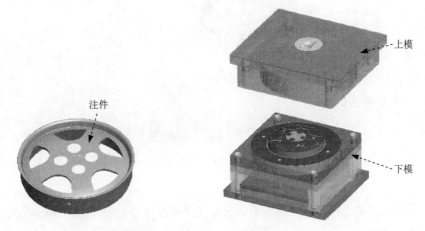

图 30.1　车轮轮辐的 EMX 模架设计

30.2 模具型腔设计

图 30.2 所示为车轮轮辐的模具型腔。模具的分型面是通过复制延伸的方法来创建的。下面将介绍该模具型腔的设计过程。

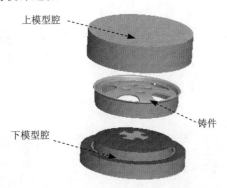

图 30.2　车轮轮辐的模具型腔设计

Task1. 新建一个模具制造模型文件，进入模具模块

Step1. 将工作目录设置至 D:\creo3.6\work\ch30。

Step2. 新建一个模具型腔文件，命名为 TURNTABLE_MOLD_REF；选取 `mmns_mfg_mold` 模板。

Task2. 建立模具模型

在开始设计一个模具前，应先创建一个"模具模型"。模具模型包括图 30.3 所示的参考模型和坯料。

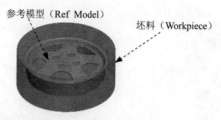

参考模型（Ref Model）

坯料（Workpiece）

图 30.3　模具模型

Stage1. 引入参考模型

Step1. 单击 **模具** 功能选项卡 `参考模型和工件` 区域中的按钮 `参考模型▼`，然后在系统弹出的列表中选择 `定位参考模型` 命令，系统弹出"打开""布局"对话框和 `▼ CAV LAYOUT (型腔布置)` 菜单管理器。

Step2. 从系统弹出的"打开"对话框中，选取三维零件模型车轮轮辐——turntable.prt 作为参考零件模型，并将其打开，系统弹出"创建参考模型"对话框。

Step3. 在"创建参考模型"对话框中选中 `◉ 按参考合并` 单选项，然后在 `参考模型` 文本框中接受默认的名称，再单击 `确定` 按钮。

Step4. 在"布局"对话框的 `参考模型起点与定向` 区域中单击 按钮，然后在系统弹出的"获得坐标系类型"菜单中选择 `Dynamic (动态)` 命令。

Step5. 在系统弹出的"参考模型方向"对话框中的 `轴` 区域选择绕 `Y` 轴旋转，并在 `值` 文本框中输入旋转数值-90，然后单击 `确定` 按钮。

Step6. 单击布局对话框中的 `预览` 按钮，定义后的拖动方向如图 30.4b 所示。

Step7. 在"布局"对话框中单击 `确定` 按钮；在 `▼ CAV LAYOUT (型腔布置)` 菜单中单击 `Done/Return (完成/返回)` 命令，完成坐标系的调整。

PULL DIRECTION

PULL DIRECTION

a）旋转前

b）旋转后

图 30.4　定义参考模型位置

Stage2. 创建坯料

Step1. 单击 **模具** 功能选项卡 `参考模型和工件` 区域中的按钮 `工件`，然后在系统弹出的列表中选择 `创建工件` 命令，系统弹出"创建元件"对话框。

Step2. 在系统弹出的"创建元件"对话框中，在 `类型` 区域选中 ◉ `零件` 单选项，在 `子类型` 区域选中 ◉ `实体` 单选项，在 `名称` 文本框中输入坯料的名称 TURNTABLE_WP，然后单击 `确定` 按钮。

Step3. 在系统弹出的"创建选项"对话框中选中 ◉ `创建特征` 单选项，然后单击 `确定` 按钮。

Step4. 创建坯料特征。单击 **模具** 功能选项卡 `形状 ▾` 区域中的 `旋转` 按钮，此时系统弹出"旋转"操控板；在绘图区中右击，选择快捷菜单中的 `定义内部草绘...` 命令，此时系统弹出"草绘"对话框，然后选择 MOLD_FRONT 基准平面作为草绘平面。草绘平面的参考平面为 MOLD_RIGHT 基准平面，方位为 `右`。单击 `草绘` 按钮，系统进入截面草绘环境。进入截面草绘环境后，选取 MOLD_RIGHTT 基准平面和 MAIN_PARTING_PLN 基准平面为草绘参考，然后绘制图 30.5 所示的截面草图。完成截面草图的绘制后，单击"草绘"操控板中的"确定"按钮 ✔，选取旋转角度类型 ⤴，旋转角度为 360°，然后在"旋转"操控板中单击 ✔ 按钮，完成坯料的创建，如图 30.6 所示。

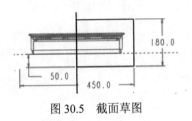

图 30.5　截面草图

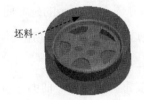

图 30.6　坯料

Task3. 设置收缩率

将参考模型收缩率设置为 0.006。

Task4. 创建模具分型面

创建模具的分型曲面，其操作过程如下。

Stage1. 创建复制曲面

Step1. 单击 **模具** 功能选项卡 `分型面和模具体积块 ▾` 区域中的"分型面"按钮 📄，系统弹出"分型面" 功能选项卡。

Step2. 在系统弹出的"分型面"功能选项卡中的 `控制` 区域单击"属性"按钮 📄，在"属性"对话框中输入分型面名称 MAIN_PS，然后单击 `确定` 按钮 。

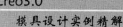

Step3. 为了方便选取图元，应将坯料遮蔽。在模型树界面中，选择 ⌗▾ ➞ 树过滤器(F)... 命令；在系统弹出的"模型树项"对话框中，选中 ☑特征 复选框，然后单击 确定 按钮，即可将坯料遮蔽。

Step4. 通过曲面复制的方法，复制参考模型上的内表面。在屏幕右下方的"智能选取栏"中选择"几何"选项。按住 Ctrl 键，依次选取图 30.7 中的模型加亮表面为复制参考面；单击 模具 功能选项卡 操作▾ 区域中的"复制"按钮 ；单击 模具 功能选项卡 操作▾ 区域中的"粘贴"按钮 ▾，此时系统弹出 曲面：复制 操控板；在系统弹出的操控板中单击 选项 按钮，在"选项"界面选中 ◉ 排除曲面并填充孔 单选项，在 填充孔/曲面 区域中单击"选择项"，在系统的提示下，按住 Ctrl 键，再次选取图 30.8 所示的加亮边线为参考边线；在"曲面：复制"操控板中单击 ✔ 按钮。

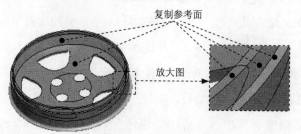

图 30.7　复制面　　　　　　　　　　　　　　　　图 30.8　填充破孔边

Step5. 创建图 30.9 所示的延伸曲面 1。按住 shift 键，选取图 30.10 所示的复制曲面的边线（为了方便选取复制边线，创建延伸特征并取消遮蔽坯料）；单击 分型面 功能选项卡 编辑▾ 区域的 ⬚延伸 按钮，此时出现 延伸 操控板；在延伸距离文本框中输入数值 50；在 延伸 操控板中单击 ✔ 按钮，完成延伸曲面 1 的创建；在"分型面"选项卡中单击"确定"按钮 ✔，完成分型面的创建。

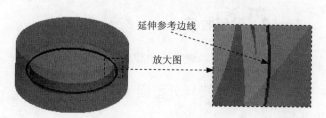

图 30.9　延伸曲面 1　　　　　　　　　　　图 30.10　延伸参考边线

Task5.　构建模具元件的体积块

Step1. 选择命令。选择 模具 功能选项卡 分型面和模具体积块▾ 区域中的 模具体积块▾ ➞ ⬚体积块分割 命令（即用"分割"的方法构建体积块）。

Step2. 在系统弹出的 ▾SPLIT VOLUME (分割体积块) 菜单中选择 Two Volumes (两个体积块) ➞ All Wrkpcs (所有工件) ➞ Done (完成) 命令，此时系统弹出"分割"信息对话框和"选择"对话框。

Step3. 选取分型面。选取分型面 面组:F7(MAIN_PS) (用"列表选取"的方法选取),然后单击 确定(0) 按钮;在"选择"对话框中单击 确定 按钮。

Step4. 单击"分割"信息对话框中的 确定 按钮。

Step5. 系统弹出"属性"对话框,在该对话框中单击 着色 按钮,着色后的模型如图30.11所示。然后在对话框中输入名称 LOWER_MOLD,并单击 确定 按钮。

Step6. 系统弹出"属性"对话框,在该对话框中单击 着色 按钮,着色后的模型如图30.12所示。然后在对话框中输入名称 UPPER_MOLD,并单击 确定 按钮。

图30.11 着色后的下半部分体积块

图30.12 着色后的上半部分体积块

Task6. 抽取模具元件及生成浇注件

将浇注件的名称命名为 MOLDING。

Task7. 定义开模动作

Stage1. 开模步骤1:移动上模

Step1. 遮蔽坯料、参考模型和分型面。

Step2. 选取要移动的上模。在系统的提示下,选取图30.13a所示的面为移动方向参考,方向如图30.13a所示,然后在系统的提示下输入移动距离值200。移出后的状态如图30.13b所示。

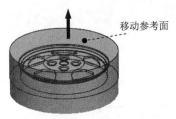

移动参考面

a)移动前

移动后

b)移动后

图30.13 移动上模

Stage2. 开模步骤2:移动下模

Step1. 选择下模,选取图30.14所示的面为移动方向参考,方向如图30.14所示,输入要移动的距离值200,完成下模的开模动作。

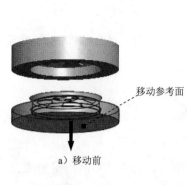

移动参考面

a）移动前

移动后

b）移动后

图 30.14　移动下模

Step2. 保存设计结果。

30.3　EMX 模架设计

通过 EMX 模块来创建模具设计可以简化模具的设计过程，减少不必要的重复性工作，提高设计效率。模架设计专家（EMX）提供一系列快速设计模架以及一些辅助装置的功能，将整个模具设计周期缩减到最短。标准模架是基于模具型腔的基础而创建的。下面继续以前面的模型为例，介绍创建标准模架的一般操作过程。

Task1. 新建模架项目

模架项目是 EMX 模架的顶级组件，在创建新的模架设计时必须定义一些用于所有模架元件的参数和组织数据，主要包括：项目名称的定义、模具型腔元件的添加和型腔元件的分类。

Step1. 在 **EMX** 功能选项卡 项目 区域中选择 选项，系统弹出"项目"对话框；在对话框中进行图 30.15 所示的设置；单击 按钮，系统进入装配环境。

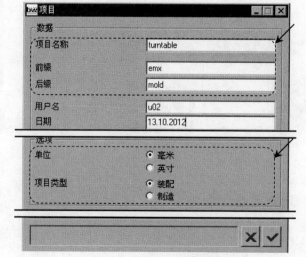

图 30.15　"项目"对话框

Step2. 添加元件。单击 **模型** 功能选项卡 **元件 ▼** 区域中的 **组装▼** 按钮，在系统弹出的菜单中单击 **🖳组装** 选项。此时系统弹出"打开"对话框；在"打开"对话框中按照 D:\creo3.6\work\ch30\ turntable_mold_ok 路径找到并选中 turntable_mold_ref.asm 装配体文件，单击 **打开** 按钮，此时系统弹出"元件放置"操控板；在该操控板中单击 **放置** 按钮，在"放置"界面的 **约束类型** 下拉列表中选择 **⬚ 默认** 选项，将元件按默认设置进行放置，此时 **—状态—** 区域显示的信息为 **完全约束**；在"元件放置"操控板中单击 **✔** 按钮，完成装配件的放置。

Step3. 元件分类。单击 **EMX 常规** 功能选项卡 **项目 ▼** 控制区域中的 **⬚分类** 按钮，系统弹出"分类"对话框；在对话框中进行图 30.16 所示的设置，然后单击 **✔** 按钮。

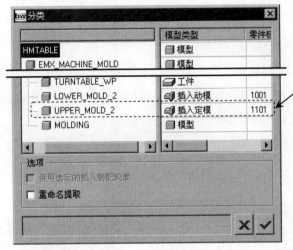

图 30.16 "分类"对话框

Task2. 添加标准模架

通过添加标准模架，可以将一些繁琐的工作变得快捷简单。

Stage1. 编辑装配位置

Step1. 显示动模。单击 **EMX 常规** 功能选项卡 **视图** 控制区域中的 **显示▼** 按钮，在弹出的快捷菜单中选择 **🖳动模**。

Step2. 定义约束参考模型的放置位置。在模型树中选中参考模型 **▶ 🖳 TURNTABLE_MOLD_REF.ASM** 并右击，然后选择 **编辑定义** 命令。在操控板中单击 **放置** 按钮，选择 **➔默认** 约束并右击，在系统弹出的快捷菜单中选择 **删除** 命令；在"放置"界面的"约束类型"下拉列表中选择 **⊥ 重合**，选取图 30.17 所示的模型表面为元件参考，选取装配体的 MOLDBASE_X_Y 基准平面为组件参考；单击 **➔新建约束** 字符，在"约束类型"下拉列表中选择 **⊥ 重合**，选取参考件的 MOLD_RIGHT 基准平面为元件参考，选取装配体的 MOLDBASE_X_Z 基准平面为组件参考；

单击 ➡新建约束 字符，在"约束类型"下拉列表中选择 ⊥ 重合 ，选取参考件的 MOLD_FRONT 基准平面为元件参考，选取装配体的 MOLDBASE_Y_Z 基准平面为组件参考；在操控板中单击 ✔ 按钮，完成参考模型的放置。

Step3. 显示模座。单击 EMX 常规 功能选项卡 视图 控制区域中的 显示 按钮，在弹出的快捷菜单中选择 🖼主视图 。

Stage2. 定义标准模架

在 EMX 模块中软件提供了很多标准模架供用户选择，只需通过下拉菜单中的"装配定义"命令 🖿 ，就能完成标准模架的添加。

Step1. 选择命令。单击 EMX 常规 功能选项卡 模架 控制区域中的"装配定义"按钮 🖿 ，系统弹出"模架定义"对话框。

Step2. 定义模架系列。在对话框中左下角单击"从文件载入装配定义"按钮 🖳 ，系统弹出"载入 EMX 装配"对话框；在对话框的 保存的组件 列表框中选择 emx_tutorial_komplett 选项；在 选项 区域中取消选中 ☐保留尺寸和模型数据 复选框；单击"载入 EMX 装配"对话框右下角的"从文件载入装配定义"按钮 🖳 ，然后单击 ✔ 按钮。

Step3. 更改模架尺寸。在"模架定义"对话框右上角的 尺寸 下拉列表中选择 596x596 ，此时系统弹出图 30.18 所示的"EMX 问题"对话框，单击 ✔ 按钮。

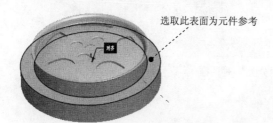

选取此表面为元件参考

图 30.17　定义元件参考

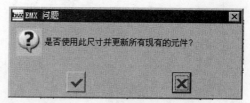

图 30.18　"EMX 问题"对话框

Stage3. 定义模板厚度

模板的厚度主要根据型腔零件和型芯零件来进行设置，其一般过程如下。

Step1. 定义定模板厚度。在"模架定义"对话框中右击图 30.19 所示的定模板，此时系统弹出图 30.20 所示的"板"对话框，在对话框的 厚度 (T) 下拉列表框中选中 136.000 选项，在"板"对话框中单击 ✔ 按钮。

Step2. 定义动模板厚度。使用同样的操作方法右击图 30.19 所示的动模板，在"板"对话框的 厚度 (T) 文本框中输入数值 65，然后单击 ✔ 按钮。

Step3. 定义垫板厚度。使用同样的操作方法右击图 30.19 所示的垫板，在"板"对话框的 厚度 (T) 文本框中输入数值 136，然后单击 ✔ 按钮。

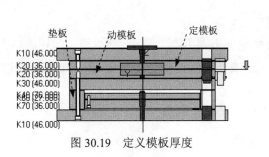

图 30.19　定义模板厚度

图 30.20　"板"对话框

Task3. 定义浇注系统

浇注系统是指模具中由注射机到型腔之间的进料通道，主要包括主流道、分流道、浇口和冷料穴。下面介绍在标准模架中编辑主流道衬套和定位环的操作方法。

Step1. 定义主流道衬套。在"模架定义"对话框中右击图 30.21 所示的主流道衬套，此时系统弹出图 30.22 所示的"主流道衬套"对话框。定义衬套型号为 Z512r ；在 D_2·直径 下拉列表中选择 18；在 OFFSET·偏移 文本框中输入值 0；单击 ✓ 按钮。

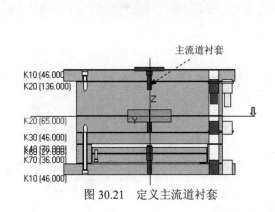

图 30.21　定义主流道衬套

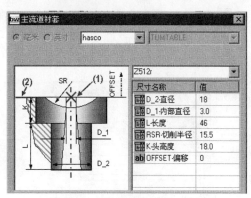

图 30.22　"主流道衬套"对话框

Step2. 定义定位环。在"模架定义"对话框中右击图 30.23 所示的定位环，此时系统弹出图 30.24 所示的"定位环"对话框。在 HG1·高度 下拉列表中选择数值 15，然后单击 ✓ 按钮。

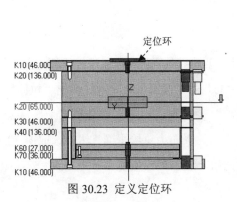

图 30.23　定义定位环

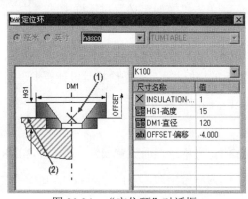

图 30.24　"定位环"对话框

Task4. 删除多余元件

在完成标准模架的添加后，模架中有些元件是不需要的，可以通过"模架定义"对话框中的"删除一个元件"按钮 ⊠ 来删除多余元件。

Step1. 删除支撑衬套。在"模架定义"对话框的下方单击"删除一个元件"按钮 ⊠，选取图 30.25 所示的支撑衬套为删除对象，此时系统弹出图 30.26 所示的"EMX 问题"对话框，单击 ✓ 按钮。

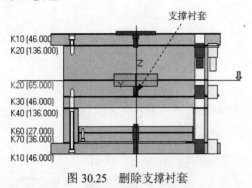

图 30.25 删除支撑衬套

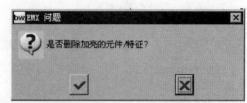

图 30.26 "EMX 问题"对话框

Step2. 删除图 30.27 所示的导向件。在"模架定义"对话框的下方单击"删除一个元件"按钮 ⊠，分别选取图 30.27 所示的两个导向件为删除对象，此时系统弹出"EMX 问题"对话框，然后单击 ✓ 按钮。

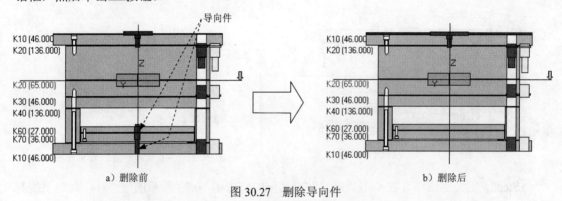

a) 删除前　　　　　　　　　　　　　　b) 删除后

图 30.27 删除导向件

Step3. 单击"模架定义"对话框中的 ✓ 按钮，完成标准模架的添加。

Task5. 定义模板

添加后的模板并不完全符合模具设计要求，因此需要对模具元件和模板进行重新定义。

Step1. 单击 **模型** 功能选项卡 切口和曲面 ▼ 区域中的 🗀拉伸 按钮，此时系统弹出"拉伸"操控板。

Step2. 定义草绘截面放置属性。选取图 30.28 所示的表面为草绘平面，然后选取图 30.28 所示的表面为参考平面，方向为 上 。单击 草绘 按钮，进入草绘环境。

Step3. 绘制截面草图。绘制图 30.29 所示的截面草图（一个圆），完成截面的绘制后，单击"草绘"操控板中的"确定"按钮 ✔ 。

Step4. 设置深度选项。在操控板中选取深度类型 ⋕ （直到最后）；单击操控板中的 相交 按钮，在"相交"界面中取消选中 □ 自动更新 复选框，并移除所有相交的模型，然后选取图 30.30 所示的定模座板为去除材料对象；在"拉伸"操控板中单击 ✔ 按钮，完成特征的创建。

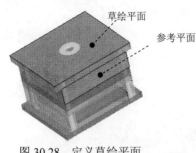

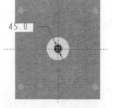

图 30.28　定义草绘平面　　　　图 30.29　截面草图　　　　图 30.30　定义去除材料对象

Task6. 添加标准元件

标准元件一般包括导柱/导套、顶杆、定位销、螺钉及止动系统等。在 EMX 模块中可以通过 ⊑ 元件状态 命令来完成标准元件的添加。

Step1. 选择命令。单击 EMX 工具 功能选项卡 元件 ▾ 控制区域中的 ⊑ 元件状态 按钮，此时系统弹出"元件状态"对话框。

Step2. 定义元件选项。在图 30.31 所示的对话框中单击"全选"按钮 ；单击"完成"按钮 ✔ ，结果如图 30.32 所示。

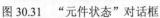

图 30.31　"元件状态"对话框　　　　图 30.32　添加标准元件

Task7. 添加顶杆

开模后塑料件在顶杆的作用下，通过一次动作将塑料件从模具中脱出。下面介绍顶杆的一般添加方法。

Step1. 显示动模。单击 **EMX 常规** 功能选项卡 视图 控制区域中的 显示▼ 按钮,在弹出的快捷菜单中选择 动模。

Step2. 创建基准面。单击 模型 功能选项卡 基准▼ 区域中的"平面"按钮 □ 。以图 30.33 所示的表面为偏移参考平面,偏移方向朝上,偏移距离值为 60.0,单击 确定 按钮。

Step3. 复制曲面。在屏幕右下方的"智能选取栏"中选择"几何"选项。按住 Ctrl 键,选取图 30.34 所示的表面;单击 模型 功能选项卡 操作▼ 区域中的"复制"按钮 🗐 ,然后单击 模型 功能选项卡 操作▼ 区域中的"粘贴"按钮 🗐▼ 。单击 选项 选项卡,选中 ⊙ 排除曲面并填充孔 选项,选取图 30.34 所示的表面中孔的边线,然后在"曲面:复制"操控板中单击 ✓ 按钮。

图 30.33 定义偏移参考平面

图 30.34 复制曲面

Step4. 创建顶杆参考点。单击 模型 功能选项卡 基准▼ 区域中的"创建基准点"按钮 ✕✕点▼ ,系统弹出"基准点"对话框;在模型树界面中,选择 🏛▼ ━━➤ 🌳 树过滤器(F)... 命令。在系统弹出的"模型树项"对话框中,选中 ☑ 特征 复选框,然后单击 确定 按钮,选取之前创建的基准平面 □ ADTM51 为基准点放置平面。在"基准点"对话框中单击 偏移参考 区域的"单击此处添加项"字符,按住 Ctrl 键选择 MOLD_FRONT 基准平面和 MOLD_RIGHT 基准平面为偏移参考平面。在 MOLD_FRONT:F3(基...) 后面的文本框中输入数值 108,按回车键。在 MOLD_RIGHT:F1(基...) 后面的文本框中输入数值 0,然后按回车键。基准点位置如图 30.36 所示;在"基准点"中单击 确定 按钮;在模型树中,选中基准点特征 ✕✕ APNT26 右击,在系统弹出的快捷菜单中选择 阵列... 命令,在操控板中选择 轴 选项,在模型中选择基准轴 A_1;在操控板中输入阵列的个数 5 和角度增量值 72.0,并按回车键,结果如图 30.37 所示,在"阵列"操控板中单击 ✓ 按钮,完成特征的创建。

图 30.35 定义草绘平面

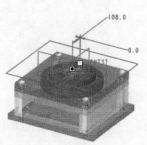

图 30.36 基准点位置

Step5. 创建顶杆修剪面。单击 **EMX 常规** 功能选项卡 **工具** 控制区域中的 **EMX 工具** 按钮后面的 ，在下拉菜单中选择 **识别修剪面** 按钮，则系统弹出"顶杆修剪面"对话框；单击对话框中的 **+** 按钮，如图 30.38 所示，系统弹出"选择"对话框，然后选取 Step3 复制的曲面为顶杆修剪面，在"选择"对话框中单击 **确定** 按钮；在"顶杆修剪面"对话框中单击 ✔ 按钮。

图 30.37 阵列特征

图 30.38 "顶杆修剪面"对话框

Step6. 定义顶杆。单击 **EMX 工具** 功能选项卡 **顶杆** 控制区域中的 **定义** 按钮，此时系统弹出"顶杆"对话框；单击对话框中的 **(1) 点** 按钮，此时系统弹出"选择"对话框，选取 Step4 中创建的任意一点。系统弹出"EXE 警告"对话框，单击 ✔ 按钮，关闭对话框；定义顶杆直径为 10；取消选中 □ **自动长度** 复选框，定义顶杆长度为 315；在对话框中选中 ☑ **按面组/参照模型修剪** 复选框，如图 30.39 所示，然后单击"完成"按钮 ✔。

Step7. 参考 Step6 添加其他的顶杆，结果如图 30.40 所示。

Task8. 添加复位杆

模具在闭合的过程中，为了使推出机构回到原来位置，必须设计复位装置，即复位杆。设计复位杆时，要将它的头部设计到动模和定模的分型上，在合模时，定模一接触复位杆，就将顶杆及顶出装置恢复到原来的位置。下面介绍复位杆的一般添加过程。

说明：创建复位杆与创建顶杆使用的命令相同。

Step1. 创建复位杆参考点。单击 **EMX 常规** 功能选项卡 **视图** 控制区域中的 **显示** 按钮，然后在弹出的快捷菜单中选择 **动模**；单击 **模型** 功能选项卡 **基准** ▼ 区域中的"创建基准点"按钮 **× 点** ▼，系统弹出"基准点"对话框；选取图 30.41 所示的表面为基准点放置平面。在"基准点"对话框中单击 **偏移参考** 区域的"单击此处添加项"字符，按住 Ctrl 键，选择 MOLD_FRONT 基准平面和 MOLD_RIGHT 基准平面为偏移参考平面。在 **MOLD_FRONT:F3(基...** 后面的文本框中输入数值 200，然后按回车键。在 **MOLD_RIGHT:F1(基...** 后面的文本框中输入数值 0 后，按回车键。基准点位置如图 30.42 所示；在"基准点"中单击 **确定** 按钮；在模型树中，选取之前创建的基准点特征 **× APNT31** 右击，在系统弹出的快捷菜单中选择 **阵列...** 命令，在操控板中选择 **轴** 选项，在模型中选取基准轴 A_1；在操控板中输入阵列的个数 4 和角度

增量值 90，并按回车键，在"阵列"操控板中单击 ✔ 按钮，完成特征的创建。

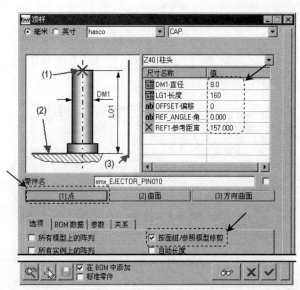

图 30.39 "顶杆"对话框

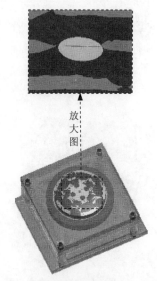

图 30.40 定义顶杆

图 30.41 定义草绘平面

图 30.42 创建的基准点特征

Step2. 创建复位杆修剪面。在屏幕右下角的"智能选择栏"中选择"几何"选项。选取图 30.41 所示的放置表面为要复制的面，单击 模型 功能选项卡 操作 ▼ 区域中的"复制"按钮 📄，然后单击"粘贴"按钮 📋 ▼。在"曲面：复制"操控板中单击 ✔ 按钮；单击 EMX 常规 功能选项卡 工具 ▼ 控制区域中的 📖 EMX 工具 ▼ 按钮后面的 ▼，在下拉菜单中选择 识别修剪面 按钮，系统弹出"顶杆修剪面"对话框，单击对话框中的 ➕，则系统弹出"选择"对话框，选取之前复制的曲面为复位杆修剪面，在"选择"对话框中单击 确定 按钮，然后单击"完成"按钮 ✔。

Step3. 定义复位杆。单击 EMX 工具 功能选项卡 顶杆 控制区域中的 🔧 定义 按钮，系统弹出"顶杆"对话框；单击对话框中的 (1) 点 按钮，系统弹出"选择"对话框。选取 Step1 创建的任意一点，系统弹出"EXE 警告"对话框。单击 ✔ 按钮，关闭对话框；在对话框中的 DM1·直径 下拉列表中选择数值 20；取消选中 □ 自动长度 复选框，在 LG1长度 下拉列表中选择数值 315；在对话框中选中 ☑ 按面组/参照模型修剪 复选框。单击"完成"按钮 ✔。

Step4. 参考 Step3 添加其他的复位杆，结果如图 30.43 所示。

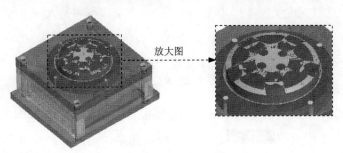

放大图

图 30.43　定义复位杆

Step5. 显示模架。单击 **EMX 常规** 功能选项卡 **视图** 控制区域中的 **显示▼** 按钮，在弹出的快捷菜单中选择 **📰主视图** 按钮。

Task9. 定义模板

添加后的模板并不完全符合模具设计要求，因此需要对模具元件和模板进行重新定义，即在定模板和动模板中挖出凹槽来放置型腔，用于镶嵌模具的型腔零件和型芯零件。

Step1. 定义动模板。在模型树中选择动模板 **📄 EMX_CAV_PLATE_MH001.PRT** 并右击，在系统弹出的快捷菜单中选择 **打开** 命令，系统转到零件模式下；单击 **模型** 功能选项卡 **形状▼** 区域中的 **🔲拉伸** 按钮，此时系统弹出"拉伸"操控板；选取图 30.44 所示的表面为草绘平面，然后选取图 30.44 所示的表面为参考平面，方向为 **右**。单击 **草绘** 按钮，进入草绘环境；绘制图 30.45 所示的截面草图，完成截面的绘制后，单击"草绘"操控板中的"确定"按钮 **✓**；在操控板中选取深度类型 **非**，在操控板中单击"切除材料"按钮 **🔲**。单击"反向"按钮 **%** 调整切削方向，在"拉伸"操控板中单击 **✓** 按钮，完成特征的创建，结果如图 30.46 所示；关闭窗口，选择下拉菜单 **文件▼** ➡ **📄关闭(C)** 命令。

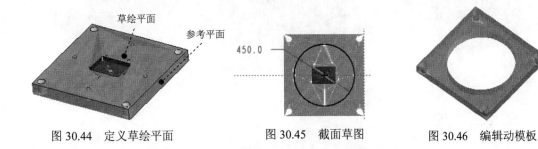

草绘平面

参考平面

450.0

图 30.44　定义草绘平面　　　图 30.45　截面草图　　　图 30.46　编辑动模板

Step2. 定义定模元件。在模型树中选择 ▶ **📄 EMX_CAV_PLATE_FH001.PRT** 并右击，然后在系统弹出的快捷菜单中选择 **打开** 命令，系统转到零件模式下；单击 **模型** 功能选项卡 **形状▼** 区域中的 **🔲拉伸** 按钮，此时系统弹出"拉伸"操控板；选取图 30.47 所示的表面为草绘平面，然后选取图 30.47 所示的表面为参考平面，方向为 **右**。单击 **草绘** 按钮，进入草绘环境，绘制图 30.48 所示的截面草图；完成截面草图的绘制后，单击"草绘"操控板中的"确定"按钮 ✓；在操控板中选取深度类型 ⬒ （指定深度值），在文本框中输入深度值 115.0，在操控板中单击"切除材料"按钮 ◪。单击反向按钮 ％，调整切除结果如图 30.49 所示，在"拉伸"操控板中单击 ✓ 按钮，完成特征的创建，结果如图 30.49 所示；选择下拉菜单 文件 ▾ ➡ 关闭(C) 命令。

Step3. 定义动模座板。在模型树中选择动模座板 ☐ EMX_CLP_PLATE_MH001.PRT 并右击，然后在系统弹出的快捷菜单中选择 打开 命令，系统转到零件模式下；单击 模型 功能选项卡 形状 ▾ 区域中的 ⬚拉伸 按钮，此时系统弹出"拉伸"操控板；选取图 30.50 所示的表面为草绘平面，然后选取图 30.50 所示的表面为参考平面，方向为 右 。单击 草绘 按钮，进入草绘环境；绘制图 30.51 所示的截面草图（一个圆）；完成截面的绘制后，单击"草绘"操控板中的"确定"按钮 ✓；在操控板中选取深度类型 ⬦⬦，单击"切除材料"按钮 ◪；在"拉伸"操控板中单击 ✓ 按钮，完成特征的创建，结果如图 30.52 所示；选择下拉菜单 文件 ▾ ➡ 关闭(C) 命令。

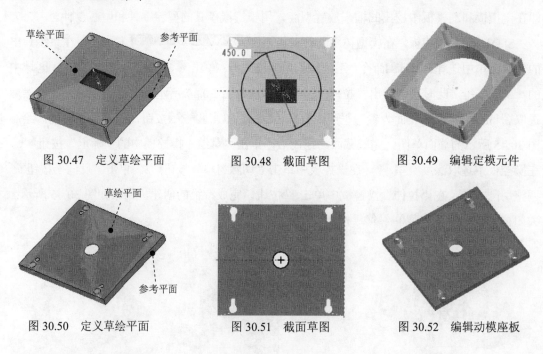

图 30.47　定义草绘平面　　　图 30.48　截面草图　　　图 30.49　编辑定模元件

图 30.50　定义草绘平面　　　图 30.51　截面草图　　　图 30.52　编辑动模座板

Task10.　装配螺钉

Step1. 选择命令。单击 EMX 工具 功能选项卡 螺钉 控制区域中的 ⬚ 按钮，此时系统弹出图 30.53 所示的"螺钉"对话框。

Step2. 定义参考点。单击"螺钉"对话框中的 (1) 点 | 轴 按钮，此时系统弹出"选择"对话框。选取图 30.54 所示的点为螺钉定位点，在"选择"对话框中单击 确定 按钮。单击"螺钉"对话框中的 (2) 曲面 按钮，选取图 30.54 所示的面 1 为螺钉定

位面。单击"螺钉"对话框中的 **(3) 螺纹曲面** 按钮，选取图 30.54 所示的面 2 为螺钉定位面。

Step3. 定义螺钉尺寸值。在"螺钉"对话框中的 **DN-直径** 下拉列表中选择数值 6，在 **LG-长度** 下拉列表中选择数值 16。

Step4. 在"螺钉"对话框中选中 ☑ **沉孔** 复选框，取消选中 ☐ **盲孔** 复选框；单击"完成"按钮 ☑。

Step5. 参考以上步骤在图 30.54 所示的点所在的圆周上添加其他三点处的螺钉。

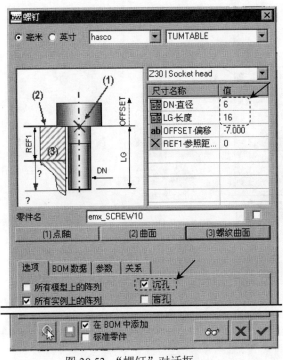

图 30.53 "螺钉"对话框

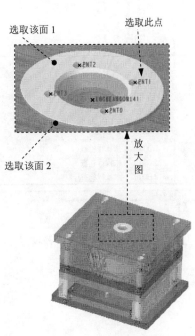

图 30.54 定义螺钉位置

Task11. 模架开模模拟

完成模架的所有创建和修改工作后，可以通过 EMX 模块中的 **模架开模模拟** 命令来完成模架的开模仿真过程，并且还可以检查出模架中存在的一些干涉现象，以便用户作出及时的修改。下面介绍模架开模模拟的一般过程。

Step1. 选择命令。单击 **EMX 常规** 功能选项卡 **工具** 控制区域中的 **模架开模模拟** 命令，此时系统弹出"模架开模模拟"对话框。

Step2. 定义模拟数据。在 **模拟数据** 区域的 **步距宽度** 文本框中输入数值 2，然后在 **模拟组** 区域选中所有模拟组，单击"计算新结果"按钮 ，计算结果如图 30.55 所示。

Step3. 开始模拟。单击对话框中的"运行开始模拟"按钮 ，此时系统弹出图 30.56 所示的"动画"对话框。单击对话框中的"播放"按钮 ▶ ，视频动画将在绘图区中演示。

Step4. 模拟完后，在"动画"对话框单击 关闭 按钮，然后在"模架开模模拟"对话框中单击"完成"按钮☑。

Step5. 保存模型。

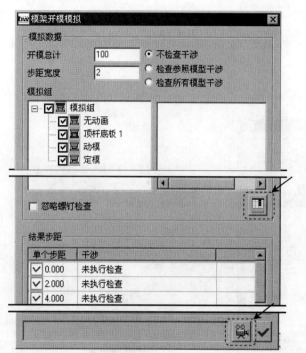

图 30.55 "模架开模模拟"对话框

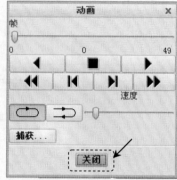

图 30.56 "动画"对话框

实例 **31** EMX 标准模架设计（二）

31.1　概述

本实例将介绍图 31.1 所示的手机外壳的模具设计过程。该模具设计的亮点在于：第一，该模具为一模两腔；第二，该模具的浇注系统采用的是潜伏式浇口设计；第三，在创建分型面时采用种子面和边界面的方法来完成；第四，在 EMX 中创建斜导柱滑块。通过对本实例的学习，希望读者能够对创建模具型腔和 EMX 模块有更深的了解。

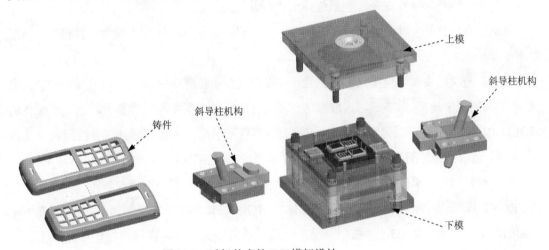

图 31.1　手机外壳的 EMX 模架设计

31.2　模具型腔设计

图 31.2 所示为手机外壳的模具型腔。手机外壳中的侧面有缺口，这样在模具中必须设计滑块方能顺利脱模。下面将介绍该模具型腔的设计过程。

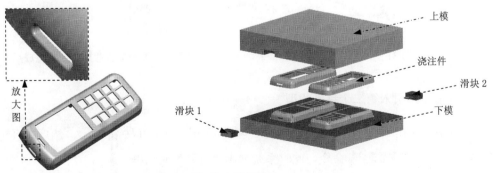

图 31.2　手机外壳模具设计

Task1. 新建一个模具制造模型，进入模具模块

Step1. 将工作目录设置至 D:\creo3.6\work\ch31。

Step2. 新建一个模具型腔文件，命名为 phone_cover_mold；选取 `mmns_mfg_mold` 模板。

Task2. 建立模具模型

在开始设计模具前，应先创建一个"模具模型"。模具模型包括参考模型（Ref Model）和坯料（Workpiece），如图 31.3 所示。

Stage1. 引入第一个参考模型

Step1. 单击 **模具** 功能选项卡 `参考模型和工件` 区域中的按钮 `参考模型▼`，然后在系统弹出的列表中选择 `组装参考模型` 命令，则系统弹出"打开"对话框。

Step2. 在"打开"对话框中选取三维零件模型 phone_cover.prt 作为参考零件模型，然后单击 `打开` 按钮。

Step3. 定义约束参考模型的放置位置。在操控板中单击 `放置` 按钮，在"放置"界面的"约束类型"下拉列表中选择 `重合`，选取参考件的 DTM3 基准平面为元件参考，选取装配体的 MOLD_RIGHT 基准平面为组件参考；单击 `新建约束` 字符，在"约束类型"下拉列表中选择 `重合`，选取参考件的 TOP 基准平面为元件参考，选取装配体的 MAIN_PARTING_PLN 基准平面为组件参考；单击 `新建约束` 字符，在"约束类型"下拉列表中选择 `距离`，选取参考件的 FRONT 基准平面为元件参考，选取装配体的 MOLD_FRONT 基准平面为组件参考，在 `偏移` 后面的文本框中输入值-35，并按回车键；至此，约束定义完成，在操控板中单击 ✔ 按钮。

Step4. 系统弹出"创建参考模型"对话框，在该对话框中选中 ⊙ `按参考合并` 单选按钮，然后在 `参考模型` 区域的 `名称` 文本框中输入 PHONE_COVER_MOLD_REF_01，单击 `确定` 按钮。系统弹出"警告"对话框，然后单击 `确定` 按钮。

参考件组装完成后，模具的基准平面与参考模型的基准平面对齐，如图 31.4 所示。

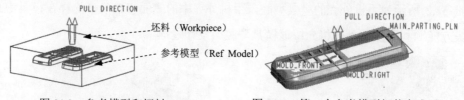

图 31.3　参考模型和坯料　　　　图 31.4　第一个参考模型组装完成后

Stage2. 引入第二个参考模型

Step1. 单击 **模具** 功能选项卡 `参考模型和工件` 区域中的按钮 `参考模型▼`，然后在系统弹出的列表中选择 `组装参考模型` 命令，此时系统弹出"打开"对话框。

Step2. 在"打开"对话框中选取三维零件模型 phone_cover.prt 作为参考零件模型，然后单击 打开 按钮。

Step3. 定义约束参考模型的放置位置。在操控板中单击 放置 按钮，在"放置"界面的"约束类型"下拉列表中选择 重合，选取参考件的 TOP 基准平面为元件参考，选取装配体的 MAIN_PARTING_PLN 基准平面为组件参考；单击 新建约束 字符，在"约束类型"下拉列表中选择 重合，选取参考件的 DTM3 基准平面为元件参考，选取装配体的 MOLD_RIGHT 基准平面为组件参考，然后单击 反向 按钮；单击 新建约束 字符，在"约束类型"下拉列表中选择 距离，选取参考件的 FRONT 基准平面为元件参考，选取装配体的 MOLD_FRONT 基准平面为组件参考，在 偏移 后面的文本框中输入值-35，并按回车键；至此，约束定义完成，在操控板中单击 按钮。

Step4. 系统弹出"创建参考模型"对话框，在该对话框中选中 按参考合并 单选按钮，然后在 参考模型 区域的 名称 文本框中输入 PHONE_COVER_MOLD_REF_02，单击 确定 按钮。完成后的装配体如图 31.5 所示。

Stage3. 创建坯料

Step1. 单击 模具 功能选项卡 参考模型和工件 区域中的按钮 工件 ，然后在系统弹出的列表中选择 创建工件 命令，此时系统弹出"创建元件"对话框。

Step2. 在系统弹出的"创建元件"对话框中，在 类型 区域选中 零件 单选项，在 子类型 区域选中 实体 单选项，在 名称 文本框中输入坯料的名称 wp，然后单击 确定 按钮。

Step3. 在系统弹出的"创建选项"对话框中，选中 创建特征 单选项，然后单击 确定 按钮。

Step4. 创建坯料特征。单击 模具 功能选项卡 形状 区域中的 拉伸 按钮；在出现的操控板中，确认"实体"类型按钮 被按下，在绘图区中右击，从系统弹出的快捷菜单中选择 定义内部草绘… 命令，然后选择 MOLD_FRONT 基准平面作为草绘平面，草绘平面的参考平面为 MOLD_RIGHT 基准平面，方向为 右 ；单击 草绘 按钮，系统至此进入截面草绘环境。进入截面草绘环境后，选取 MAIN_PARTING_PLN 和 MOLD_RIGHT 基准平面为草绘参考，绘制图 31.6 所示的特征截面；完成特征截面的绘制后，单击"草绘"操控板中的"确定"按钮 。在操控板中单击 按钮，在深度文本框中输入深度值 180.0，并按回车键，然后单击 按钮，完成特征的创建。

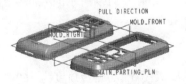

图 31.5 第二个参考模型组装完成后

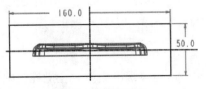

图 31.6 截面草图

Task3. 设置收缩率

Step1. 单击**模具**功能选项卡 生产特征 ▼ 按钮中的小三角按钮 ▼ ，在系统弹出的菜单中单击 按比例收缩 ▶ 后的 ▶ 按钮，在系统弹出的菜单中单击 按尺寸收缩 按钮，然后在模型树中选取第一个参考模型。

Step2. 系统弹出"按尺寸收缩"对话框，确认 公式 区域的 1+S 按钮被按下，在 收缩选项 区域选中 ☑ 更改设计零件尺寸 复选框，在 收缩率 区域的 比率 栏中输入收缩率值 0.006，并按回车键，然后单击对话框中的 ☑ 按钮。

说明： 因为参考的是同一个模型，所以当设置第一个模型的收缩率为 0.006 后，系统会自动将另一个模型的收缩率调整到 0.006，而不需要将另一个模型的收缩率再进行设置。

Task4. 建立浇注系统

下面讲述如何在零件 phone_cover 的模具坯料中创建浇道、流道和潜伏式浇口，如图 31.7 所示。此例创建浇注系统是通过在坯料中切除材料来创建的。

说明： 此实例中的浇口为潜伏式浇口，是在后面的模架中创建的，所以在此步骤中没有创建。

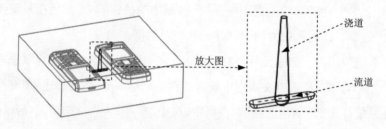

图 31.7 建立浇道、流道

Stage1. 创建图 31.8 所示的浇道（Sprue）

Step1. 单击 **模型** 功能选项卡 切口和曲面 ▼ 区域中的 旋转 按钮。

Step2. 选取旋转类型。在出现的操控板中，确认"实体"类型按钮 □ 被按下。

Step3. 定义草绘截面放置属性。右击，从快捷菜单中选择 定义内部草绘... 命令。草绘平面为 MOLD_RIGHT 基准平面，草绘平面的参考平面为 MAIN_PARTING_PLN 基准平面，草绘平面的参考方向是 顶，然后单击 草绘 按钮，进入截面草绘环境。

Step4. 进入截面草绘环境后，选取 MOLD_FRONT 和 MAIN_PARTING_PLN 基准平面为草绘参考，并选取图 31.9 所示的边线为参考边线，绘制图 31.9 所示的截面草图；完成特征截面后，单击"草绘"操控板中的"完成"按钮 ✔ 。

注意： 要绘制旋转中心轴。

Step5. 定义深度类型。在操控板中选取旋转角度类型 ⊥，旋转角度为 360°。

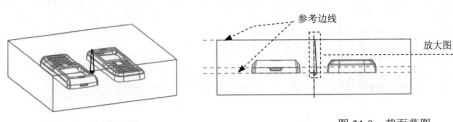

图 31.8 创建浇道   图 31.9 截面草图

Step6. 在"旋转"操控板中单击 ✓ 按钮，完成特征创建。

Stage2. 创建流道

Step1. 单击**模具**功能选项卡 生产特征 ▼ 区域中 ✕ 流道 按钮，系统会弹出"流道"对话框和"形状"菜单管理器。

Step2. 在系统弹出的 ▼ Shape (形状) 菜单中选择 Half Round (半倒圆角) 命令。

Step3. 定义流道的直径。在系统 输入流道直径 的提示下，输入直径值 4，然后按回车键。

Step4. 在 ▼ FLOW PATH (流道) 菜单中选择 Sketch Path (草绘路径) 命令，在"设置草绘平面"菜单中选择 Setup New (新设置) 命令。

Step5. 选择草绘平面。在系统 ➪选择或创建一个草绘平面· 的提示下，选择图 31.10 所示的表面为草绘平面。在 ▼ DIRECTION (方向) 菜单中选择 Flip (反向) 命令，然后再选择 Okay (确定) 命令，图 31.10 中的箭头方向为草绘的方向。在 ▼ SKET VIEW (草绘视图) 菜单中选择 Right (右) 命令，选取 MOLD_FRONT 基准平面为参考平面。

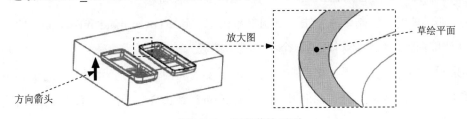

图 31.10 定义草绘平面

说明： 在选取草绘平面时，在屏幕右下方的"智能选取栏"中选择"几何"选项，便于用户进行选取。

Step6. 绘制截面草图。进入草绘环境后，选取 MOLD_FRONT 基准平面和 MOLD_RIGHT 基准平面为草绘参考；绘制图 31.11 所示的截面草图(即一条中间线段)。完成特征截面的绘制后，单击"草绘"操控板中的"确定"按钮 ✓ 。

Step7. 定义相交元件。在系统弹出的"相交元件"对话框中按下 自动添加 按钮，选中 ☑ 自动更新 复选框，然后单击 确定 按钮。

Step8. 单击"流道"信息对话框中的 预览 按钮，再单击"重画"按钮 ◻ ，预览所创建

的"流道"特征，然后单击 确定 按钮完成操作。

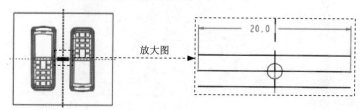

图 31.11　截面草图

Task5.　创建模具主分型曲面

下面的操作是创建第一个参考模型 phone_cover_mold_ref_01.prt 模具的主分型曲面（图 31.12）。下面介绍其操作过程。

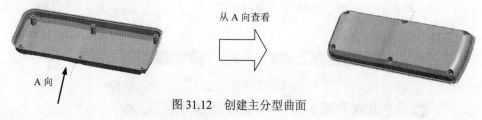

图 31.12　创建主分型曲面

Stage1.　创建第一个参考模型的分型面

Step1. 单击 模具 功能选项卡 分型面和模具体积块 ▾ 区域中的"分型面"按钮 📖，此时系统弹出"分型面"功能选项卡。

Step2. 在系统弹出的"分型面"功能选项卡中的 控制 区域单击"属性"按钮 🖼，在"属性"对话框中输入分型面名称 main_ps，然后单击 确定 按钮。

Step3. 通过曲面"复制"的方法，复制参考模型 phone_cover_mold_ref_01.prt 的外表面（为了方便选取图元，应将坯料和第二个参考模型遮蔽）。

（1）采用"种子面与边界面"的方法选取所需要的曲面。用户分别选取种子面和边界面后，系统则会自动选取从种子曲面开始向四周延伸直到边界曲面的所有曲面（其中包括种子曲面，但不包括边界曲面）。

（2）下面先选取"种子面"（Seed Surface），操作方法如下：将模型调整到图 31.13 所示的视图方向，先将鼠标指针移至模型中的目标位置，即图 31.13 中的内表面（种子面）附近，右击，然后在弹出的快捷菜单中选取 从列表中拾取 命令，选择 曲面:F1(外部合并):PHONE_COVER_MOLD_REF_01 选项，此时图 31.13 中的内表面会加亮，该面就是所要选择的"种子面"。最后，在"从列表中拾取"对话框中单击 确定(0) 按钮。

种子面

图 31.13　定义种子面

（3）选取"边界面"（boundary surface），操作方法如下：选择 **视图** 功能选项卡 模型显示 区域中的"显示样式"按钮 显示样式，按下 消隐 按钮，将模型的显示状态切换到实线线框显示方式，按住 Shift 键，选取图 31.14 所示的边界面以及所有通孔的侧表面（共计 17 个通孔），此时图中所示的边界曲面会加亮，松开 Shift 键，再按住 Ctrl 键，选取图 31.14 所示的底面（建议读者参考随书光盘中的视频录像选取）。

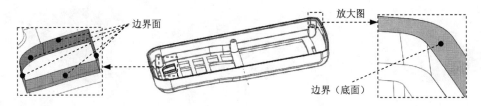

图 31.14　定义边界面

注意：对一些曲面的选取，需要把模型放大后才方便选中所需要的曲面。选取曲面时需要有耐心，应逐一选取图 31.14 所示的 17 个通孔的侧表面，在选取过程中要一直按住 Shift 键，直到选取结束。

（4）单击 **模具** 功能选项卡 操作 区域中的 复制 按钮。

（5）单击 **模具** 功能选项卡 操作 区域中的 粘贴 按钮，此时系统弹出**曲面：复制**操控板。

（6）填补复制曲面上的破孔。在操控板中单击 选项 按钮，在系统弹出的"选项"界面中选中 ⊙ 排除曲面并填充孔 单选项，在 填充孔/曲面 文本框中单击"单击此处添加项"字符，然后按住 Ctrl 键，分别选择图 31.15 所示的边线以及所有通孔的边线。

说明：选取的边线为 17 个通孔的侧边线。

（7）单击操控板中的"完成"按钮 ✓。

图 31.15　填补破孔

Stage2．参考 Stage1，创建第二个参考模型的分型面

说明：在创建创建第二个参考模型的分型面时，不需要退出分型面创建的环境。

Stage3．完善创建的主分型面

Step1. 创建图 31.16 所示的（填充）曲面。将坯料取消遮蔽；单击 **分型面** 操控板 曲面设计 区域中的"填充"按钮 ▨，此时系统弹出"填充"操控板；右击，从弹出的菜单中选择定义内部草绘... 命令；选择图 31.17 所示的模型表面为草绘平面，接受图 31.17 中默认的箭头方向为草绘视图方向，然后选取 MOLD_RIGHT 基准平面为参考平面，方向为 上 ，再单击 草绘 按钮，进入草绘环境；进入草绘环境后，选择坯料的边线为参考，用"使用边"的命令选取图 31.18 所示的边线。完成特征截面后，单击"草绘"操控板中的"确定"按钮 ✓ ；在操控板中单击"完成"按钮 ✓ ，完成曲面特征的创建。

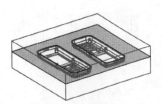

图 31.16　创建填充曲面

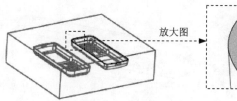

图 31.17　定义草绘平面

图 31.18　截面草图

Step2. 将复制面组 1 与刚创建的填充面组合并为合并 1。按住 Ctrl 键，选取复制面组 1 与刚创建的填充面组；单击 分型面 操控板中 编辑 ▾ 区域的 合并 按钮，此时系统弹出"合并"操控板；在操控板中单击 选项 按钮，在"选项"界面中选中 ◉ 相交 单选项；在"合并"操控板中单击 ✓ 按钮。

说明：观察合并结果时，可将参考模型遮蔽。

Step3. 将合并 1 与复制面组 2 合并为合并 2。按住 Ctrl 键，选取合并 1 与复制面组 2；单击 分型面 操控板中 编辑 ▾ 区域的 合并 按钮，此时系统弹出"合并"操控板；在操控板中单击 选项 按钮，在"选项"界面中选中 ◉ 相交 单选项；在"合并"操控板中单击 ✓ 按钮。

Step4. 在"分型面"选项卡中单击"确定"按钮 ✓ ，完成分型面的创建。

Task6.　创建滑块分型面

Stage1.　创建第一个参考模型上的滑块分型面

Step1. 遮蔽分型面、坯料和参考模型 2。

Step1. 单击 模具 功能选项卡 分型面和模具体积块 ▾ 区域中的"分型面"按钮 ▢ 。系统弹出"分型面"功能选项卡。

Step3. 在系统弹出的"分型面"功能选项卡中的 控制 区域单击"属性"按钮 ▨ ，在"属性"对话框中输入分型面名称 slide_ps，单击 确定 按钮。

Step4. 在屏幕右下方的"智能选取栏"中选择"几何"选项。

Step5. 复制曲面1。选取图31.19所示的10个曲面为复制对象；单击 **模具** 功能选项卡 操作 ▼ 区域中的 📋复制 按钮；单击 **模具** 功能选项卡 操作 ▼ 区域中的 📋粘贴 按钮；单击操控板中的"完成"按钮 ✓。

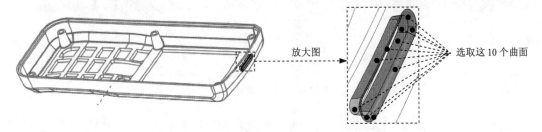

放大图 → 选取这10个曲面

图 31.19　选取曲面

Step6. 复制曲面2。选取图31.20所示的曲面为复制对象；单击 **模具** 功能选项卡 操作 ▼ 区域中的 📋复制 按钮；单击 **模具** 功能选项卡 操作 ▼ 区域中的 📋粘贴 按钮，此时系统弹出 **曲面：复制** 操控板；在操控板中单击 选项 按钮，在系统弹出的"选项"界面中选中 ◉ 排除曲面并填充孔 单选项，在 填充孔/曲面 文本框中单击"选择项"字符，然后按住 Ctrl 键，选择图31.20所示的曲面以及通孔的边线；单击操控板中的"完成"按钮 ✓。

说明：复制曲面与填补复制曲面为同一个曲面。

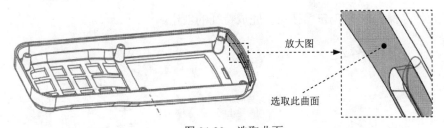

放大图 → 选取此曲面

图 31.20　选取曲面

Step7. 将复制3与复制4合并为合并3，合并结果如图31.21所示。按住 Ctrl 键，选取复制3与复制4；单击 **分型面** 操控板中 编辑 ▼ 区域的 🔲合并 按钮，此时系统弹出"合并"操控板；在操控板中单击 选项 按钮，在"选项"界面中选中 ◉ 相交 单选项；合并方向如图31.22所示，确认无误后，在"合并"操控板中单击 ✓ 按钮。

方向箭头

图 31.21　合并后　　　　　　　　图 31.22　合并方向

Step8. 将复制后的表面延伸至坯料的表面。选取图31.23所示的边线为延伸对象；单击**分型面**功能选项卡 编辑▼ 区域中的 □延伸 按钮，此时系统弹出"延伸"操控板；将坯料取消遮蔽；在操控板中按下按钮 □ （延伸类型为至平面），选取图 31.24 所示坯料的表面为延伸的终止面，预览延伸后的面组；确认无误后，在"延伸"操控板中单击 ✓ 按钮。

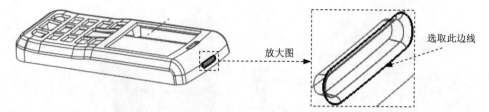

放大图

选取此边线

图 31.23　选取延伸边线

Step9. 创建拉伸曲面，如图 31.25 所示。单击**分型面**功能选项卡 形状▼ 区域中的 🔲拉伸 按钮，此时系统弹出"拉伸"操控板；右击，从弹出的菜单中选择 定义内部草绘... 命令；在系统 ➡选择一个平面或曲面以定义草绘平面. 的提示下，选取图 31.26 所示的坯料表面 1 为草绘平面，接受图 31.26 中默认的箭头方向为草绘视图方向，然后选取图 31.26 所示的坯料表面 2 为参考平面，方向为 右 ，然后单击 草绘 按钮；选取 MOLD_FRONT 基准平面和模型的下表面为草绘参考；绘制图 31.27 所示的截面草图；完成截面的绘制后，单击"草绘"操控板中的"确定"按钮 ✓ ；在操控板中选取深度类型 ⇟ ，再在深度文本框中输入深度值 15.0，并按回车键，然后单击 ⤪ 按钮，在操控板中单击 选项 按钮，在"选项"界面中选中 ☑封闭端 复选框；在"拉伸"操控板中单击 ✓ 按钮，完成特征的创建。

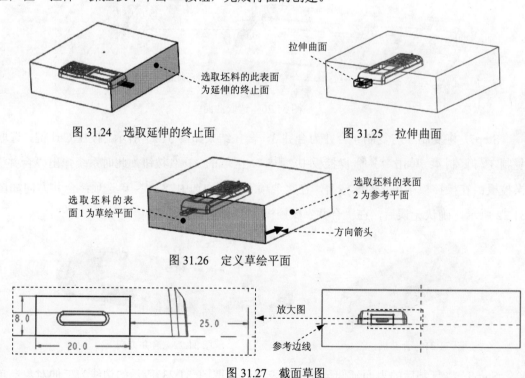

选取坯料的此表面
为延伸的终止面

图 31.24　选取延伸的终止面

拉伸曲面

图 31.25　拉伸曲面

选取坯料的表
面1为草绘平面

选取坯料的表面
2为参考平面

方向箭头

图 31.26　定义草绘平面

8.0

20.0

25.0

放大图

参考边线

图 31.27　截面草图

Step10. 将延伸 1 与拉伸 1 合并为合并 4，合并结果如图 31.28 所示。按住 Ctrl 键，选取延伸 1 与拉伸 1；单击 **分型面** 操控板中 `编辑 ▼` 区域的 `合并` 按钮，此时系统弹出"合并"操控板；在操控板中单击 `选项` 按钮，在"选项"界面中选中 ⊙ `相交` 单选项；合并方向如图 31.29 所示，确认无误后，在"合并"操控板中单击 ✔ 按钮。

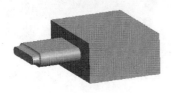

图 31.28　合并后

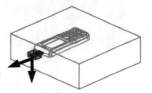

图 31.29　合并方向

Stage2. 创建第二个参考模型上的滑块分型面

具体操作步骤参见 Stage1，创建的结果如图 31.30 所示。在"分型面"选项卡中单击"确定"按钮 ✔，完成分型面的创建。

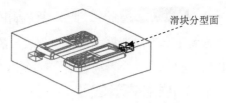

滑块分型面

图 31.30　滑块分型面

Task7. 构建模具元件的体积块

Stage1. 创建上下模具体积块

Step1. 将主分型面和参考模型显示出来。

Step2. 选择 `模具` 功能选项卡 `分型面和模具体积块 ▼` 区域中的 `模具体积块 ▼` ➡ `体积块分割` 命令（即用"分割"的方法构建体积块）。

Step3. 在系统弹出的 `▼ SPLIT VOLUME (分割体积块)` 菜单中，依次选择 `Two Volumes (两个体积块)` ➡ `All Wrkpcs (所有工件)` ➡ `Done (完成)` 命令，此时系统弹出"分割"对话框和"选择"对话框。

Step4. 选取分型面。此时在系统 `⇨ 为分割工件选择分型面.` 的提示下，选取分型面 MAIN_PS，然后单击"选择"对话框中的 `确定` 按钮。

Step5. 单击"分割"对话框中的 `确定` 按钮。

Step6. 系统弹出"属性"对话框，同时模型中的体积块的下半部分变亮；在该对话框中单击 `着色` 按钮，着色后的体积块如图 31.31 所示，然后在对话框中输入名称 lower_vol，并单击 `确定` 按钮。

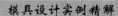

Step7. 系统弹出"属性"对话框,同时模型中的体积块的上半部分变亮,在该对话框中单击 着色 按钮,着色后的体积块如图31.32所示。然后在对话框中输入名称 upper_vol,单击 确定 按钮。

图31.31 着色后的下半部分体积块

图31.32 着色后的上半部分体积块

Stage2. 创建第一个参考模型上的滑块

Step1. 选择命令。选择 模具 功能选项卡 分型面和模具体积块 ▼ 区域中的 模具体积块 ▼ ➡ 体积块分割 命令(即用"分割"的方法构建体积块)。

Step2. 选择下拉菜单 ▼ SPLIT VOLUME (分割体积块) ➡ One Volume (一个体积块) ➡ Mold Volume (模具体积块) ➡ Done (完成) 命令,此时系统弹出"搜索工具"对话框。

Step3. 在系统弹出的"搜索工具"对话框中,单击列表中的 面组:F29(UPPER VOL) 体积块,然后单击 > > 按钮,将其加入到 已选择 0 个项: 列表中,再单击 关闭 按钮。

Step4. 选取分型面。选取面组 面组:F15(SLIDE_PS) (用"列表选取"),然后单击"选择"对话框中的 确定 按钮,此时系统弹出 ▼ 岛列表 菜单。

Step5. 在"岛列表"菜单中选中 ☑ 岛2 复选框,然后选择 Done Sel (完成选择) 命令。

Step6. 单击"分割"对话框中的 确定 按钮。

Step7. 系统弹出"属性"对话框,同时模型中的体积块的滑块变亮,在该对话框中单击 着色 按钮,然后在对话框中输入名称 SLIDE_VOL_1,再单击 确定 按钮。

Stage3. 创建第二个参考模型上的滑块

Step1. 选择命令。选择 模具 功能选项卡 分型面和模具体积块 ▼ 区域中的 模具体积块 ▼ ➡ 体积块分割 命令(即用"分割"的方法构建体积块)。

Step2. 选择下拉菜单 ▼ SPLIT VOLUME (分割体积块) ➡ One Volume (一个体积块) ➡ Mold Volume (模具体积块) ➡ Done (完成) 命令,此时系统弹出"搜索工具"对话框。

Step3. 在系统弹出的"搜索工具"对话框中,单击列表中的 面组:F29(UPPER VOL) 体积块,然后单击 > > 按钮,将其加入到 已选择 0 个项: 列表中,再单击 关闭 按钮。

Step4. 选取分型面。选取面组 面组:F21 (用"列表选取"),然后单击"选择"对话框中的 确定 按钮,系统弹出 ▼ 岛列表 菜单。

Step5. 在"岛列表"菜单中选中 ☑ 岛2 复选框,选择 Done Sel (完成选择) 命令。

Step6. 单击"分割"对话框中的 确定 按钮。

Step7. 系统弹出"属性"对话框，同时模型中的体积块的滑块变亮，在该对话框中单击 着色 按钮，然后在对话框中输入名称 SLIDE_VOL_2，单击 确定 按钮。

Task8. 抽取模具元件及生成浇注件

将浇注件的名称命名为 molding。

Task9. 定义开模动作

Step1. 将参考零件、坯料和分型面在模型中遮蔽起来，然后将模型的显示状态切换到实体显示方式。

Step2. 开模步骤 1：移动滑块。移动滑块 1，选取图 31.33 所示的边线为移动方向，输入要移动的距离值-100。移动滑块 2，输入要移动的距离值 100。移出后的状态如图 31.34 所示。

图 31.33 移动方向   图 31.34 移动滑块 2

Step3. 开模步骤 2：移动上模。选取图 31.35 所示的边线为移动方向，然后输入要移动的距离值 100。移出后的状态如图 31.36 所示。

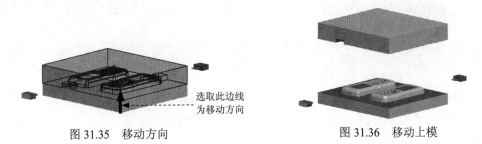

图 31.35 移动方向   图 31.36 移动上模

Step4. 开模步骤 3：移动浇注件。选取图 31.37 所示的边线为移动方向，然后输入要移动的距离值 50。移出后的状态如图 31.38 所示。

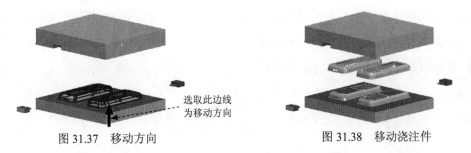

图 31.37 移动方向   图 31.38 移动浇注件

Step5. 保存设计结果。单击 **模具** 功能选项卡中 操作 ▼ 区域的 重新生成 ▼ 按钮，在系统弹出的下拉菜单中单击 重新生成 按钮，选择下拉菜单 文件 ▼ ➡ 保存(S) 命令。

31.3 EMX 模架设计

继续以前面的模型为例，介绍图 31.39 所示的标准模架的一般操作过程。

Task1. 新建模架项目

Step1. 在 **EMX** 功能选项卡 项目 区域中选择 选项，系统弹出"项目"对话框；在对话框中进行图 31.40 所示的设置；单击 按钮，系统进入装配环境。

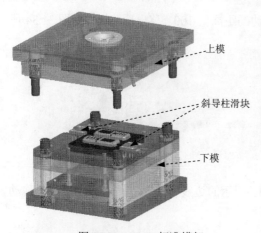

上模

斜导柱滑块

下模

图 31.39 EMX 标准模架

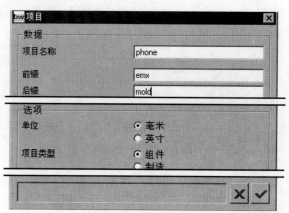

图 31.40 "项目"对话框

Step2. 添加元件。单击 **模型** 功能选项卡 元件 ▼ 区域中的 组装 按钮，在系统弹出的菜单中单击 组装 选项；在系统弹出的"打开"对话框中按照 D:\creo3.6\work\ch31\phone_cover_mold_ok 路径找到并选择 phone_cover_mold.asm 装配体，单击 打开 按钮，此时系统弹出"元件放置"操控板；在该操控板中单击 放置 按钮，在"放置"界面的 约束类型 下拉列表中选择 默认 选项，将元件按默认设置进行放置，此时 状态 区域显示的信息为 完全约束 ；在"元件放置"操控板中单击 按钮，完成装配件的放置。

Step3. 元件分类。单击 **EMX 常规** 功能选项卡 项目 ▼ 控制区域中的 分类 按钮，此时系统弹出"分类"对话框；在对话框中双击图 31.41 所示的设置；在下拉列表中选择 插入定模 选项，然后单击 按钮。

Step4. 编辑装配位置。单击 **EMX 常规** 功能选项卡 视图 控制区域中的 显示 ▼ 按钮，在弹出的快捷菜单中选择 动模 ；在模型树中右击装配体 ▶ PHONE_COVER_MOLD.ASM ，在弹出的快

捷菜单中选择 编辑定义 命令；在弹出的"元件放置"操控板中单击 放置 按钮，选择 默认 约束并右击，在弹出的快捷菜单中选择 删除 命令，在"放置"界面的"约束类型"下拉列表中选择 重合 ，选取图 31.42 所示的平面为元件参考，并选取装配体的 MOLDBASE_X_Y 基准平面为组件参考；单击 新建约束 字符，在"约束类型"下拉列表中选择 重合 ，选取参考件的 MOLD_RIGHT 基准平面为元件参考；选取装配体的 MOLDBASE_X_Z 基准平面为组件参考，单击 新建约束 字符；在"约束类型"下拉列表中选择 重合 ，选取参考件的 MOLD_FRONT 基准平面为元件参考，并选取装配体的 MOLDBASE_Y_Z 基准平面为组件参考。至此，约束定义完成。在操控板中单击 按钮，完成装配体的编辑；单击 EMX 常规 功能选项卡 视图 控制区域中的 显示 按钮，在弹出的快捷菜单中选择 主视图 。

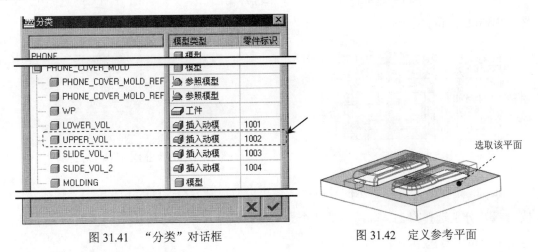

图 31.41 "分类"对话框   图 31.42 定义参考平面

Task2. 添加标准模架

Stage1. 定义标准模架

Step1. 选择命令。单击 EMX 常规 功能选项卡 模架 控制区域中的"装配定义"按钮 ，系统弹出"模架定义"对话框。

Step2. 定义模架系列。在对话框中左下角单击"从文件载入装配定义"按钮 ，系统弹出"载入 EMX 装配"对话框；在对话框的 保存的组件 的列表框中选择 emx_tutorial_komplett 选项；在 选项 区域中取消选中 保留尺寸和模型数据 复选框；单击"载入 EMX 组件"对话框右下角的"从文件载入装配定义"按钮 ；单击 按钮。

Step3. 更改模架尺寸。在"模架定义"对话框右上角的 尺寸 下拉列表中选择 296x346 ，此时系统弹出图 31.43 所示的"EMX 问题"对话框，然后单击 按钮。系统经过计算后，标准模架会加载到绘图区中，如图 31.44 所示。

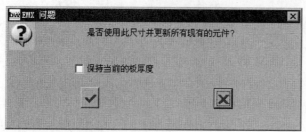

图 31.43 "EMX 问题"对话框

图 31.44 标准模架

Stage2. 删除多余元件

Step1. 删除支撑衬套。在"模架定义"对话框的下方单击"删除元件"按钮▣，选择图 31.45 所示的支撑衬套为删除对象，此时系统弹出图 31.46 所示的"EMX 问题"对话框，然后单击✔按钮。

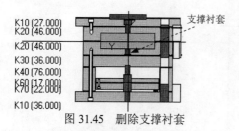

图 31.45 删除支撑衬套

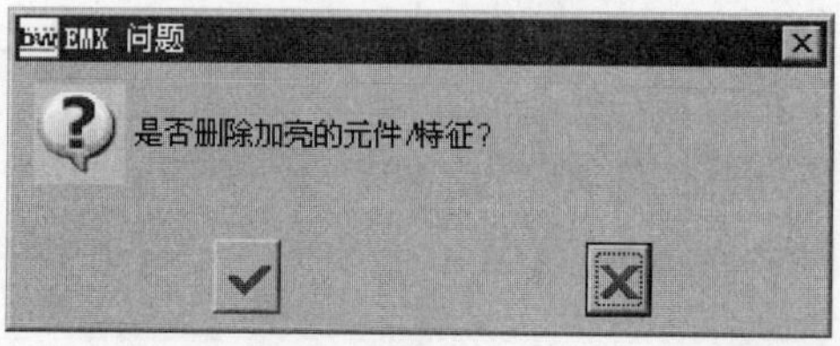

图 31.46 "EMX 问题"对话框

Step2. 删除图 31.47b 所示的导向件。在"模架定义"对话框的下方单击"删除元件"按钮▣，分别选择图 31.47a 所示的两个导向件为删除对象，此时系统弹出"EMX 问题"对话框，单击✔按钮。

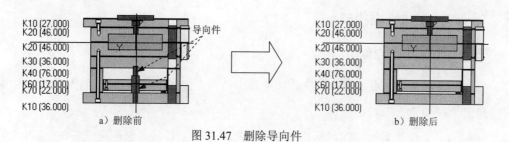

a）删除前

b）删除后

图 31.47 删除导向件

Stage3. 定义模板厚度

Step1. 定义定模板厚度。在"模架定义"对话框中右击图 31.48 所示的定模板，此时系统弹出图 31.49 所示的"板"对话框，在对话框中双击 厚度 (T) 后的下拉列表，选择厚度值 36.000，然后单击✔按钮。

Step2. 定义动模板厚度。使用同样的操作方法右击图 31.48 所示的动模板，在"板"对话框中双击 厚度 (T) 后的下拉列表，选择厚度值 22.000，然后单击✔按钮。

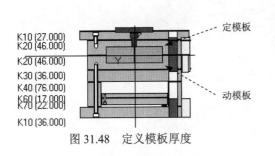

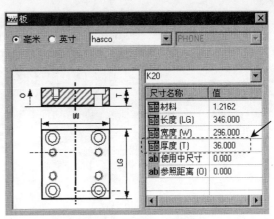

图 31.48　定义模板厚度

图 31.49　"板"对话框

Task3. 添加浇注系统

Step1. 定义主流道衬套。在"模架定义"对话框中右击图 31.50 所示的主流道衬套，此时系统弹出图 31.51 所示的"主流道衬套"对话框。定义衬套型号为 <kbd>Z511r</kbd>；在 <kbd>ab OFFSET-偏移</kbd> 文本框中输入值 0，然后单击 <kbd>✔</kbd> 按钮。

Step2. 定义定位环。在"模架定义"对话框中右击图 31.50 所示的定位环，此时系统弹出"定位环"对话框。定义定位环型号为 <kbd>K100</kbd>；在 <kbd>HG1-高度</kbd> 下拉列表中选择 11；在 <kbd>DM1-直径</kbd> 下拉列表中选择 100；在 <kbd>ab OFFSET-偏移</kbd> 文本框中输入值 0，然后单击 <kbd>✔</kbd> 按钮。

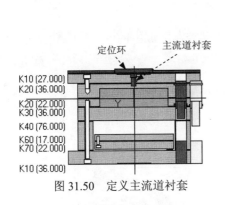

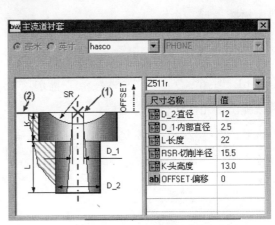

图 31.50　定义主流道衬套

图 31.51　"主流道衬套"对话框

Task4. 定义模具型腔

Step1. 在"模架定义"对话框的下方单击"打开型腔对话框"按钮 <kbd>▦</kbd>，系统弹出图 31.52 所示的"型腔"对话框。

Step2. 在"型腔"对话框中进行图 31.52 所示的设置，然后单击 <kbd>✔</kbd> 按钮。

Step3. 单击"模架定义"对话框中的 <kbd>✔</kbd> 按钮，完成标准模架的添加。

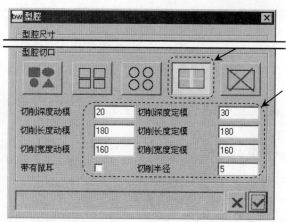

图 31.52　"型腔"对话框

Step4. 定义模具型腔。在模型树中右击 ▶ █ PHONE_COVER_MOLD.ASM，在弹出的快捷菜单中选择 打开 命令；在模型树中选择上模零件 █ UPPER_VOL.PRT 并右击，在弹出的快捷菜单中选择 激活 命令。单击 **模具** 功能选项卡 设计特征 区域中的按钮 ⊃倒圆角▼，此时系统弹出"倒圆角"操控板，选择图 31.53 所示的四条边线为倒圆角对象，圆角半径值为 5；在模型树中选择下模零件 █ LOWER_VOL.PRT 并右击，在弹出的快捷菜单中选择 激活 命令。单击 **模具** 功能选项卡 设计特征 区域中的按钮 ⊃倒圆角▼，此时系统弹出"倒圆角"操控板，选择图 31.54 所示的四条边线为倒圆角对象，圆角半径值为 5；选择下拉菜单 文件▼ ➡ █ 关闭(C) 命令。

Task5. 添加标准元件

Step1. 选择命令。单击 **EMX 工具** 功能选项卡 元件▼ 控制区域中的 █ 元件状态 按钮，此时系统弹出"元件状态"对话框。

说明：选择命令后若系统弹出"EMX 警告"对话框，则直接单击 ✔ 按钮，然后重新选择命令即可。

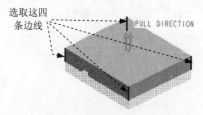

图 31.53　定义倒圆角对象

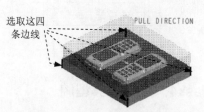

图 31.54　定义倒圆角对象

Step2. 定义元件选项。在图 31.55 所示的对话框中单击"全选"按钮 █；单击 ✔ 按钮，完成后的结果如图 31.56 所示。

图 31.55　"元件状态"对话框

图 31.56　添加标准元件

Task6. 定义模板

添加后的模板并不完全符合模具设计要求，因此需要对模具元件和模板进行重新定义。

Step1. 单击 **模型** 功能选项卡 切口和曲面 ▼ 区域中的 拉伸 按钮，此时系统弹出"拉伸"操控板。

Step2. 定义草绘截面放置属性。选取图 31.57 所示的表面为草绘平面，然后选取图 31.57 所示的表面为参考平面，方向为 上 。单击 草绘 按钮，进入草绘环境。

Step3. 绘制截面草图。绘制图 31.58 所示的截面草图（一个圆），完成截面的绘制后，单击"草绘"操控板中的"确定"按钮 ✔ 。

Step4. 设置深度选项。在操控板中选取深度类型 ⋕ （直到最后）。单击操控板中的 相交 按钮，在"相交"界面中取消选中 ☐ 自动更新 复选框，并移除所有相交的模型，然后选择图 31.59 所示的定模座板为去除材料对象；在"拉伸"操控板中单击 ✔ 按钮，完成特征的创建。

图 31.57　定义草绘平面

图 31.58　截面草图

图 31.59　定义去除材料对象

Task7. 添加斜导柱滑块

Step1. 在模型树中右击 ▶ PHONE_COVER_MOLD.ASM，在弹出的快捷菜单中选择 打开 命令，将模型显示状态调整到无隐藏线显示。

说明：若此时没有切换到 ▶ 🗔 PHONE_COVER_MOLD.ASM 装配环境，可单击 模型 功能选项卡中 操作 ▼ 区域的 重新生 成 ▼ 按钮，在系统弹出的下拉菜单中单击 🔁 重新生成 按钮，选择下拉菜单 文件 ▼ ➡ 💾 保存(S) 命令，然后重新打开装配文件即可执行 Step1 步骤的操作。

Step2. 创建参考点 APNT0（图 31.61）。单击 模型 功能选项卡 基准 ▼ 区域中的"创建基准点"按钮 ×× 点 ▼，系统弹出"基准点"对话框；在模型中选择图 31.60 所示的模型边线 1，然后在"基准点"对话框 偏移 后的文本框中输入值 0.5，在类型下拉列表中选择 比率 选项，单击 确定 按钮。

Step3. 创建参考点 APNT1（图 31.61）。单击 模型 功能选项卡 基准 ▼ 区域中的"创建基准点"按钮 ×× 点 ▼，系统弹出"基准点"对话框；在模型中选择图 31.60 所示的模型边线 2，然后在"基准点"对话框 偏移 后的文本框中输入值 0.5；在类型下拉列表中选择 比率 选项，单击 确定 按钮。

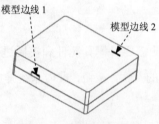

图 31.60　基准点参考

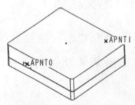

图 31.61　基准点

Step4. 创建基准面。选择图 31.62 所示的模型表面为平行参考平面，选择 APNT0 为穿透点，创建基准面 5；选择图 31.62 所示的模型表面为平行参考平面，并选择 APNT1 为穿透点，创建基准面 6，然后单击 确定 按钮完成基准面的创建，如图 31.63 所示。

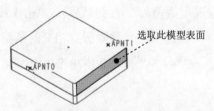

图 31.62　定义基准面参考

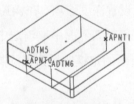

图 31.63　基准面

Step5. 创建基准坐标系 ACS0。

（1）单击 模型 功能选项卡 基准 ▼ 区域中的 � 按钮，系统弹出"坐标系"对话框。

（2）定义坐标系参考平面。选择图 31.64 所示的表面 1、图 31.63 所示的 ADTM5 和图 31.64 所示的表面 2 为坐标系的参考平面。

说明：在选择参考平面时，顺序不能有错。

（3）定义坐标系参考方向。将鼠标移动到图 31.65 所示的 Y 轴上并右击，在弹出的快捷菜单中选择 反向Y 命令，单击 确定 按钮。

说明：反向 Y 轴是为了使 Z 轴指向开模方向，若读者创建的坐标系 Z 轴已指向开模方向就不需再调整 Y 轴。

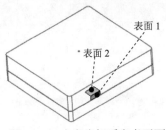

图 31.64 定义坐标系参考平面

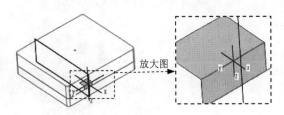

图 31.65 定义坐标系方向

Step6. 同理，创建如图 31.66 所示的基准坐标系 ACS1，选取参考平面顺序为图 31.67 所示的表面 1、图 31.66 所示的 ADTM6 和图 31.67 所示的表面 2。

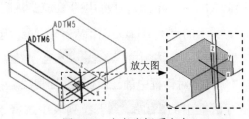

图 31.66 定义坐标系方向

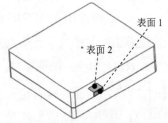

图 31.67 定义坐标系参考平面

Step7. 关闭窗口。选择下拉菜单 文件 ▼ ➡ 关闭(C) 命令。

Step8. 定义斜导柱滑块 1。将模型显示状态切换到着色显示，取消基准面、基准轴和基准点的显示，显示基准坐标系；单击 EMX 常规 功能选项卡 视图 控制区域中的 显示 按钮，在弹出的快捷菜单中选择 动模；单击 EMX 常规 功能选项卡 功能单位 ▼ 控制区域中的 滑块 ▼ 按钮后面的小三角按钮 ▼，在弹出的快捷菜单中选择 定义 按钮，此时系统弹出图 31.68 所示的"滑块"对话框；单击对话框中的 [1] 坐标系 按钮，系统弹出"选择"对话框，选择 Step5 创建的坐标系 ACS0；采用系统默认的滑块参数，单击"完成"按钮 ✓，结果如图 31.69 所示。

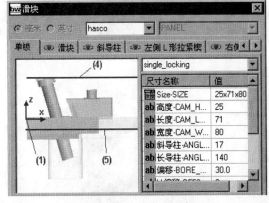

图 31.68 "滑块"对话框

图 31.69 定义斜导柱滑块 1

Step9. 参考 Step8 创建斜导柱滑块 2。选择 Step6 创建的坐标系 ACS1 为参考，完成后的结果如图 31.70 所示。

图 31.70　定义斜导柱滑块 2

Step10. 装配螺钉（此时要显示基准点）。单击 **EMX 工具** 功能选项卡 螺钉 控制区域中的 定义 按钮，系统弹出图 31.71 所示的"螺钉"对话框；单击对话框中的 (1)点轴 按钮，系统弹出"选择"对话框，选择图 31.72 所示的点"AUTOSCREW2"为螺钉定位点，在"选择"对话框中单击 确定 按钮，单击"螺钉"对话框中的 (2) 曲面 按钮，选择图 31.72 所示的面为螺钉定位面，单击"螺钉"对话框中的 (3) 螺纹曲面 按钮，再选择图 31.72 所示的面为螺纹曲面；在对话框中的 DN-直径 下拉列表中选择 4，在 LG-长度 下拉列表中选择 12；在对话框中选中 ☑沉孔 复选框，取消选中 ☐盲孔 复选框；单击"完成"按钮☑；使用同样的方法创建其余的 3 个螺钉和斜导柱滑块 2 上的四个螺钉，结果如图 31.73 所示。

说明：螺钉定位面与螺纹曲面选取同一个平面。

图 31.71　"螺钉"对话框

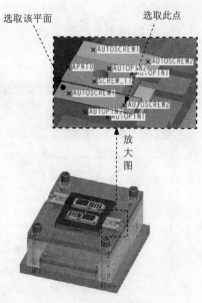

图 31.72　定义螺钉位置

放大图　　　放大图

图 31.73　添加其余 4 个螺钉

Step11. 装配定位销。单击 EMX 工具 功能选项卡 定位销 控制区域中的 定义 按钮，系统弹出图 31.74 所示的"定位销"对话框；单击对话框中的 (1)点轴 按钮，系统弹出"选择"对话框，选择图 31.75 所示的点"AUTOPIN2"为定位销的定位点，在"选择"对话框中单击 确定 按钮；单击"定位销"对话框中的 (2)曲面 按钮，选择图 31.75 所示的面为定位销的定位面；在"定位销"对话框的 DM1·直径 下拉列表中选择 4，在 L·长度 下拉列表中选择 14。在 OFFSET·偏移 后的文本框中输入值 7，然后单击"完成"按钮 ；使用同样的方法创建对面和另一斜导柱滑块上的 6 个定位销，结果如图 31.76 所示。

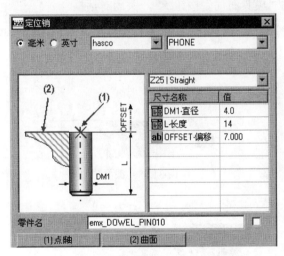

图 31.74　"定位销"对话框

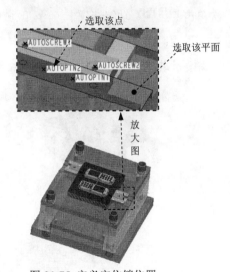

图 31.75　定义定位销位置

放大图　　　放大图

图 31.76　添加其余 6 个定位销

Step12. 编辑斜导柱滑块 1。在模型树中选择装配体 ▶ 🔲 PHONE_COVER_MOLD.ASM 节点下的 🔲 SLIDE VOL 1.PRT 并右击，在弹出的快捷菜单中选择 打开 命令；单击 模型 功能选项卡 形状 ▼ 区域中的 🔲 拉伸 按钮，此时系统弹出"拉伸"操控板；右击，从弹出的菜单中选择 定义内部草绘... 命令；在系统 选择一个平面或曲面以定义草绘平面. 的提示下，选取图 31.77 所示的表面为草绘平面，然后选取图 31.77 所示的表面为参考平面，方向为 右 ，然后单击 草绘 按钮，系统进入截面草绘环境绘制图 31.78 所示的截面草图，完成截面的绘制后，单击"草绘"操控板中的"确定"按钮 ✓ ；在操控板中选取深度类型 ╧ （到选定的），选取草绘平面的背面为拉伸终止面；在"拉伸"操控板中单击 ✓ 按钮，完成特征的创建；选择下拉菜单 文件 ▼ ➡ 🔲 关闭(C) 命令；单击 应用程序 功能选项卡 工程 区域中的"模具布局"按钮 🗐 ，此时系统弹出"模具型腔"菜单，在下拉菜单中选择 Cavity Pocket (型腔腔槽) ➡ Pocket CutOut (腔槽开孔) 命令，系统弹出"选择"对话框，根据系统 ➡ 选择要对其执行切出处理的零件. 的提示，选取图 31.79 所示的斜导柱滑块，单击 确定 按钮；再根据系统 ➡ 为切出处理选择参考零件. 的提示，选取图 31.79 所示的型腔上的滑块，单击 确定 按钮，在系统弹出的"选项"菜单中，选择 Done (完成) ➡ Done/Return (完成/返回) 命令；再次单击 应用程序 功能选项卡 工程 区域中的"模具布局"按钮 🗐 ，关闭对话框。

说明：因为添加的斜导柱滑块与前面创建的模具型腔上的滑块没有连接机构，所以此处需要对其进行编辑，创建出连接机构。

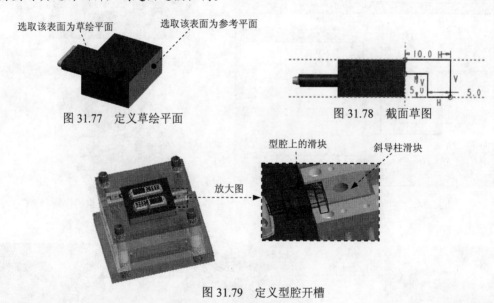

图 31.77　定义草绘平面　　　　　　图 31.78　截面草图

图 31.79　定义型腔开槽

Step13. 参考 Step12，编辑斜导柱滑块 2。

Task8. 添加顶杆

Step1. 创建顶杆参考点。单击 模型 功能选项卡 基准 ▼ 区域中的"草绘"按钮 ◡，系统弹出"草绘"对话框；选择图 31.80 所示的表面为草绘平面，选择图 31.80 所示的工件侧面为参考平面，方向为 右 ；选取图 31.81 所示的 12 个圆为草绘参考，草图为与圆心重合的 12 个点。完成截面的绘制后，单击"草绘"操控板中的"确定"按钮 ✓ 。

图 31.80　定义草绘平面

Step2. 创建顶杆修剪面。在屏幕右下角的"智能选择栏"中选择"几何"选项。按住 Ctrl 键，选取图 31.80 所示的表面（12 个圆柱的端面），单击 模型 功能选项卡 操作 ▼ 区域中的"复制"按钮 📋 。单击"粘贴"按钮 📋▼ 。在"曲面：复制"操控板中单击 ✓ 按钮；单击 EMX 常规 功能选项卡 工具 ▼ 控制区域中的 EMX 工具 ▼ 按钮后面的 ▼ ，在下拉菜单中选择 识别修剪面 按钮，系统弹出"顶杆修剪面"对话框。单击对话框中的 ➕ ，系统弹出"选择"对话框，选取步骤（1）复制的曲面为顶杆修剪面，在"选择"对话框中单击 确定 按钮，然后单击"完成"按钮 ✓ 。

Step3. 定义顶杆。单击 EMX 工具 功能选项卡 顶杆 控制区域中的 定义 按钮，系统弹出"顶杆"对话框；在对话框中的 DM1-直径 下拉列表中选择 2.0，取消选中 □ 自动长度 复选框，在 LG1-长度 下拉列表中选择 125，在对话框中选中 ☑ 按面组/参照模型修剪 复选框；单击对话框中的 (1) 点 按钮，系统弹出"选择"对话框，选取 Step2 创建的任意一点，单击"完成"按钮 ✓ ，关闭对话框；单击 EMX 常规 功能选项卡 视图 控制区域中的 ▼ 按钮，在弹出的快捷菜单中选择 动模 。

Step4. 创建潜伏式浇口。单击 模型 功能选项卡 切口和曲面 ▼ 区域中的 旋转 按钮，此时系统弹出"旋转"操控板；选取 MOLD_RIGHT 基准平面为草绘平面，然后选取图 31.82 所示的表面为参考平面，方向为 右 ；绘制图 31.83 所示的截面草图，完成截面的绘制后，单击"草绘"操控板中的"确定"按钮 ✓ ；在"旋转"操控板中单击 ✓ 按钮，完成特征的创建。

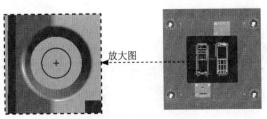

图 31.81　草绘参考

图 31.82　定义草图参考

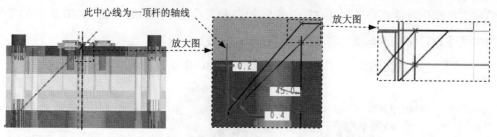

图 31.83　截面草图

Step5. 镜像浇口。在模型中选择 MOLD_FRONT 基准平面为镜像平面，镜像后的结果如图 31.84 所示。

图 31.84　镜像浇口

Step6. 编辑顶杆 1。在模型树中选择 ▶ □ EMX_EJECTOR_PIN01O-1743.PRT 并右击，从弹出的快捷菜单中选择激活命令，激活顶杆，如图 31.85 所示（此顶杆与 Step3 中创建的浇口相干涉）；单击 模型 功能选项卡 形状 ▼ 区域中的 旋转 按钮，此时系统弹出"旋转"操控板；选取 MOLD_RIGHT 基准平面为草绘平面，然后选取图 31.86 所示的表面为参考平面，方向为 右 ，绘制图 31.87 所示的截面草图；完成截面的绘制后，单击"草绘"操控板中的"确定"按钮 ✔ ；在操控板中单击 ◻ 按钮，然后单击 ✔ 按钮，完成特征的创建。

图 31.85　激活顶杆 1

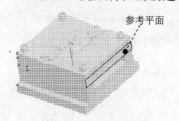

图 31.86　选取移动方向

Step7. 编辑顶杆 2。参考 Step5 编辑与 Step4 中创建的浇口相干涉的顶杆 2，编辑后的顶杆如图 31.88 所示，然后将总装配文件激活。

Task9.　添加复位杆

说明：创建复位杆与创建顶杆使用的命令相同。

Step1. 创建复位杆参考点。单击 模型 功能选项卡 基准 ▼ 区域中的"草绘"按钮 〜 ，系统弹出"草绘"对话框；选择图 31.89 所示的表面为草绘平面，选择图 31.89 所示的工件侧面为参考平面，方向为 右 ，然后单击 草绘 按钮，至此系统进入截面草绘环境；绘制图 31.90 所示的截面草图（四个点），完成截面的绘制后，单击"草绘"操控板中的"确定"按钮 ✓ 。

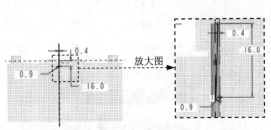

图 31.87 截面草图

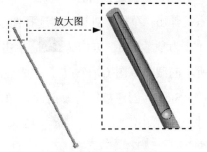

图 31.88 编辑后的顶杆

图 31.89 定义草绘平面

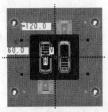

图 31.90 截面草图

Step2 创建复位杆修剪面。在屏幕右下角的"智能选择栏"中选择"几何"选项。选取图 31.89 所示的草绘平面，然后单击 模型 功能选项卡 操作 ▼ 区域中的"复制"按钮 。单击"粘贴"按钮 。在"曲面：复制"操控板中单击 ✓ 按钮；单击 EMX 常规 功能选项卡 工具 ▼ 控制区域中的 EMX 工具 ▼ 按钮后面的 ▼，在下拉菜单中选择 识别修剪面 按钮，系统弹出"顶杆修剪面"对话框；单击对话框中的 ，系统弹出"选择"对话框，选取之前复制的曲面为复位杆修剪面；在"选择"对话框中单击 确定 按钮，然后单击"完成"按钮 ✓ 。

Step3. 定义复位杆。单击 EMX 工具 功能选项卡 顶杆 控制区域中的 定义 按钮，系统弹出"顶杆"对话框；在对话框中的 DM1·直径 下拉列表中选择 12.0，取消选中 □ 自动长度 复选框，在 LG1长度 下拉列表中选择 125，在对话框中选中 ☑ 按面组/参照模型修剪 复选框；单击对话框中的 (1) 点 按钮，系统弹出"选择"对话框，选择 Step1 创建的任意一点，然后单击"完成"按钮 ✓ ，结果如图 31.91 所示；单击 EMX 常规 功能选项卡 视图 控制区域中的 显示 ▼ 按钮，在弹出的快捷菜单中选择 动模 。

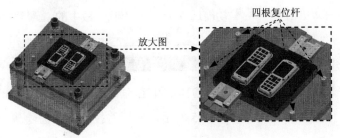

图 31.91 定义复位杆

Task10. 添加拉料杆

说明：创建拉料杆与创建顶杆使用的命令相同。

Step1. 创建拉料杆参考点。单击 模型 功能选项卡 基准▼ 区域中的"草绘"按钮，系统弹出"草绘"对话框；选择图 31.92 所示的表面 1 为草绘平面，选择图 31.92 所示的表面 2 为参考平面，方向为 右。单击 草绘 按钮，至此系统进入截面草绘环境；绘制图 31.93 所示的截面草图（一个点），完成截面的绘制后，单击"草绘"操控板中的"确定"按钮 ✓。

Step2. 创建拉料杆修剪面。单击 模型 功能选项卡 切口和曲面▼ 区域中的 拉伸 按钮，此时系统弹出"拉伸"操控板。从弹出的菜单中选择 定义内部草绘... 命令，在系统 选择一个平面或曲面以定义草绘平面. 的提示下，选取图 31.92 所示的表面 2 为草绘平面，选取图 31.92 所示的表面 1 为参考平面，单击 草绘 按钮，绘制图 31.94 所示的截面草图（一条直线）。在操控板中选取深度类型 ⊥（到选定的），选取草绘平面的背面为拉伸终止面；单击 EMX 常规 功能选项卡 工具▼ 控制区域中的 EMX 工具▼ 按钮后面的▼，在下拉菜单中选择 识别修剪面 按钮，系统弹出"顶杆修剪面"对话框，单击对话框中的 + 按钮，系统弹出"选择"对话框，选取之前拉伸的曲面为拉料杆修剪面，单击"选择"对话框中的 确定 按钮，然后单击"完成"按钮 ✓。

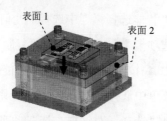

图 31.92　定义草绘平面

图 31.93　截面草图

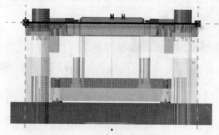

图 31.94　截面草图

Step3. 定义拉料杆。单击 EMX 工具 功能选项卡 顶杆 控制区域中的 定义 按钮，系统弹出"顶杆"对话框；单击"顶杆"对话框中的 [1]点 按钮，系统弹出"选择"对话框，选择 Step1 创建的点；在对话框中的 DM1·直径 下拉列表中选择 5.0，取消选中 □自动长度 复选框，在 LG1·长度 下拉列表中选择 160，在对话框中选中 ☑按面组/参照模型修剪 复选框，单击"完成"按钮 ✓，结果如图 31.95 所示，然后将拉伸的曲面隐藏。

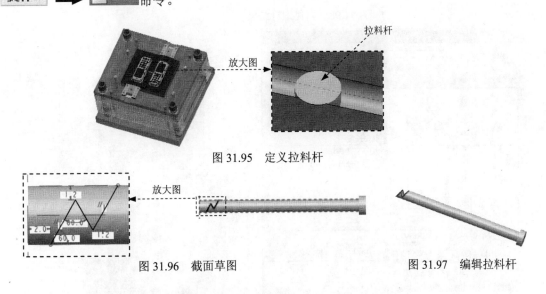

Step4. 编辑拉料杆。在模型树中选中 Step2 创建的拉料杆 ▶ □ EMX_EJECTOR_PIN013.PRT 并右击，在弹出的快捷菜单中选择 打开 命令，系统转到零件模式下；单击 模型 功能选项卡 形状 ▼ 区域中的 ⬛拉伸 按钮，此时出现"拉伸"操控板；右击，从弹出的菜单中选择 定义内部草绘... 命令；在系统 ➡选择一个平面或曲面以定义草绘平面. 的提示下，在模型树中选取 □ DTM_X_Z 为草绘平面，然后选取 □ DTM_Y_Z 为参考平面，方向为 右，单击 草绘 按钮，至此系统进入截面草绘环境；绘制图 31.96 所示的截面草图，完成截面的绘制后，单击"草绘"操控板中的"确定"按钮 ✓；在操控板中选取深度类型 ⊟（对称的），在文本框中输入值 10.0，在操控板中单击"切除材料"按钮 ◰，在"拉伸"操控板中单击 ✓ 按钮，完成特征的创建，结果如图 31.97 所示；选择下拉菜单 文件 ▼ ➡ 📄关闭(C) 命令。

图 31.95 定义拉料杆

图 31.96 截面草图

图 31.97 编辑拉料杆

Task11. 添加如图 31.98 所示的螺钉

Step1. 显示模架。单击 EMX 常规 功能选项卡 视图 控制区域中的 显示 ▼ 按钮，在弹出的快捷菜单中选择 🔲主视图 按钮。

Step2. 选择命令。单击 EMX 工具 功能选项卡 螺钉 控制区域中的 ⬛ 按钮，此时系统弹出图 31.99 所示的"螺钉"对话框。

Step3. 定义参考点。单击对话框中的 (1) 点|轴 按钮，此时系统弹出"选择"对话框，选择图 31.100 所示的点"PNT0"为螺钉定位点，在"选择"对话框中单击 确定 按钮。单击"螺钉"对话框中的 (2) 曲面 按钮，选择图 31.100 所示的面为螺钉定位面。单击"螺钉"对话框中的 (3) 螺纹曲面 按钮，再选择图 31.100 所示的面为螺纹曲面。

Step4. 定义螺钉尺寸值。在"螺钉"对话框的 DN·直径 下拉列表中选择 4；在 LG·长度下拉列表中选择 10。

Step5. 在"螺钉"对话框中选中 ☑沉孔 复选框，取消选中 ☐盲孔 复选框；单击"完成"按钮 ☑ 。

Step6. 参考以上步骤在图 31.100 所示的点所在的圆周上添加其他三点处的螺钉。

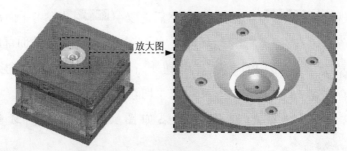

图 31.98　创建螺钉结果

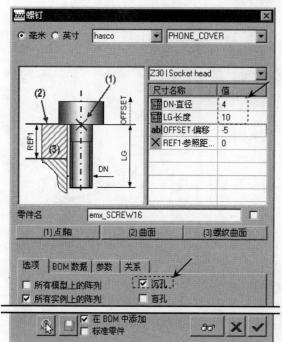

图 31.99　"螺钉"对话框

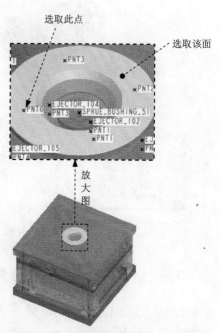

图 31.100　定义螺钉位置

Task12. 定义动模座板

Step1. 激活模型。在模型树中选择动模座板 EMX_CLP_PLATE_MH001.PRT 并右击，在弹出的快捷菜单中选择 激活 命令。

Step2. 单击 模型 功能选项卡 形状 ▼ 区域中的 拉伸 按钮，此时系统弹出"拉伸"操控板。

Step3. 定义草绘截面放置属性。选取图 31.101 所示的表面为草绘平面，然后选取图 31.101 所示的表面为参考平面，方向为 右 。单击 草绘 按钮，进入草绘环境。

Step4. 绘制截面草图。绘制图 31.102 所示的截面草图（一个圆），完成截面的绘制后，单击"草绘"操控板中的"确定"按钮✓。

Step5. 设置深度选项。在操控板中选取深度类型 ⟂（拉伸至下一曲面）；在操控板中单击"切除材料"按钮 ⟋，单击"反向"按钮 ⤴ 调整切削方向；在"拉伸"操控板中单击✓ 按钮，完成特征的创建，结果如图 31.103 所示。

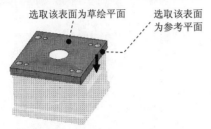

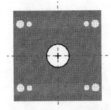

图 31.101　定义草绘平面　　　　图 31.102　截面草图　　　　图 31.103　编辑动模座板

Step6. 激活装配体。在模型树中选择装配体  并右击，在弹出的快捷菜单中选择 激活 命令。

Task13. 模架开模模拟

Step1. 选择命令。单击 **EMX 常规** 功能选项卡**工具**控制区域中的 模架开模模拟 命令，此时系统弹出"模架开模模拟"对话框。

Step2. 定义模拟数据。在 模拟数据 区域的 步距宽度 文本框中输入值 5，单击"计算新结果"按钮 🔳，弹出如图 31.104 所示的对话框。

Step3. 开始模拟。单击对话框中的"开始模拟"按钮 📷，此时系统弹出图 31.105 所示的"动画"对话框。单击对话框中的"播放"按钮 ▶，视频动画将在绘图区中演示。

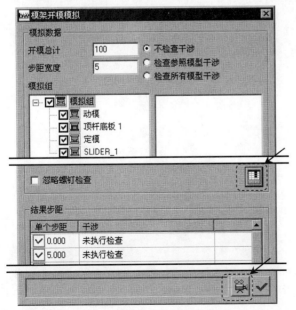

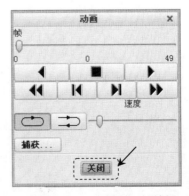

图 31.104　"模架开模模拟"对话框　　　　图 31.105　"动画"对话框

Step4. 模拟完成后，单击"关闭"按钮 关闭 ，然后单击"完成"按钮 ✓ 。

Step5. 保存模型。单击 模型 功能选项卡中 操作 ▾ 区域的 重新生成 ▾ 按钮，在系统弹出的下拉菜单中单击 重新生成 按钮，选择下拉菜单 文件 ▾ ➡ 保存(S) 命令。

读者意见反馈卡

尊敬的读者:

感谢您购买机械工业出版社出版的图书!

我们一直致力于 CAD、CAPP、PDM、CAM 和 CAE 等相关技术的跟踪,希望能将更多优秀作者的宝贵经验与技巧介绍给您。当然,我们的工作离不开您的支持。如果您在看完本书之后,有什么好的意见和建议,或是有一些感兴趣的技术话题,都可以直接与我联系。

策划编辑: 丁锋

注: 本书的随书光盘中含有该 "读者意见反馈卡" 的电子文档,您可将填写后的文件采用电子邮件的方式发给本书的策划编辑或主编。

E-mail: 詹友刚 zhanygjames@163.com;丁锋 fengfener@qq.com。

请认真填写本卡,并通过邮寄或 E-mail 传给我们,我们将奉送精美礼品或购书优惠卡。

书名: 《Creo 3.0 模具设计实例精解》

1. 读者个人资料:

姓名: _____ 性别: ___ 年龄: ____ 职业: _____ 职务: _____ 学历: ___

专业: _____ 单位名称: _____ 电话: _____ 手机: _____

邮寄地址: _____ 邮编: _____ E-mail: _____

2. 影响您购买本书的因素 (可以选择多项):

☐ 内容   ☐ 作者   ☐ 价格

☐ 朋友推荐   ☐ 出版社品牌   ☐ 书评广告

☐ 工作单位 (就读学校) 指定   ☐ 内容提要、前言或目录   ☐ 封面封底

☐ 购买了本书所属丛书中的其他图书   ☐ 其他_____

3. 您对本书的总体感觉:

☐ 很好   ☐ 一般   ☐ 不好

4. 您认为本书的语言文字水平:

☐ 很好   ☐ 一般   ☐ 不好

5. 您认为本书的版式编排:

☐ 很好   ☐ 一般   ☐ 不好

6. 您认为 Creo 其他哪些方面的内容是您所迫切需要的?

_____

7. 其他哪些 CAD/CAM/CAE 方面的图书是您所需要的?

_____

8. 您认为我们的图书在叙述方式、内容选择等方面还有哪些需要改进?

_____

如若邮寄,请填好本卡后寄至:

北京市百万庄大街 22 号机械工业出版社汽车分社 丁锋 (收)

邮编: 100037   联系电话: (010) 88379439   传真: (010) 68329090

如需本书或其他图书,可与机械工业出版社网站联系邮购:

http://www.golden-book.com   咨询电话:(010) 88379639,88379641,88379643。